Y SIN EMBARGO NO SE MUEVE

GEOCENTRISMO DESDE LA PERSPECTIVA DE LA RAZÓN Y DE LA FE

Juan Carlos Gorostizaga Aguirre
Milenko Bernadic Cvitkovic

© 2013 by Lulu.com. All rights reserved. No part of this book may be reproduced or transmitted in any form or by any means, electronic or mechanical, including photocopying, recording, or by any information storage and retrieval system –except by a reviewer who may quote brief passages in a review to be printed in a magazine, newspaper, or on the Web –without permission in writing from the publisher.

Registro de la Propiedad Intelectual:
© 2012 Milenko Bernadic Cvitkovic & Juan Carlos Gorostizaga Aguirre. Nº 08/12/1043

Primera Edición. Enero 2013.

ISBN: 978-1-291-37311-0

Este libro no podrá ser reproducido o transmitido, ni total ni parcialmente –salvo breves textos en forma de citas- sin el previo permiso escrito de los autores. Todos los derechos reservados.

Lulu.com
www.lulu.com/es

Si las obras de Dios fueran tales que la humana razón pudiera comprenderlas fácilmente, no serían en verdad cosas maravillosas, ni por lo mismo merecerían el calificativo de inefables.

(Tomás H. de Kempis. *Imitación de Cristo*)

Algunas veces la primera obligación de un hombre inteligente es reexaminar lo obvio.

(George Orwell)

Deo omnis gloria

En la imagen un cartel reivindicativo en las calles escocesas con ocasión de la visita del Papa Benedicto XVI a Gran Bretaña en 2010. La Revolución Copernicana aparece ligada a la contestación contra lo irreformablemente establecido por la Iglesia de Roma.

Índice

Introducción. **3**

CAPÍTULO I. ARGUMENTOS EN EL JUICIO A GALILEO. SU VALIDEZ ACTUAL **13**

Galileo y su prueba inválida de las manchas solares **13**

La prueba de las fases de Venus y el doble error de Galileo **20**

Galileo y las mareas **28**

¿La existencia de mareas prueba el movimiento de la Tierra? . **31**

La sabiduría de san Roberto Bellarmino **33**

La santa y prudente defensa de la Iglesia contra la imposición del heliocentrismo **36**

La manipulación del caso Galileo **44**

La sentencia a Galileo **45**

La inédita retractación de Galileo. **50**

Galileo y la caída del orden científico **55**

¿Ha rehabilitado la Iglesia a Galileo? **59**

Discurso integro de S.S. Juan Pablo II a la P.A.S. **68**

CAPÍTULO II. LAS OBJECIONES COMUNES Al GEOCENTRISMO **79**

Equivalencia entre los sistemas heliocéntrico y geocéntrico **79**

Según las leyes de Newton, ¿no tiene que rotar siempre el cuerpo menor en torno al mayor? **82**

Las fases de Venus ¿no descartan el geocentrismo? **83**

El movimiento retrogrado de Marte, ¿no prueba el heliocentrismo? **84**

El paralaje estelar ¿no prueba el movimiento terrestre? **85**

Algo más sobre el paralaje y las distancias estelares. **87**

El paralaje estelar y/o la aberración estelar son pruebas... ¿de qué? 88

La diferencia entre *paralaje* y *aberración*. 93

La aberración desde el geocentrismo. 94

Otros problemas con la aberración 95

El péndulo de Foucault ¿prueba el movimiento de la Tierra? .. 96
    La objeción *número 1*: "Si la Tierra estuviera en el centro del universo, entonces los astros más alejados al estar rotando se desplazarían con velocidades enormes, superiores a la velocidad de la luz. Eso es imposible". 98

Puntos de Lagrange y Heliocentrismo 111

La NASA no dice la verdad 114

La real Paradoja de los gemelos. 118

El perihelio residual de Mercurio como una "prueba" la Relatividad de Einstein 121

El eclipse de 1919 "prueba" la Relatividad 124

Pero realmente... ¿no hay ninguna prueba a favor del heliocentrismo? 127

Una descripción del movimiento del sol en torno a la Tierra ... 128

CAPÍTULO III. LOS EXPERIMENTOS QUE CONFIRMAN QUE LA TIERRA ESTÁ INMÓVIL EN EL ESPACIO 135

Los experimentos de Dominique François Arago 136

Los experimentos de Augustin Fresnel 138

Los experimentos de Armand Fizeau 140

El sorprendente experimento de Airy 143

El experimento nulo de Michelson 146

El experimento de Michelson - Morley 149

Interpretación geocéntrica de los resultados del experimento de Michelson-Morley 153

¿Qué es lo que está en cuestión? 157

El experimento de Sagnac 163

El experimento de Michelson-Gale 172

Anomalía de la *Rotación Atmosférica* ¿evidencia de no rotación? 177

Los experimentos LLR confirman el geocentrismo 183

CAPÍTULO IV. EVIDENCIAS DE LA POSICIÓN CENTRAL DE LA TIERRA Y LAS PARTICULARIDADES DE LA MISMA 187

En el fondo la Tierra no puede girar 187

El universo geocéntrico en las revelaciones a Santa Hildegarda de Bingen 191

La simplicidad geoestática del analema solar 200

Anisotropía del cosmos y el "Eje del Maligno" 202

Una prueba formal de que al utilizar la Mecánica de Newton para describir el Sistema Solar el modelo Heliocéntrico resulta imposible. 207

Sobre satélites geostacionarios 212
    Similitud entre el satélite MARISAT 3 y el Sol 217

Datos recientes apuntando al geocentrismo 220

CAPÍTULO V. GEOCENTRISMO Y CREACIÓN EN LOS PADRES DE LA IGLESIA 225

Sobre la inerrancia de la Biblia 225

El geocentrismo para los Padres de la Iglesia. 231
    La creación del firmamento y de la Tierra 234
    La creación de los cuerpos celestes 237
    Más citas de los Padres sobre el universo geocéntrico 240
    El consenso de los Padres respecto a la esfericidad de la Tierra 243
    Las citas bíblicas más destacadas que afirman o presuponen la inmovilidad de la Tierra 244

EPÍLOGO 251

Creación y evolución. Sobre el pecado original 251

¿Son infinitos el espacio, el tiempo, la materia? 304

Conclusión 306

Introducción.

En este libro vamos a presentar una teoría inaudita para muchos: **La Tierra está fija en el universo, y no se traslada ni tampoco rota sobre su eje Norte-Sur, es el firmamento con todo su contenido quien lo hace. A su vez, el sol orbita la tierra, no al contrario como se nos ha instruido desde que éramos niños cándidos.**

Hace no mucho tiempo varios medios españoles lanzaron un grito al cielo escandalizados de los resultados de una encuesta que acababa de aparecer: "¡Más de un tercio de los españoles (34,2 %) creen vivir en un universo *pre-copernicano* en el que el sol gira alrededor de la Tierra!, según la Encuesta de Percepción Social de la Ciencia y la Tecnología de España 2006, encargada por la Fundación Española para la Ciencia y la Tecnología (FECYT)[1] y hecha a partir de 7.000 entrevistas". Hubo comentaristas que se mostraron aterrados ante lo que ellos consideraban "una ignorancia patológica" de los españoles, pues resultó que ante la cuestión: A) *El Sol gira alrededor de la Tierra.* B) *Es la Tierra la que gira alrededor del Sol.* Un 34,2 % de los españoles encuestados, entre los cuales había incluso universitarios, no dieron la respuesta políticamente correcta, la B. Aunque también es muy probable que una parte apreciable de ellos colocara sus respuestas al azar.

Al contrario de lo que una multitud de españoles creen hoy – igualmente sucede con el resto de europeos, americanos, etc,– el movimiento de la tierra no ha sido nunca probado ni demostrado. En realidad, todos los sofisticados experimentos que se han venido haciendo desde 1870 para determinar ese presunto movimiento de la Tierra por Airy, Michelson-Morley, Sagnac, Michelson-Gale, Miller,... así como descubrimientos astrofísicos recientes, han aportado pruebas incompatibles con su movimiento, por lo que inducen a afirmar que la tierra se encuentra en reposo absoluto (respecto del baricentro del universo). ¿Qué está sucediendo entonces para que el paradigma científico actual defienda a capa y espada la traslación y rotación de la

---

[1] Al menos en 2008 la FECYT volvió a realizar otra encuesta similar. En su web (http://www.fecyt.es) se asegura que la población española *ha mejorado* en su percepción de la Ciencia y la Tecnología.

tierra? Primeramente, como todo paradigma científico, el actual es muy reticente a reconocer su propia aniquilación, pero además, en este caso, hay algún poderoso lobby anticristiano que está interesado en que haya permanentemente una fractura entre la teología y la ciencia, por eso se le mantiene en pie artificiosamente. Es básica en teología la cosmovisión geocéntrica, Dios creó el cielo y la tierra, y dispuso la vida en ésta. Y la Civilización Occidental se desarrolló armoniosamente mientras se mantuvo esta cosmovisión, pero ya en el siglo XIV, con Guillermo de Ockham, se produjo una fractura entre la teología y la filosofía, a la cual siguieron otras. En el siglo XVII, con Galileo, que imprudentemente defendió el modelo heliocéntrico de Copérnico, se inició la fractura entre la teología y las ciencias naturales.

Un rápido repaso de esta triste historia podría comenzar en la noche del 24 de Octubre de 1601, cuando Tycho Brahe[2] yacía moribundo en su lecho. Al parecer, alguien le había puesto mercurio en los alimentos de la cena. Agonizando en su lecho, se le oyó exclamar repetidamente que esperaba no haber vivido en vano. Tycho había pasado la mitad de su vida recopilando datos astronómicos, con una minuciosidad difícil de superar, en su intento por demostrar la viabilidad de su modelo geocéntrico, y le dolía tener que dejar ahora la vía libre a los astrónomos infieles que ya empezaban a sustentar imprudentemente el sistema heliocéntrico de Copérnico. En aquel tiempo los astrónomos disponían de tres sistemas que salvaban las apariencias, dos geocéntricos, el de Ptolomeo y el de Tycho Brahe, y uno heliocéntrico, el de Copérnico. En realidad, Nicolás Copérnico no había realizado ninguna "revolución" científica, ni había logrado ningún avance en la astronomía, tal como dice el historiador de la astronomía I. Bernard Cohen:

"Tanto en *De Revolutionibus* como en *Commentariolus*, Copérnico ataca el modelo de Ptolomeo, no porque en ella el sol se mueva en lugar de la tierra, sino porque Ptolomeo no había asumido estrictamente el convenio de que todos los movimientos celestes deberían explicarse –según los antiguos griegos- por medio de movimientos circulares uniformes o por combinación de ellos".

---

[2] Tycho Brahe (1546-1601), matemático y astrónomo danés. Era de familia noble, y después de estudiar en las universidades de Copenhague y Leipzig, viajó por la región de Alemania estudiando en varias universidades más. Finalmente aceptó el encargo del rey Frederic II para convertir una isla en un observatorio astronómico, al que luego se dedicaría toda su vida en recopilar datos astronómicos con la intención de demostrar la validez de su sistema cosmológico geocéntrico.

Copérnico tomó el sistema que ya había sido ideado por el griego Aristarco, utilizando círculos perfectos como órbitas de los planetas, incluida la Tierra, con la intención de mejorar la precisión de los cálculos del sistema de Ptolomeo[3]. Sin embargo, su sistema de orbitas circulares no funcionaba correctamente, y finalmente tuvo que admitir que el sistema de Ptolomeo era, en la práctica, mucho más preciso que el suyo. De todas formas, con su *Commentariolus*, Copérnico adquirió buena reputación entre los astrónomos de su tiempo. En 1541 llegó a presentar sus trabajos al papa Paulo III bajo el pretexto que el suyo se trataba de un mero *modelo hipotético*. Lo cual parece ser cierto, y por tanto su postura habría sido correcta, entonces no fue él sino otros los que tomaron la iniciativa de una revolución no buscada por Copérnico.

Tycho Brahe había propuesto un modelo novedoso, con el sol y la luna orbitando la tierra fija en el espacio, y el resto de planetas orbitando el sol. Durante cuarenta años había estado registrando las posiciones de los planetas para defender su modelo geocéntrico. Posteriormente contrató como ayudante a Johannes Kepler, un matemático y astrónomo luterano admirador del modelo de Copérnico, y que soñaba poseer el tesoro de datos astronómicos de Tycho para plasmar su idea de describir una *estructura armónica universal*. Tras conseguir sus ansiados datos[4], Kepler necesitó modificar el modelo de Copérnico colocando los planetas circulando el sol por orbitas elípticas, sin embargo, igualmente podía haber modificado el sistema de su mentor Tycho Brahe, con idénticas órbitas elípticas (para el sol), idénticas leyes cinemáticas, etc. pues los dos modelos son equivalentes.

Al comienzo del siglo XX, ya se habían acumulado las suficientes pruebas, evidenciando que la tierra estaba en el centro del universo, como para abandonar la llamada "Revolución Copernicana" y regresar al universo pre-copernicano, en concreto, al modelo de Tycho Brahe que era el más avanzado en la época de Galileo, y que era el

---

[3] El astrónomo Koestler dice: «El sistema de Copérnico no es un descubrimiento...sino un intento de parchear una máquina obsoleta mediante el cambio de algunos de sus engranajes... el hecho de que la Tierra se mueva es un aspecto carente de importancia en el sistema de Copérnico, que visto geométricamente, es idéntico al viejo modelo de Ptolomeo, con una o dos ruedas intercambiadas y otras dos eliminadas».

[4] Según una hipótesis del periodista J. Gilder, Kepler pudo estar implicado en el envenenamiento de Tycho Brahe. Joshua Gilder and Anne-Lee Gilder, *Heavenly Intrigue: Johannes Kepler, Tycho Brahe, and the Murder Behind one of History's Greatest Scientific Discoveries*, 2004.

enseñado en las universidades por los jesuitas. Sin embargo, algunas actuaciones irregulares durante tres siglos consecutivos en el campo de la ciencia ya hicieron intuir que esa era una *revolución* que rebasaba el ámbito científico. Y ya en el siglo XX, con las teorías de la Relatividad de Einstein, especial y general, se cometió un fraude a la Ciencia, tomando como postulados ciertos "per se" una serie de conjeturas, cuyo objetivo último era dar prioridad a una teoría matemática en la que el físico podía ajustar ciertos parámetros para que los resultados coincidieran oportunamente con los observacionales, y así seguir haciendo *ciencia* sin reconocer nunca que la tierra está en reposo. Para encubrir esta mezquina arbitrariedad se acuñó el nombre de "Principio de Copérnico", el cual muy bien se podría enunciar así *"La tierra no es un lugar especial en nada, y bajo ninguna circunstancia se deberá tomar jamás como único, originario o central"*. Asumir como un hecho innegable que la tierra se mueve tanto como los cuerpos celestes llamados planetas[5], sin haberlo probado nunca, equivale a construir una cosmología sobre fundamentos falsos, además de ser una falacia circular *"Es un hecho que la tierra se mueve, por lo tanto es imposible que la tierra se encuentre estática sean los que sean los resultados de los experimentos"*.

Hay en este mundo dos ciudades antagónicas –escribía san Agustín–, una la carnal fundada en el amor de sí mismo, y otra, la espiritual fundada en el amor de Dios. Cada una tiene su propio modo de vivir y su finalidad. La primera busca el gozo en este mundo, no así la segunda. La primera se gloría en sí mismo, en sus propias potencias, en sus logros, en sus conquistas, y en el dominio de las criaturas. La segunda si se gloría en algo es en conocer y comprender al Señor, y en practicar el derecho y la justicia en medio de la tierra. Las dos ciudades pueden coexistir mezcladas, aunque en algunos tiempos destaca netamente una sobre la otra. Es evidente que en los tiempos que nos ha correspondido vivir impera la *carnal*, compuesta por el diablo y todas las potencias del mal guerreando incansablemente para destruir a la otra. En su numerosísimo ejercito ondea una bandera con el lema "Revolución anticristiana", sus armas son las herejías y cismas, el engaño sistemático, la infiltración en toda institución civil y religiosa, la perversión de la moral y las costumbres, favoreciendo la impiedad, el materialismo, las modas indecentes, la pornografía, y promoviendo

---

[5] La Tierra no es un planeta según la etimología de la palabra 'planeta' que significa "vagabundo", "errante". Este adjetivo se dio en la antigua Grecia a aquellos cuerpos celestes que presentaban un movimiento aparente con respecto al fondo del zodiaco.

todo un pensamiento, filosofía, ciencia y arte corrompidos, una cultura de la muerte, y un adoctrinamiento ideológico en los foros del saber.

Quien crea que la ciencia ha estado libre de esta guerra se equivoca. Es de todos conocido que hoy en el arte, por ejemplo, se exhiben obras grotescas, espantosas, sarcásticas, e incluso sacrílegas, bajo la apariencia de *arte*. Lo que debería ser la expresión de la belleza ha sido muchas veces transmutado en burla, exaltación de lo deforme y de la indecencia. Asimismo, en la física hoy se presentan el espacio de Einstein, el espacio de De Sitter, universos en expansión, universos en contracción, universos vibrando, universos múltiples surgiendo del vacío. Lo que debería ser una custodia de la verdad obtenida desde principios ciertos y perfectamente comprobados, ha sido convertida en la fabricación de hipótesis ficticias, jamás comprobadas.

Vivimos en un mundo en el que se observa girar al sol, a las estrellas y a la luna, por el contrario nosotros no tenemos ningún indicio de viajar en un planeta móvil y rotante, no sufrimos mareo, la atmósfera está siempre como adherida a la superficie terrestre y no se queda atrás, pues de ninguna manera aparecen vientos super-huracanados en las más altas capas atmosféricas oponiéndose a la rotación, tal como sucede en planetas verdaderamente rotantes como Júpiter o Saturno, o bien nos encontramos con la paradoja que se puedan diseñar aparatos para medir la velocidad de rotación de la tierra por el éter luminífero (o el efecto opuesto), pero cuando medimos la presunta velocidad de traslación de la tierra a través del éter siempre obtenemos *cero*. Y se nos niega la validez de esos experimentos implicando al éter, sean los que sean, o incluso se ha pretendido convertir la palabra 'éter' en un tabú. Sin embargo, en la teoría del electromagnetismo de Maxwell, por ejemplo, en la que el éter juega un papel fundamental, resulta que aparece una fuerza electromotriz cuando un conductor se mueve por las inmediaciones de un imán en reposo, y otra distinta si es el imán el que se mueve por las inmediaciones del conductor en reposo, según los experimentos ya realizados por Faraday en 1830. Este hecho que ya dejó estupefacto a Einstein, nos indica que hay una forma muy simple de distinguir entre movimientos relativos: los efectos que el movimiento, en cada caso específico, produce sobre la luz que se transmite por el éter. Siguiendo esta línea de razonamiento llegamos a la conclusión que el geocentrismo no es un modelo cosmológico más, sino el modelo con principios más simples posibles, aquél que tiene todas sus hipótesis y argumentos basados sencillamente en lo que se observa, *lo que se observa es la realidad que hay*.

Cualquier otra teoría cosmológica necesita asumir otra suposición "a posteriori" sin tener un soporte observacional o experimental en el que apoyarse. Así el heliocentrismo recurre a un grado de ilusión, "lo que nosotros observamos es una apariencia de realidad, no la realidad, lo real es lo que no observamos". Es decir, como que el fondo estelar está *aparentemente rotando*, pero lo que realmente rota es la tierra sobre su eje. Los heliocentristas del tiempo de Galileo defendían este modo de *apariencias* mediante el símil del barquero, "al alejarse remando su barca, al barquero le aparece la playa alejándose y su barca quieta"; lo cual fue contestado por el Cardenal San Roberto Bellarmino diciendo: "quien parte de la playa, a pesar que le parezca a él como si la playa se alejase, él sabe que está en un error y lo corrige". No hay ningún barquero en su sano juicio que no sepa que el alejamiento de la playa es una ilusión. Cuando estamos dentro de un tren estacionado y comenzamos a ver moverse el fondo de edificios hacia atrás, nos cuesta quizás unas décimas de segundo deducir que es el tren el que ha comenzado a moverse hacia adelante. ¿Podríamos estar engañados? Claro que sí, por ejemplo, si alguien hubiera colocado pantallas de video tridimensional en lugar de las ventanillas, en las que se estuvieran emitiendo imágenes de un fondo de objetos moviéndose hacia atrás. Pero en este caso estaría interviniendo todo un engaño planificado. Y aquí aparece otra regla primordial defendida por los autores de este libro: «el científico necesita la fe para conocer con certeza que los principios o hipótesis con las que se trabaja son razonables», no teniendo esta obra, por supuesto, nada que ver con algo llamado *"religión física"*. Santo Tomás lo explica con la siguiente comparación: «Como uno de poca ciencia está más cierto de lo que oye a un sabio que de lo que juzga él mismo con su propia razón, con mayor motivo el hombre está más cierto de lo que oye de Dios, que no puede engañarse, que de lo que percibe con su propia razón, que sí puede estar sujeta a engaño». En otras palabras, no puede hacerse ciencia desligada de la Teología cristiana.

A algunos les podrá parecer exagerado sostener una afirmación semejante. Sin embargo, incluso en el plano natural y filosófico, deben recordar que toda ciencia descansa en un principio axiomático: es una teoría construida a partir de un conjunto de axiomas. ¿Qué axiomas? Es este punto que muchos no ven en toda su profundidad. La inmensa mayoría de las personas atiende los postulados científicos *per se*, es decir como enunciados independientes de una teoría. Esa teoría incluso puede ser derivada por un razonamiento lógico, pero... a partir de unos axiomas viciados y no correspondientes con la realidad. Uno de esos axiomas es el *principio copernicano* en astronomía, un principio no probado y gratuitamente presupuesto, con la finalidad de evitar la conclusión de la centralidad de la posición de la Tierra. Plásticamente lo destaca el mismo Einstein[6]: "la principal fuente de los conflictos actuales entre las esferas de la ciencia y la fe está en este concepto de Dios personal".

Sacar la Tierra del centro del universo, significaba para la mentalidad moderna que la Iglesia se equivocó y que la Biblia es un cuento. Y que de paso Dios no existe. Fue la causa del regocijo y congoja de Nietzsche en Así habló Zaratustra: «¿A dónde se fue Dios?, gritaba. Os lo diré. Nosotros lo hemos matado – tú y yo. Nosotros somos sus asesinos. ¿Pero cómo lo hicimos? ¿Cómo hemos sido capaces de beber el mar? ¿Quién nos ha dado la esponja para absorber el horizonte entero? ¿Qué hicimos cuando desencadenamos la Tierra de su sol? Dios ha muerto. Dios permanece muerto. Y nosotros lo hemos matado». Lo que se dijo a Natalia en *Los vientos de Guerra* no es menos suave: "El Cristianismo está muerto y tirado en la cuneta desde que Galileo le cortó el cuello."

El caso Galileo es el que realmente marca el inicio de una nueva época, modernista, caracterizada por la rebelión de la razón frente a la fe. La época en la que la Iglesia está desposeída de su autoridad, ya que si el Santo Oficio se equivocó con Galileo, ¿por qué no iba a equivocarse en otros asuntos? Es la lógica que emplearon muchos detractores. Incluso extrapolando, de forma totalmente indebida, el caso Galileo para aplicarlo nada menos que al control de natalidad y moral sexual. Más o menos en la línea de la "fundamentación" de la crítica de la *Humanae Vitae*. Sin ir más lejos, Annibale Fantoli, un famoso historiador del caso Galileo, afirma que "si el caso Galileo nos enseña algo, es el peligro de las declaraciones precipitadas similares, que corren el riesgo de llegar a ser insostenibles en el futuro, y las cuales, por otro lado, los laicos católicos contemporáneos son cada vez menos dispuestos a aceptar... Es suficiente pensar, en este contexto, en el presente estatus que tiene en el mundo católico la prohibición de las técnicas artificiales de control de nacimientos, sancionadas ochenta años antes por el Papa Pío XI, con la carta encíclica *Casti connubii*. Basada como está en muy discutible fundamentación bíblica, lo mismo que en la tradicional filosofía tomista del matrimonio, puede ser considerada como una forma de nuevo caso Galileo, con las consecuencias de largo alcance en la vida

---

[6] *Ideas and Opinions*, 1954, 1984, p. 47 (Citado por R. Sungenis en Galileo Was Wrong, The Church was Right)

diaria de millones de personas. De la misma forma que ocurrió con el progresivo alejamiento de la prohibición de la teoría de Copérnico, en la era post Galileo, se puede observar una gran mayoría de aquellos que se consideran a sí mismos fieles católicos aunque usen amplios tipos de las técnicas de control de nacimientos, mientras que la Iglesia oficialmente sigue defendiendo el status quo."

El señor Fantoli se equivoca dos veces. La primera porque ni *Casti connubii* ni *Humanae Vital* se extrapolan del caso Galileo. La segunda porque la Iglesia tenía toda la razón en el caso Galileo, y no solamente por el dictamen que hizo para salvaguardar intácta la fe, sino porque defendió la integridad de la ciencia al mantener que la Tierra no gira alrededor del sol. Es lo que estamos defendiendo en este libro, juntamente con cada vez más numerosos geocentristas católicos en el mundo. Como anécdota, referiremos una parte de la conversación que mantuvo un entrevistador de BBC en un programa en principio realizado sobre el Diseño Inteligente. Los invitados eran un geocentrista católico, Robert Sungenis, autor de uno de los mejores libros escritos en los últimos años sobre la temática que nos ocupa, *Galileo Was Wrong, The Church Was Right*, y el director del Observatorio Astronómico del Vaticano, Fr. Guy Consolmagno. El entrevistador procuró dejar en evidencia a R. Sungenis intentando que Fr. Consolmagno declare claramente que es la Tierra la que gira alrededor del sol. La entrevista siguió así:

Entrevistador: Entonces, Dr. Sungenis, ¿usted cree que el sol gira alrededor de la tierra, no es así?

Sungenis: Precisamente, igual que otras muchas personas.

Entrevistador: ¿Cuáles?

Sungenis: Ellos no desean ser directos y admitirlo, pero ellos sostienen que el geocentrismo es tan válido como el heliocentrismo.

Entrevistador: ¿Y quiénes son esas personas?

Sungenis: La gente como Albert Einstein, Ernst Mach, Julian Barbour, Bruno Bertotti...

En este momento el entrevistador se dirige a Fr. Guy Consolmagno.

Entrevistador: Fr. Consolmagno, ¿usted cree que el sol gira alrededor de la tierra?

Consolmagno: Bien, dejémoslo así. Es más fácil hacer cálculos considerando la tierra en la órbita alrededor del sol.

El entrevistador tenía aspecto de que una bomba le explotaba entre las manos. De forma que continuó intentando obtener una respuesta de Fr. Consolmagno negando el geocentrismo.

Entrevistador: Pero Fr. Consolmagno, aquí hablamos sobre la realidad. Al margen si es más fácil realizar cálculos con la tierra girando o no, ¿es verdad o no que el sol gira alrededor de la tierra?

Consolmagno: Pues, precisamente como lo dije. Es más fácil hacer cálculos con la tierra girando alrededor del sol

*   *   *

Es una entrevista significativa, aunque nosotros discrepamos que sea más fácil realizar cálculos en el sistema heliocéntrico. De hecho, la NASA y el Jet Propulsion Lab, como lo vamos a comentar en el libro, utilizan el modelo geocéntrico para los cálculos del seguimiento de las naves espaciales. En esta misma dirección, P. Walter Brandmüller, el Presidente del Pontificio Comité de Ciencias Históricas decía recientemente:

"La condenación de las posturas de Galileo sobre la posición fija del sol y el movimiento de la tierra, que es tan a menudo descrita como un error del Magisterio de la Iglesia, es probada bajo la investigación más detallada como justificada en su tiempo... *Más todavía, los hallazgos científicos más recientes reivindican la Iglesia de 1633*"

Ya en 1975, Carl E. Wulfman (University of the Pacific) en su carta a Mr. Roush (citado en "Galileo to Darwin" por P. Wilders, Christian Order, April 1993, p. 225.), decía: "He dicho en mi clase que si Galileo tuviera que afrontar el juicio de la Iglesia en los tiempos de Einstein, perdería su causa por argumentos mucho más fuertes. Puede utilizar mi nombre si lo desea."

Hay algo indómito en el hombre de todas las épocas: es su sed de la verdad. Hasta el punto de que no se puede tener felicidad sin defender la verdad. Pero las verdades crecen en la sombra de la Verdad; son amigas de la Verdad. Es más, es la Verdad la que impulsa al hombre a buscarla y a amarla.

Algún día las Ciencias Naturales deberán ser restauradas, autentificadas, liberadas de toda impureza, error y engaño, y seguramente en cosmología habrá que retomar un modelo pre-copernicano, el de Tycho Brahe conveniente modificado con los descubrimientos astrofísicos de los últimos siglos. Aquel día también se habrá emplazado el honor de Tycho en el lugar que se merece, y su laboriosa investigación en busca de la verdad será reconocida por todos como algo digno de elogio y no como un trabajo vano.

Aquel día también se habrá encumbrado a la Teología en el puesto que debe estar, por encima del resto de ciencias (desde la perspectiva de servicio, no por despotismo arbitrario ni caprichoso. La fe y la ciencia, la fe y la razón no se contradicen porque proceden de la misma verdad. Una inseparablemente sirve a la otra, siendo la fe la luz que ilumina y establece el orden en nuestro obrar.), porque la doctrina sagrada trata principalmente de algo que por su sublimidad sobrepasa la razón humana. Las otras ciencias sólo consideran lo que está sometido a la razón, y de entre las ciencias prácticas es más digna la que se orienta al fin más alto; la felicidad eterna es el fin de la Teología. La razón humana será liberada de su propio despotismo que la somete, caprichosa en su pretensión viciosa de considerarse absolutamente independiente de la luz de la fe. Es más, la razón se hace más fuerte con la fe. El caso Galileo, paradójicamente para muchos, sirve para ese propósito.

CAPÍTULO I. ARGUMENTOS EN EL JUICIO A GALILEO. SU VALIDEZ ACTUAL

Galileo y su prueba inválida de las manchas solares

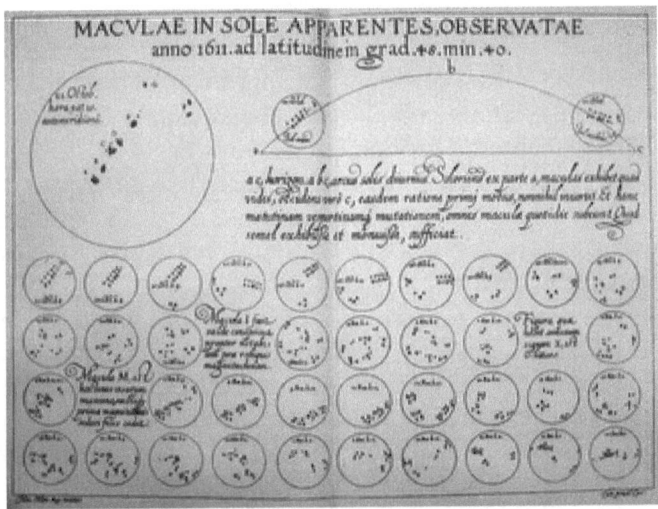

Vamos a abordar en primer lugar las pruebas, todas ellas inválidas, que presentó Galileo en su inútil intento de probar el heliocentrismo. Recordaremos que todas las supuestas pruebas fueron rechazadas, con razón, en su tiempo. Pero se nos permitirá analizarlas también con la ayuda de la ciencia actual; hurga decir que si el tribunal que juzgó a Galileo hubiese dispuesto de ellas, la teoría de Galileo sería rechazada con mucha más facilidad y evidencia para todo el mundo. Lo que sí subrayamos es la lógica implacable del Cardenal Bellarmino en el juicio. Su argumentación, hablando solamente en términos científicos, es envidiable para nuestro tiempo de "pensamiento débil". Lo que le quiere decir a Galileo es que su razonamiento en definitiva está basado en las analogías, las cuales *no son* las pruebas en absoluto.

Bien, vamos pues a comenzar por la 'gran prueba' de las manchas solares porque hoy en todas las webs y libros de astronomía histórica todavía aseguran que ésta fue una prueba válida, el mismo

Bertrand Russel lo afirmó de manera categórica así, cuando en realidad ninguna de las pruebas que Galileo presentó en su vida lo era, y en concreto la de las manchas solares está presentada con gran cinismo.

En 1610, con su novedoso telescopio Galileo observó manchas solares en el sol, si bien demoró su publicación hasta 1612. Este descubrimiento refutaba la "perfección de los cielos", un concepto aristotélico, y ello se le podría atribuir a Galileo si no es porque es muy discutido que Galileo fuera el primer hombre en observar estas manchas[7] pero aquí no vamos a entrar en esta polémica que no aporta nada al debate geocentrismo-heliocentrismo. Poco después, la observación del movimiento de estas manchas permitiría a Galileo deducir que el sol está en rotación, y a continuación sugerir la hipótesis injustificada de que también la Tierra debería estarlo. Galileo comenzó a utilizar el argumento de las manchas solares en 1614 en la "Carta ala Gran Duquesa". Al observar que estas manchas se desplazan de parte a parte atravesando toda la superficie del sol, Galileo no sólo deduce que el sol está rotando sobre un eje, sino que también extrae otras conclusiones sin tener la más mínima prueba concluyente. Concretamente Galileo asegura en esta Carta que tanto la revolución anual de los planetas como su rotación están condicionadas por la del sol. Es decir, como el sol está rotando sobre un eje entonces todos los planetas del sistema deben girar también sobre su respectivo eje de rotación. Y así pretende que la rotación de la Tierra sea un corolario de la rotación del sol.

Galileo utilizó también la rotación del sol como argumento teológico, pues realizó una interpretación *sui generis* del pasaje de Josué mandando detenerse al sol en Gabaón (Jos 10,12-14): « Entonces habló Josué al Señor... y dijo en presencia de los hijos de Israel, ¡Sol detente encima de Gabaón! ¡Luna detente encima del valle de Ayalón! ... Y el sol y la luna se detuvieron hasta que el pueblo del Señor se hubo vengado de sus enemigos... No hubo antes ni después día más largo». Según Galileo el sol se detuvo, sí, pero fue su movimiento rotatorio, y como consecuencia de ello el resto de planetas, incluida la Tierra, detuvo también su correspondiente movimiento rotatorio. No hay que tener muchos conocimientos de física y de astronomía para ver la incongruencia de esta hipótesis. Es una elucubración sin ningún tipo de fundamento.

---

[7] Anteriormente a 1610 ya las había observado el jesuita Christopher Scheiner, aunque en principio no lo publicó, fue publicado bajo seudónimo en 1611.

Pero es en su obra "Diálogo de los dos Máximos Sistemas de Mundo", publicada fraudulentamente[8] en 1632, cuando presenta más elaborada la presunta prueba del movimiento de la tierra deducida del comportamiento observacional de las manchas solares. Allí Galileo dice: «Es una prueba (sobre la revolución de la Tierra en torno al sol) tan sólida y racional como nunca antes se ha escrito)...». Esta presunta prueba sólida, que en realidad no prueba absolutamente nada, consiste en que Galileo detectó una pauta en el movimiento de las manchas solares, tal como se divisan desde una determinada posición terrestre, siguiendo unas trayectorias curvas cambiantes. En la obra, Galileo se sirve de una conversación entre tres personajes para describir los distintos puntos de vista cosmológicos enfrentados, los de la movilidad e inmovilidad terrestre. Los personajes que aparecen son: Salviati, que defiende el heliocentrismo; Sagredo, que queda convencido por él; y Simplicio, representante de los astrónomos *anticuados* que se aferraban al modelo geocéntrico de Aristóteles y Ptolomeo[9].

«Oíd, pues, la gran y nueva maravilla, que el propio sol testimonia que el movimiento anual es de la Tierra», afirma Salviati que es el portavoz de las ideas de Galileo. Básicamente la exposición de esa 'novedosa' maravilla se concentra en estos puntos:

1. El movimiento periódico de las manchas indica que el sol rota sobre sí cada 27 días aproximadamente.

2. El eje de esa rotación está inclinado respecto a la normal a la eclíptica (fue Scheiner quien calculó que esa inclinación es de unos 7°). Esta inclinación es constante.

---

[8] Ni Galileo, ni ningún astrónomo del mundo, tenían prohibido trabajar sobre el modelo heliocéntrico de Copérnico siempre que se hiciera en forma de hipótesis matemática, es decir, tomándola así como un modelo matemático para facilitar los cálculos. Las objeciones que hacía la Iglesia era cuando alguien afirmaba que este sistema "era algo más que una hipótesis de trabajo". Galileo había sido amonestado por el Santo Oficio en 1616 a "no mantener, enseñar o defender" de esta manera el modelo de Copérnico, y sin embargo, en 1632, consiguió inicialmente un Imprimatur para el "Dialogo" bajo la falsa afirmación de que en la obra "sólo trataba de refutar la doctrina de Copérnico". Poco después el libro fue confiscado y Galileo fue procesado.

[9] El Dialogo, en inglés, se encuentra en:
http://www.calstatela.edu/faculty/kaniol/a360/galileo_dialogue.htm
Ya el título de la obra "Dialogo de los *dos* Sistemas..." es bastante cínico, pues confronta el sistema de Ptolomeo con el de Copérnico, sin embargo Galileo silencia el sistema de Tycho Brahe, que era el más avanzado en aquel tiempo y que Galileo conocía perfectamente pues los Jesuitas se lo habían explicado a fondo.

3. Dada esa inclinación, si fuese válido el modelo heliocéntrico copernicano, entonces la trayectoria de las manchas vista desde la Tierra debería variar con un patrón estacional, y esto es efectivamente lo que ocurre.

Sagredo hace entonces un inciso para pedirle a Salviati que aclare el asunto, lo que hace Salviati ayudado de unos gráficos, más detallados, pero similares a las viñetas que aquí reproducimos:

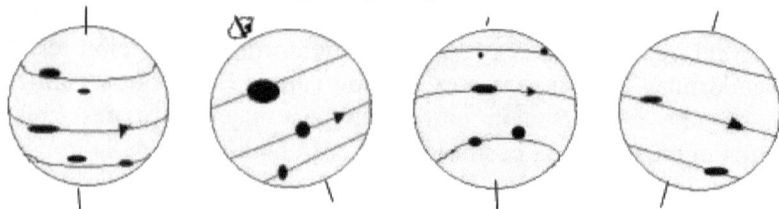

De la web de de la Agrupación Astronómica de Cantabria[10] hemos obtenido un esquema detallado que utilizaremos para intentar aclarar este aspecto (ver Grafica 2).

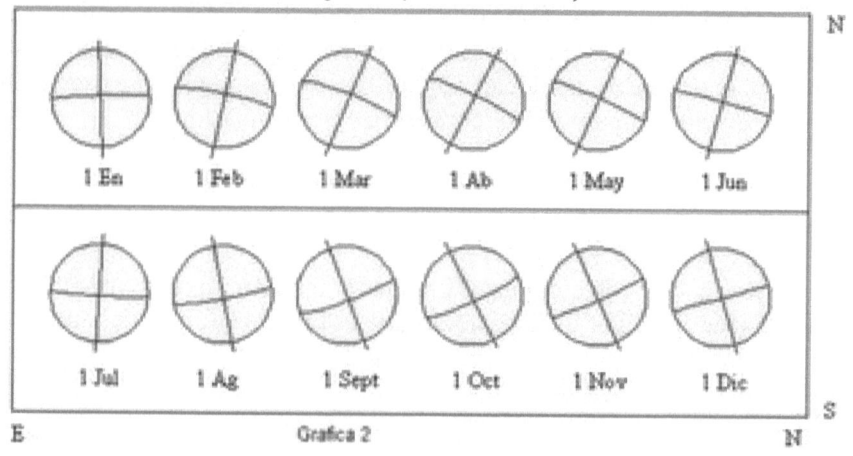

Fijándose exclusivamente en el eje de rotación, así como en la circunferencia del ecuador solar, perpendicular a él, pude apreciarse que a primeros de Junio y de Diciembre vemos al ecuador 'de plano', esto es, el plano del ecuador está en nuestro mismo plano de visión. Luego el ecuador se va por debajo de nuestro plano, y posteriormente se va por encima. Salviati dice que esto es lo que debería observarse si el Sol estuviera inmóvil y la tierra moviéndose con un movimiento de

---

[10] La web se encuentra en: http://www.astrocantabria.org/

rotación (además del de traslación) con el eje inclinado 23,5° respecto al plano de la eclíptica. A continuación, respecto a la posibilidad de describir la variación estacional de las trayectorias de las manchas solares desde el supuesto de la inmovilidad terrestre, Salviati explica que sería necesario postular un nuevo movimiento inherente a la esfera del Sol, el de la oscilación de su eje de rotación con respecto a otro eje perpendicular al plano de la Eclíptica, o sea, una precesión, movimiento que se le presenta como impensable. La contradicción está en que a Salviati-Galileo no le importa añadir los movimientos que sean necesarios a la Tierra, pero le repugna hacer eso al Sol. De hecho este movimiento del Sol ya lo había postulado el astrónomo Scheiner, contemporáneo de Galileo, en su obra "*Rosa Ursina*", y no tiene nada de repugnante o imposible.

Desde la perspectiva heliocéntrica del Sistema de Copérnico esa disposición del eje de rotación del Sol, tal como la vemos desde la Tierra, es debido a que la Tierra orbitaría el Sol trasladándose con su eje de rotación NS inclinado un ángulo de 23,5° respecto de la normal al plano de la eclíptica. Entonces, según se ve en Graf. 3, aproximadamente en los equinoccios el eje de rotación se presenta inclinado 23,5° hacia delante o hacia detrás porque el ecuador terrestre resulta casualmente alineado con el plano eclíptico. Mientras que en las dos posiciones ortogonales (principios de Julio y de Enero) coincidiendo con el perihelio y el afelio[11], en el primero la Tierra está inclinada hacia abajo y vemos el ecuador solar levantado, lo opuesto en el segundo; pero en ambos casos el eje terrestre y el solar resultan coplanares por lo que desde aquí vemos un eje con inclinación de 0°.

---

[11] Los puntos destacables están en A (7 de Julio), E (6 de Enero), C (8 de Septiembre) y D (6 de Marzo).

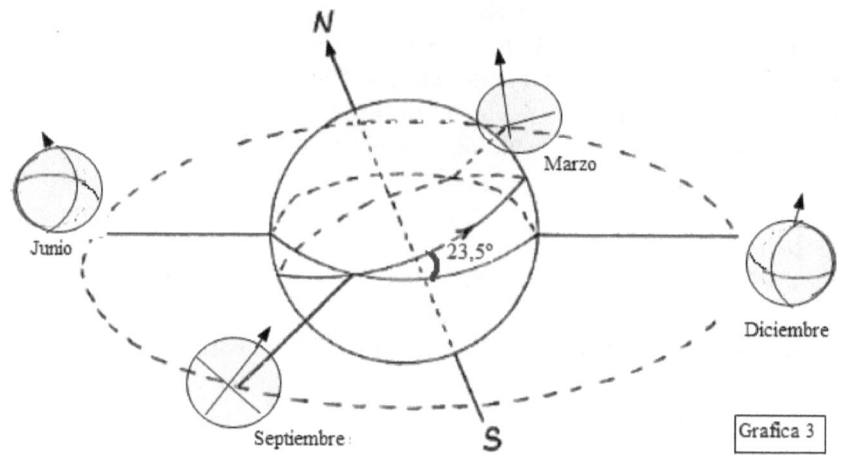

Grafica 3

Este modelo explica la secuencia de la gráfica 2, pero el modelo geocéntrico de Tycho modificado lo explica igualmente (Ver gráfica siguiente).

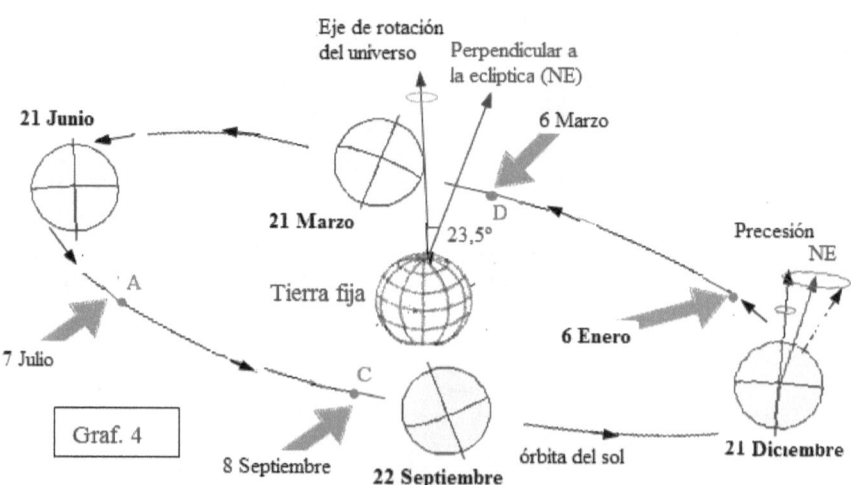

Graf. 4

Desde Galileo, la causa de las cuatro estaciones quedó completamente oscurecida, pues fue atribuida a la inclinación de 23,5° del eje de rotación terrestre, en lugar de a la inclinación del plano de la eclíptica de esos 23,5° respecto del plano del ecuador de la tierra inmóvil. Ciertamente el sol participa de cuatro movimientos[12]: el

---

[12] La causa de las estaciones en el geocentrismo se basa en que el 21 de Junio, es el solsticio vernal, el sol se halla en la posición de máxima altura ($\lambda s=90°$), es Verano en el hemisferio Norte pues los rayos solares inciden allí con un ángulo mayor, o sea,

primero es el de traslación a lo largo de 365,256 días efectuando una órbita a la Tierra dentro del plano de la eclíptica, teniendo en cuenta que este plano está inclinado 23,5° respecto del plano ecuatorial terrestre fijo. Por otra parte, el sol rota con un eje R de spin que está inclinado 7° respecto de la perpendicular a la eclíptica (NE). Un tercer movimiento es el diurno del Sol –junto a todos los cuerpos del Cosmos– revolucionando una vuelta por día en torno al Eje Polar, pero este movimiento no lo expresamos para simplificar. Y un cuarto movimiento, que Galileo se negó a considerar, es el de precesión del eje R^{13} en torno al NE con un periodo próximo a un año. Desde esta perspectiva los dos modelos son equivalentes, pues ambos explican los datos observacionales de la gráfica 2. Conclusión: **la prueba de "las manchas solares" de Galileo (y del 99,9% de los libros y webs de Astronomía actuales que las citan) no es válida como prueba concluyente a favor del modelo heliocéntrico de Copérnico.**

En el "Dialogo" la opinión de Galileo es que el modelo de Copérnico contiene sólo dos movimientos para la tierra, rotación y traslación, que son ambos en sentido contrahorario (+), y uno para el sol en sentido horario (-); en cambio, en el modelo de Ptolomeo el sol debería tener cuatro movimientos incongruentes (dos en sentido horario y dos contra). Por tanto, Galileo insinúa que el sistema de Copérnico es superior al de Ptolomeo en cuanto a: (1) Simplicidad, (2) Congruencia. "Simplicidad frente a Complejidad, Congruencia frente a Incongruencia". Dicho así, muchos de los lectores quedarían convencidos de este eslogan categórico. ¿Pero verdaderamente es así? No, en realidad Galileo estaba equivocado, o como David Topper dice, Galileo estaba engañando deshonestamente a sus lectores. En el modelo heliocéntrico la Tierra realmente tiene tres movimientos, los dos citados (-) y el de precesión de los equinoccios (+), o sea 2 negativos y uno positivo, con lo que el argumento de la 'Congruencia' queda

---

calientan más, además iluminan una mayor proporción de hemisferio. En el otro extremo el solsticio invernal, el 21 de Diciembre (λs=270°), los rayos inciden con un ángulo menor, e iluminan una proporción inferior de hemisferio, es decir, se entra en el Invierno. Transversalmente a esta línea de solsticios existe la línea de equinoccios, que une los puntos de la eclíptica en los que el sol atraviesa el plano del ecuador terrestre. Corresponde a los días 21 de Marzo (λs = 0°) para el nodo ascendente y 22 de Septiembre (λs = 180°) para el nodo descendente.

[13] Este movimiento de precesión no debe confundirse con el de la "precesión de los equinoccios" que los astrónomos heliocentristas actuales atribuyen al eje de rotación terrestre con un periodo de 25.816 años, y que en realidad es debido al movimiento del universo sobre el eje terrestre.

falsado, y lo mismo sucede para la 'Simplicidad' pues con el movimiento de rotación del Sol el Heliocentrismo utiliza 4 movimientos (3+1) frente a los (0+4) del Geocentrismo. Galileo conocía la precesión de los equinoccios, pero en el 'Dialogo' aporta un sorprendente argumento para apartarlo del discurso, apelando a la ley de inercia "un cuerpo permanece en el mismo estado (en movimiento o estático) a menos que una fuerza externa o presión o colisión cambie este estado". Así, asegura Galileo, la Tierra tiene dos movimientos, traslación y rotación, y su eje de rotación está inclinado 23.5°, y así seguirá por siempre con estos movimientos e inclinación sin la necesidad de ningún movimiento adicional.

La prueba de las fases de Venus y el doble error de Galileo

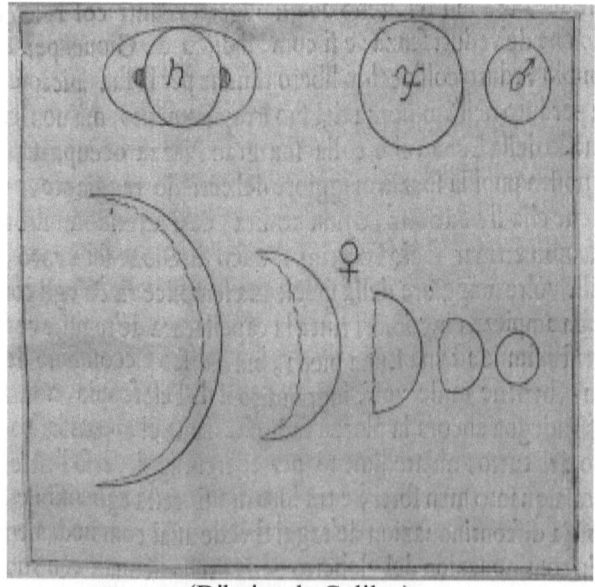

(Dibujos de Galileo)

La segunda prueba que Galileo aportó a favor del Heliocentrismo fue la de las fases del planeta Venus. Los libros dicen que Galileo fue el primero en observar con su telescopio las fases de Venus, aunque según el eminente historiador de la Ciencia, Richard

Westfall[14], Galileo comenzó a investigar tal cosa cuando se enteró de su existencia en una carta enviada por su antiguo alumno Benedeto Castelli. Sea como fuere, Galileo sí fue el primero en publicar un estudio de las fases lunares, para posteriormente aplicarlo como una presunta prueba a favor del modelo de Copérnico, frente al *anticuado* geocentrismo de Ptolomeo. En los dibujos que hizo (ver arriba) constataba que Venus tiene fases como la luna (creciente, menguante, llena, etc.) y, según mantenía sólo es posible tal disposición de fases en el modelo heliocéntrico de Copérnico, y no en el geocentrismo de Ptolomeo. Galileo aquí se equivocó doblemente.

Antes de explicar el doble error de Galileo vamos a analizar el modelo geocéntrico de Ptolomeo, que es mucho más complejo y preciso que lo que la gente piensa, ya que no consiste en una Tierra fija y los planetas y sol circulando en órbitas circulares concéntricas. Ese es el modelo ingenuo de Aristóteles. Ptolomeo corrigió el modelo de las 'esferas cristalinas' de Aristóteles tomando un conjunto de 40 esferas excéntricas, por la que circulaban el sol y los planetas. Ptolomeo conocía perfectamente que el sol no siempre estaba a la misma distancia que la tierra, por lo que estableció la configuración de esferas de abajo:

---

[14] Richard Westfall, "Science and Patronage". 1985 Annual meeting of the U.S. History of Science Society.

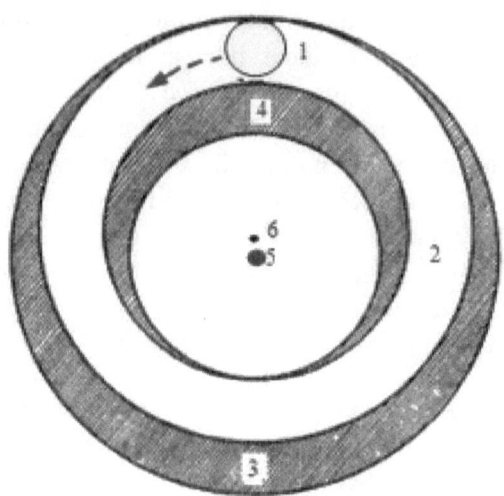

1. El Sol. 2. Esfera excéntrica. 3. Esfera de circunvalación. 4. Esfera complementaria. 5. Centro del mundo (la Tierra). 6. Centro de la esfera excéntrica.

Para los planetas estableció una configuración de esferas basada en epiciclos, deferentes y un punto específico llamado ecuante, con lo cual daba perfecta cuenta, no sólo de las diferentes distancias entre el perigeo y apogeo del planeta, sino que también lo hacía con el movimiento retrógrado de los planetas cercanos a la Tierra. Ptolomeo afirmaba que si desde la Tierra la velocidad planetaria no parece ser regular, sí lo era desde el punto ecuante. Véase la gráfica de siguiente.

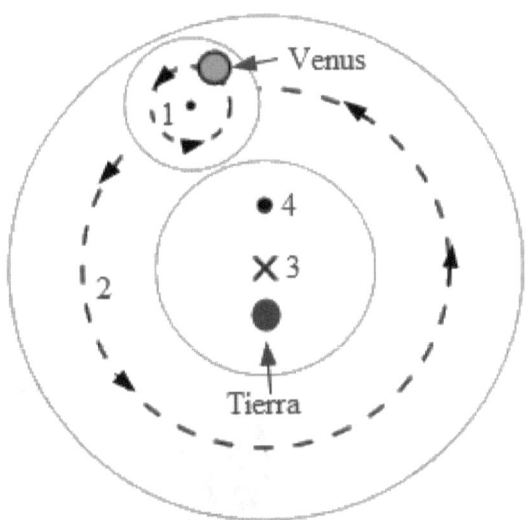

1. Epiciclo. 2. Deferente. 3. Centro del deferente. 4. Ecuante

Ahora según el estudio de las fases de Venus, Galileo observó que desde la Tierra observábamos la fase de "Venus Llena" cuando este planeta se encuentra en el apogeo (más lejano a la tierra), en este momento el brillo del planeta disminuye, luego éste va aumentando pasando por el Cuarto Menguante hasta llegar a la "Venus Nueva" que se da en el perigeo.

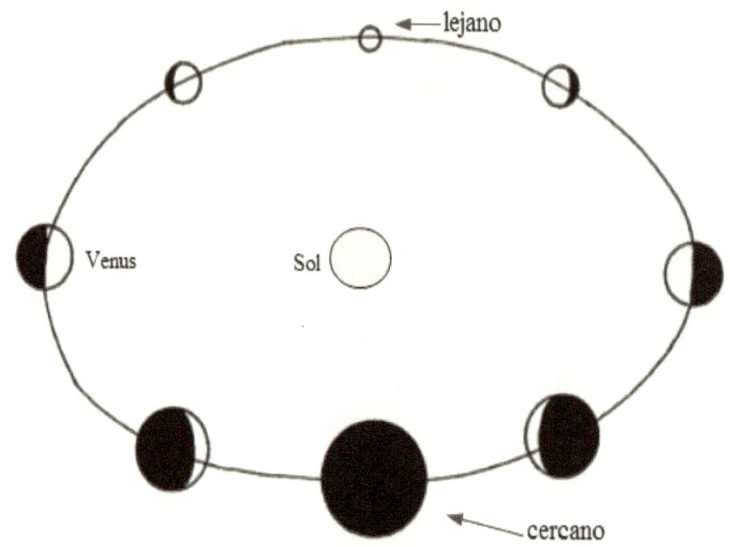

Según Galileo, esto no sucede así en el modelo geocéntrico de Ptolomeo, ya por de pronto no aparecería la fase de "Venus Llena" en el perigeo, y para mostrarlo aporta unos dibujos mostrando lo que veía en su telescopio con las diferentes fases. Vamos a explicar si lo que hizo Galileo fue un error, o fue que quizás obró de mala fe. Muchos heliocentristas actuales, incluido Stephen Hawking (en su libro "Breve historia del tiempo"), argumentan de igual manera, y a mí me cuesta creer que tan eminentes científicos cometan un error tan burdo. Las imágenes que suelen aparecer en los libros ¡indicando que es una prueba del heliocentrismo! son como las de abajo:

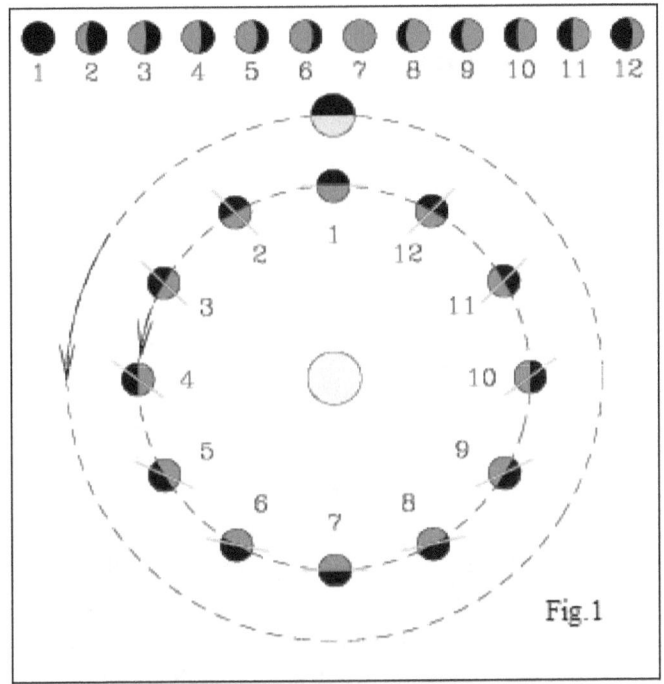

Fig.1

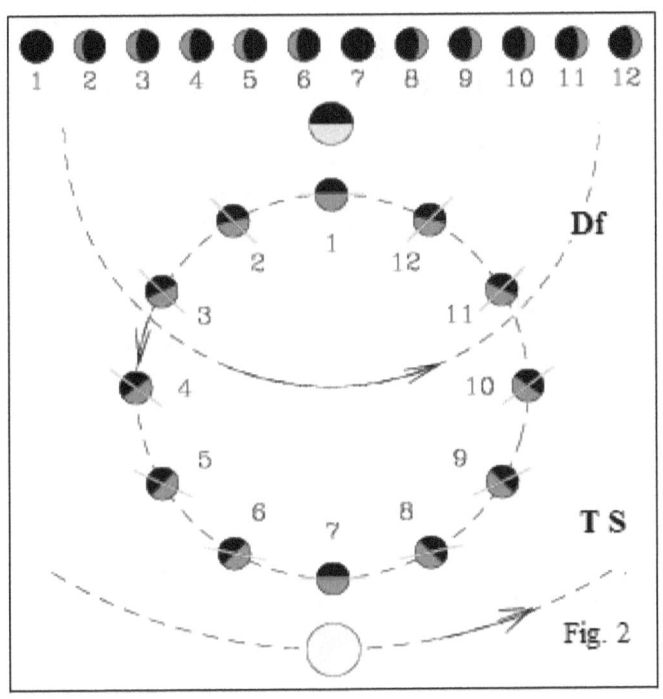

Fig. 2

Observando estas dos imágenes ¿se puede concluir que el heliocentrismo es cierto y el geocentrismo falso? No. Absolutamente no. Es cierto que el modelo de Ptolomeo (Fig. 1) falla para los datos observables por un telescopio, pero teniendo en cuenta que sin un telescopio no es posible ver la posición 1 de Venus, así como tampoco las posiciones 5 a 9 (se pierden por la mayor luminosidad del sol), poco podía hacer Ptolomeo en su tiempo. Si el modelo de Ptolomeo falla a explicar las fases de Venus, lo que debería haber hecho Galileo es corregirlo y punto. En realidad, Ptolomeo había confeccionado su modelo en el siglo II como un recurso perfecto para el cálculo de las posiciones de los astros sobre la eclíptica (las doce constelaciones del Zodiaco), pero él ignoraba las distancias entre los astros, por tanto, su intención primordial no era describir la realidad. Y la Ciencia avanza corrigiendo los modelos que funcionan, el modelo de Copérnico no era en nada más preciso que el de Ptolomeo, por lo que Galileo y Kepler, como conocedores de las fases de Venus, y si hubieran sido honestos, deberían haber hecho una leve modificación al modelo de Ptolomeo, es decir, simplemente colocar la trayectoria del Sol (TS) como deferente (Df) de todos los planetas[15], con las distancias adecuadas entre ellos entonces resulta que el modelo de Ptolomeo se convierte en el de Tycho. Y esto, no por casualidad, sino porque Tycho Brahe que fue el verdadero autor del cálculo sistemático y minucioso de una bastísima tabla de efemérides, sí conocía con bastante precisión las distancias y en base a ellas confeccionó su modelo geocéntrico, el cual fue adoptado también por los jesuitas. Luego llegaría Kepler y 'confiscaría' estos datos para revertir el geocentrismo malvadamente, teniendo como fieles propagadores de sus engaños a personajes como Galileo y todo un batallón de protestantes y masones anticlericales. Lo peor de todo es que algunos investigadores[16] consideran que fue involucrado en la muerte, por envenenar a su mentor Tycho Brahe.

---

[15] Al menos, podían haber situado el sol como deferente de los epiciclos de Venus.

[16] A pesar que ha sido muy silenciado, el hecho es que muchos historiadores opinan que Tycho Brahe murió de una repentina y sospechosa infección urinaria; a una exhumación de su cadáver a principio de siglo, siguió un análisis forense, en el que aparecieron claros indicios de envenenamiento por mercurio. Joshua Gilder and Anne-Lee Gilder, "Heavenly Intrigue: Johannes Kepler, Tycho Brahe, and the Murder Behind one of History's Greatest Scientific Discoveries", 2004, pp. 145, 206-234

Pero Galileo no sólo afirmó que las fases de Venus descartaban al geocentrismo de Ptolomeo, sino que fue más lejos al asegurar que el heliocentrismo "era la única opción para explicarlas". Es el segundo error de Galileo, un error del tipo "modus ponendo ponens", si la hipótesis H1 explica perfectamente los efectos observados O1, O2, ..., On; entonces H1 es la realidad, sin pararse a pensar que puede haber otras hipótesis H2, H3, ... que también den perfecta cuenta de esos efectos observados. Tenemos, por ejemplo, el modelo geocéntrico de Tycho modificado que no tiene dificultad para explicarlas como puede verse a continuación.

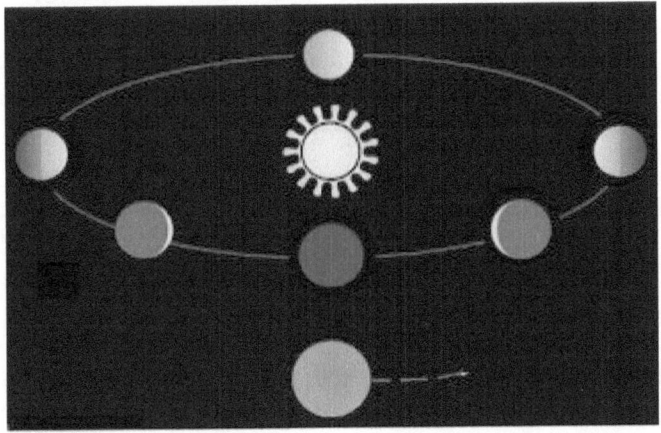

Arriba: Fases de Venus (Modelo Kepler/Newton). Abajo: Fases de Venus (Modelo Tycho)

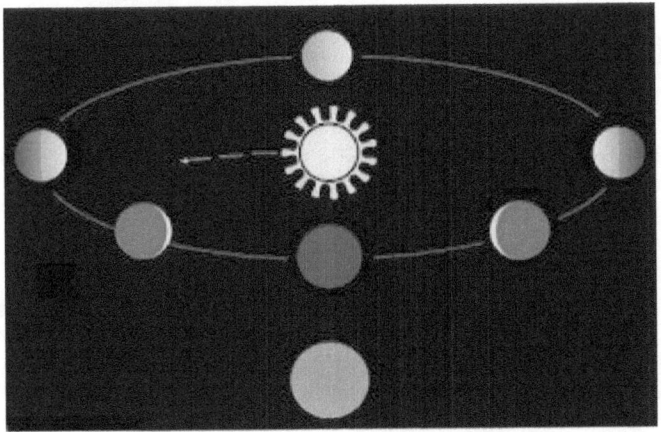

Galileo y las mareas

Galileo estableció su hipótesis de las mareas en 1595, cuando tenía 30 años. Esta sería una de las 'pruebas' del heliocentrismo, todas ellas erróneas, que presentaría ante el Tribunal de la Inquisición. Algunos dicen que a Galileo se le ocurrió esta idea cuando iba hacia Venecia en una barcaza transportando un depósito lleno de agua potable. Galileo habría observado que el agua del depósito se desbordaba por el borde del depósito cuando variaba la velocidad o dirección de la barcaza. A cada aceleración de la barcaza, el nivel de la superficie del agua se elevaba hacia la proa, para seguidamente retroceder hacia atrás, haciendo este flujo-reflujo varias veces, cada vez con menos intensidad.

El origen de las mareas ya había atraído la atención de muchos sabios medievales y eruditos del Renacimiento, que habían dado las más variopintas opiniones. En tiempos de Galileo, la hipótesis con más partidarios, entre ellos Kepler, afirmaba que las mareas se producían por una 'influencia' desconocida de la luna sobre las aguas del mar. Entonces entró en escena Galileo, que pensó que el doble movimiento de la Tierra (la presunta rotación y la presunta traslación), que como un gigantesco vehículo acelerándose debería producir un efecto –similar al de la barcaza- sobre los océanos y las grandes masas de agua. En 1616 Galileo escribe el "Tratado de las Mareas"[17], donde demuestra que utilizando el movimiento absoluto de rotación y traslación de la Tierra, la velocidad de las zonas próximas al punto A –donde las dos velocidades tangenciales llevan igual dirección- es superior a las que se hallan próximas a B –donde estas velocidades tienen direcciones opuestas- y además, la composición de estos dos movimientos uniformes representa un movimiento no uniforme. Esto sería la causa de las mareas, según Galileo, pues la Tierra misma sería el 'recipiente' lleno de un agua que en algunas zonas estaría acelerándose y en otras desacelerándose.

---

[17] Aquí Galileo se contradice con lo que asegura en el "Dialogo" (Segundo Día) que es imposible deducir algo sobre el movimiento de la Tierra observando sólo la conducta de los objetos que están en ella ('cose terrestri"), tales como piedras cayendo, bolas de cañón desplazándose... pues éstos participarían del mismo doble movimiento de la Tierra... a no ser que Galileo no considerase al agua como 'cose terrestri'.

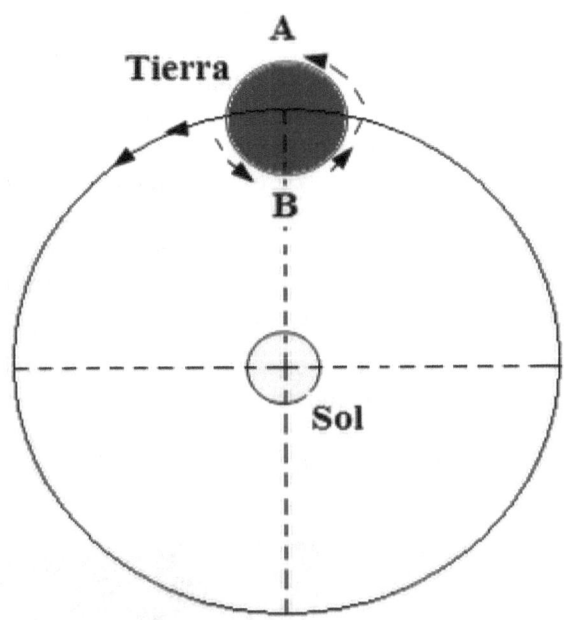

El inconveniente de este modelo de Galileo es que la zona próxima a A (o cualquier otra zona) sólo sufre una aceleración máxima al día, lo cual conduciría a la aparición de una *marea alta* al día en lugar de las aproximadamente dos que se observan. Galileo mismo se dio cuenta de ello, y en el "Dialogo de los dos Principales Sistemas", dentro del Cuarto Día, trata de arreglarlo, con las palabras de Salviati, asegurando que el doble movimiento de la Tierra es la "principal causa" de las mareas, y que la frecuencia principal es de una marea alta por día, y a continuación supone varios otros efectos locales interviniendo, tales como la disposición, tamaño, orientación y forma de las costas, etc. los cuales producirían desviaciones de la causa principal.

Galileo en 1632 presentó esta explicación del fenómeno de las mareas como una prueba a favor del heliocentrismo, la cual fue absolutamente rechazada por el Cardenal Belarmino en base a tres aspectos. Primero, no pueden restringirse las causas de un fenómeno a sólo aquellas que sean mecánicamente inteligibles. Segundo, el argumento de las mareas no puede relacionarse directa y exclusivamente con un movimiento anual de la tierra alrededor del sol. Y tercero, el argumento no está basado en nada que tenga relación con la posición central del sol o en los periodos de los planetas tal como fueron calculados por Copérnico.

En Wikipedia se asegura que el argumento de las mareas era el único equivocado de todos los que Galileo presentó para demostrar el movimiento de la tierra ante el Tribunal de la Inquisición. Esto es falso, pues todos los argumentos presentados por Galileo eran equivocados. A continuación Wikipedia, como todos los documentos, libros y enciclopedias que hablan de esta "prueba de Galileo" tratan de minimizar el error de Galileo, para luego concluir diciendo que «sería necesario esperar hasta Newton para resolver este problema, no sólo explicando el origen de la fuerza, sino también el cálculo diferencial para explicar el doble abultamiento oceánico».

En resumidas cuentas, nos quieren hacer creer que Newton completó definitivamente lo que Galileo pretendió infructuosamente evidenciar, a saber, "que las mareas oceánicas son una demostración evidente que la Tierra orbita el Sol."

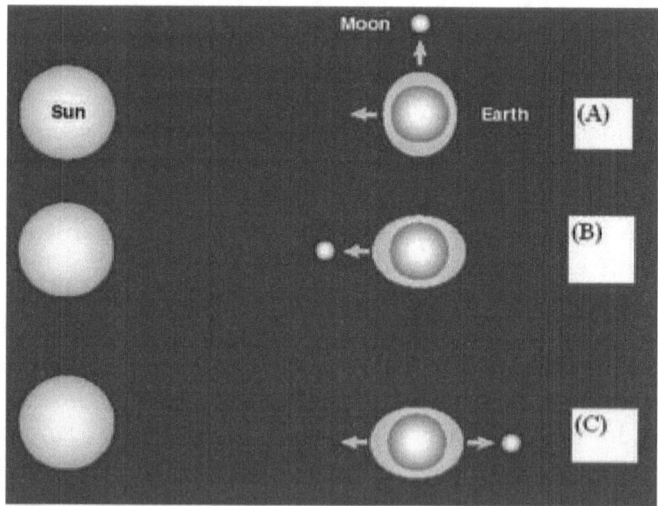

En la hipótesis de los heliocentristas actuales, la causa fundamental de las mareas la atribuyen a la acción gravitatoria conjunta del sol y la luna sobre la tierra, que en conjunto atraen algo de la masa oceánica formando una elipsoide de agua, con dos zonas abultadas en marea alta y otras dos deprimidas equivalentes a mareas bajas. En la gráfica de arriba, en la que se supone que estamos observando desde un punto situado sobre el polo norte terrestre, se aprecia en un momento determinado del día estas mareas altas, siempre con eje mayor dirigido hacia la luna, y las bajas con el eje menor en posición ortogonal. Como la tierra estaría rotando en torno al eje norte-sur (según el heliocentrismo), entonces un punto de la costa terrestre pasaría por cada lugar del elipsoide experimentando dos mareas altas y dos bajas por día, o mejor dicho, por cada 24 horas 52 minutos, ya que al cabo de un día la luna llega a desplazarse en órbita terrestre unos 13°, y entonces para alcanzar la misma disposición geométrica, la Tierra –o el firmamento según el geocentrismo- debería estar girando 52 minutos más. Como resultado las mareas altas se repiten cada 12 horas 26 minutos en un determinado lugar. Por otra parte, una mayor diferencia entre las alturas de las mareas (mareas vivas) se dan cuando la luna, la tierra y el sol están alineados (como en los casos B y C), mientras que es menor la diferencia entre ellas cuando se encuentran en cuadratura (caso A). Las mareas vivas se ven magnificadas cuando el sol se encuentra sobre el plano del ecuador (mareas equinocciales).

¿La existencia de mareas prueba el movimiento de la Tierra?

No, más bien prueban lo contrario. Los heliocentristas suelen basarse en el silogismo torpemente aplicado llamado *"modus ponendo ponens"* para afirmar que las mareas sí son una prueba del movimiento terrestre, el error está en lo siguiente, supongamos que si la situación P se diera entonces todos estaríamos de acuerdo en que debería observarse el fenómeno Q. Y resulta que efectivamente observamos Q, ¿quiere ello decir que necesariamente P es la causa de Q? No, porque Q puede ser causado por una variedad de otras circunstancias. En el caso de las mareas, el fenómeno puede explicarse por la dinámica propia de la gravitación de Newton, muy bien, pero también por la dinámica de la gravitación de Le Sage, y puede que también por otras. A la hora de escoger un modelo, los heliocentristas toman el Kepleriano con la Tierra rotando y, con ayuda de las leyes de Newton pueden calcular tales aspectos de las mareas, pero los geocentristas pueden tomar el modelo Machiano -Tychoano de Barbour y Bertotti[18] (con el universo rotando y la Tierra fija) y las fuerzas inerciales resultantes son idénticas. Si nos fijamos en el gráfico anterior con la Tierra, la luna y el

---

[18] J. B. Barbour and B. Bertotti, "Gravity and Inertia in a Machian Framework," *Il Nuovo Cimento*, 32B, 1:1-27, March 11, 1977, cited in "The Geocentric Papers," *Association for Biblical Astronomy*, Cleveland, Ohio.

Sol, podemos observar que todo argumento relativo a las mareas se basa en las posiciones relativas de estos tres cuerpos, pero no en la centralidad del sol, que es precisamente una de las replicas del cardenal Belarmino a Galileo.

O sea, tenemos dos modelos que partiendo de distintas hipótesis explican bien el fenómeno de las mareas oceánicas observado, pero **¿no es más simple el modelo de Kepler-Newton con la tierra moviéndose en orbita solar?** Al contrario, como todo mecánico de motores sabe muy bien, entre dos mecanismos que ejecutan la misma función, siempre es más problemático el que está compuesto de mayor número de partes movibles, pues se supone que todas ellas deben estar finamente ajustadas y debe ser mayor la coordinación entre ellas para que funcione perfectamente el conjunto. En el modelo de Kepler-Newton se tiene a la Tierra dependiente de un doble movimiento, traslación y rotación, con lo que aparecen varias graves anomalías.

Así por ejemplo, si la Tierra rotase entonces las mareas causarían una resistencia de fricción en los márgenes continentales, lo cual produciría un cierto calor a expensas de la energía de rotación, y como consecuencia la tierra debería ir perdiendo velocidad de rotación con el transcurso de los años, y el efecto sobre la luna sería que ésta recibiría una fuerza que la alejaría de la Tierra. Aunque esta velocidad de alejamiento fuera muy pequeña (unos centímetros por día) la gran edad de existencia de la luna (miles de millones de años según ellos) supone: primero que en el pasado la luna tuvo que estar extremadamente cerca de la tierra; y segundo, en el pasado la velocidad de rotación de la Tierra tuvo que ser bastante mayor, y por tanto, la duración de los periodos día-noche serían más cortos. Esto lleva aparejado otro tipo de desajustes, pues la variación del spin de un planeta tiene repercusiones globales en el sistema solar. Los desajustes en la Tierra, por pequeños que sean, son apreciables para un planeta en proceso de desarrollar vida, por los condicionantes extremadamente ajustados que para esto es necesario. La tierra necesitaría estar continuamente reajustando varios parámetros (presión atmosférica, temperatura en la superficie...) para que la vida no fuera inviable.

En cambio, el modelo geocéntrico es incomparablemente más simple, al no depender del doble movimiento terrestre la Tierra no está sometida a ningún esfuerzo, y las mareas producirían tanto retardo sobre el mecanismo rotor del firmamento como el 'aumento' en el nivel del mar al arrojar una gota de agua sobre él, o sea, absolutamente nada.

La sabiduría de san Roberto Bellarmino

En 1613, en el transcurso de un banquete, un pupilo de Galileo, el joven monje y profesor de Matemáticas de la Universidad de Pisa, Fr. Benedetto Castelli, estuvo envuelto en una discusión con la Duquesa Cristina de Lorraine. La Duquesa, apoyada por un profesor de filosofía, se oponía a la teoría de Copérnico –defendida por Fr. Castelli– porque era contraria a la Sagrada Escritura. Fr Castelli a duras penas pudo contestar a la duquesa y al filósofo, y entonces solicitó ayuda a su maestro, Galileo, quien posteriormente escribió una larga y elaborada carta, la llamada "Carta a Castelli"[19], en la que expresaba su opinión personal sobre las relaciones entre la ciencia y la religión.

---

[19] La "Carta a Castelli" circuló mucho en su tiempo, y produjo gran controversia. Posteriormente, Galileo escribió otra similar, pero algo más moderada, dirigida a la Duquesa Cristina de Lorraine.

En esta carta, Galileo aparece como el *primer modernista*[20], por su forma de distorsionar las Sagradas Escrituras para llevarlas a adecuarse a sus propias opiniones, y sus opiniones son siempre las derivadas en sus prácticas en las ciencias físicas. Galileo se ocupa en hacer la distinción entre los sentidos espiritual y físico en la Escritura, manteniendo que el espiritual podría ser cierto y el físico falso o irrelevante sin afectar a la integridad de la inerrancia de la palabra de Dios[21].

Poco después, otro fraile, el carmelita Paolo Antonio Foscarini, también de la escuela modernista de Galileo, escribió un tratado de 64 páginas defendiendo la compatibilidad del sistema de Copérnico con la Sagrada Escritura. Este libro fue condenado por la Congregación del Índice. El Cardenal san Belarmino escribió una carta a Fr. P. A. Foscarini que es un modelo de sabiduría sobrenatural y prudencia. Aquí la transcribimos entera, para honrar a este Cardenal tan injuriado y mancillado por los *modernistas* actuales:

He leído atentamente la carta[22] en italiano y el tratado que Su Reverencia me envió, y le agradezco a usted por ambas cosas. Y confieso que ambas están llenas de ingenio e ilustración, y puesto que me pide mi opinión, yo se la daré muy brevemente, pues usted tiene poco tiempo para leer y yo para escribir. Primero, a mi me parece que Su Reverencia y Galileo se complacen con hablar hipotéticamente, y no absolutamente, como yo siempre he creído que Copérnico hablara.

Decir que asumiendo que la tierra se moviera y el sol permaneciera fijo, todas las apariencias quedan mejor que con excéntricas y epiciclos, es hablar bien; no hay ningún peligro en esto y es ello suficiente para los matemáticos. Pero querer afirmar que el sol realmente está fijo en el centro de los cielos y únicamente revoluciona alrededor de sí (girando a través de su eje) sin viajar de este a oeste, y que la tierra está situada en la tercera esfera y revoluciona con gran velocidad en torno al sol, es una cosa peligrosa, no sólo por irritar a

---

[20] Paula Haigh en "Galileo's Heresy". http://www.catholicapologetics.info/modernproblems/evolution/

[21] Un error modernista, muy común hoy en la Iglesia, pero que no concuerda con el Magisterio, por ejemplo: «...todos los libros que la Iglesia recibió como sagrados y canónicos están escritos totalmente y enteramente, con todas sus partes, al dictado del Espíritu Santo; y está tan lejano de ser posible que cualquier error pueda coexistir con la inspiración, ya que la inspiración no sólo es esencialmente incompatible con el error, sino que lo excluye y lo rechaza tan absolutamente y necesariamente como es imposible que Dios mismo, la suprema Verdad, pueda pronunciar aquello que no es verdad» (León XIII en Providentissimus Deus 1893).

[22] Se refiere a la "Carta a Castelli".

todos los filósofos y teólogos escolásticos, sino también por injuriar nuestra Santa Fe y suponer falsas las Sagradas Escrituras. Su Reverencia ha demostrado muchas formas de explicar la Sagrada Escritura, pero no las ha aplicado en particular, y sin duda usted lo habría encontrado eso más difícil si hubiera intentado explicar cada uno de los pasajes que usted mismo ha citado.

Segundo, como ya usted sabe, el Concilio (de Trento) prohíbe explicar las Escrituras de forma contraria al común consenso de los Padres de la Iglesia. Y si Su Reverencia leyera no solo a los Padres sino también los comentarios de los escritores modernos al Génesis, Salmos, Eclesiastés y Josué, encontraría que todos concuerdan en explicar literalmente (ad litteram) que el sol está en el firmamento y se mueve lentamente alrededor de la tierra, y que la tierra está lejos de los cielos y permanece inmóvil en el centro del universo. Ahora considérese si la Iglesia podría atreverse a dar a la Escritura un sentido contrario al de los Padres y al de todos los comentadores latinos y griegos. No puede responderse que esto no es una materia de fe desde el punto de vista del sujeto material, pues lo es en la parte de aquellos que han hablado.

Tercero. Yo digo que si hubiera una verdadera demostración de que el sol está en el centro del universo y la tierra en la tercera esfera, y que el sol no viajara alrededor de la tierra, sino que la tierra circulara el sol, entonces podría ser necesario proceder con gran cuidado al explicar los pasajes de la Escritura que parecen contrarios, y deberíamos más bien decir que no los comprendimos, antes que decir que alguno era falso como se ha demostrado. Pero yo no creo que haya una tal demostración; ninguna me ha sido mostrada.

No es la misma cosa mostrar que las apariencias quedan salvadas asumiendo que el sol estuviera en el centro y la tierra en los cielos, como demostrar que el sol está realmente en el centro y la tierra en los cielos. Yo creo que la primera demostración podría existir, pero tengo graves dudas sobre la segunda, y en caso de duda, uno no puede apartarse de las Escrituras como son explicadas por los santos Padres.

Y añado que las palabras "el sol se levanta y el sol se pone, y se apresura a llegar al lugar de donde surgió, etc." fueron las de Salomón, quien no sólo hablaba por inspiración divina sino que además era un hombre sabio por encima de los demás y el más erudito en las ciencias humanas y en el conocimiento de todas las cosas creadas, y su sabiduría procedía de Dios. Así que tampoco es probable que hubiera afirmado algo que era contrario a la verdad ya demostrada o posible de ser demostrada. Y si usted me dice que Salomón hablaba únicamente de acuerdo a las apariencias, y es que nos parece que el sol viaja alrededor nuestro cuando realmente es la tierra la que se mueve, así como parece a uno que va en una barca que la playa se aleja de la barca, yo le responderé que quien parte de la playa, a pesar que le parezca a él como si la playa se alejase, él sabe que está en un error y lo corrige, viendo que la barca se mueve y no la playa. Pero con respecto al sol y la tierra, ningún hombre sabio necesita corregir el error, puesto que claramente experimenta que la tierra está quieta y que su ojo no le engaña cuando enjuicia que se mueve el sol, al igual que no le engaña cuando enjuicia que la luna y las estrellas se mueven.

Y esto es todo por el presente. Saludo a Su Reverencia y pido a Dios que le otorgue felicidad.

Fraternalmente,

Cardenal Bellarmino

12 de Abril de 1615

La santa y prudente defensa de la Iglesia contra la imposición del heliocentrismo

Se ha dicho que la defensa realizada por la Iglesia contra el heliocentrismo ha sido la acción de las más justas, más sabias y más prudentes que se hayan realizado en la Historia para frenar los embates de uno de los principales engaños de Satanás y de sus secuaces. Ciertamente el Santo Oficio tuvo la necesidad de condenar a Galileo por herejía y por enseñar doctrinas erróneas (el Papa Urbano VIII y su Santa Congregación del Índice condenaran al heliocentrismo de Galileo como "formalmente herético" y "erróneo en la fe"), y la condena fue justa y absolutamente coherente con su misión santa de guardar la integridad del legado de la fe Católica. Ahí comenzó una guerra abierta contra la Iglesia en la que sus enemigos no han escatimado en utilizar las armas más viles.

Como ya hemos contado más de una vez, Galileo tuvo que enfrentarse al tribunal del Santo Oficio en dos ocasiones. La primera en 1616, cuando había publicado un libro analizando las manchas solares, entonces el Santo oficio condenó las dos siguientes afirmaciones suyas:

1. *El sol es el centro del cosmos (del mundo) y permanece completamente inmóvil. 2. La tierra no es el centro del cosmos, no está inmóvil, sino que se mueve en su conjunto alrededor del sol, y también gira.*

A pesar de ello, en 1632, Galileo publicó fraudulentamente *Dialogo sobre los dos Sistemas de Mundo*, en el que defendía el sistema de Copérnico y ridiculizaba el sistema geocéntrico tradicional. Eso le supondría en 1633 el segundo proceso. La sentencia completa que Galileo recibió del Santo Oficio la reproducimos más adelante.

Tres décadas después que el Papa Urbano VIII y su Santa Congregación del Índice condenaran al heliocentrismo de Galileo como "formalmente herético" y "erróneo en la fe", el Papa Alejandro VII extendió la condena a todos las obras de Copérnico, Kepler y Galileo, así como a «*todos los libros que afirmaran el movimiento de la Tierra y la estabilidad del Sol...*». Esto lo hacía Alejandro VII en 1664 mediante un nuevo Índice, y una bula asociada *Speculatores Domus Israel*, un documento de trascendental importancia en la lucha de la Iglesia contra las pretensiones del heliocentrismo, donde el Papa, como Vigilante de la Casa de Israel, exponía a los fieles la creación de un más completo y perfeccionado Índice de libros prohibidos que el anterior procedente del Concilio de Trento. Por una parte ahora para cada libro se añadirá el decreto por el que fue prohibido "para que así pueda conocerse toda la historia de cada caso concreto". Además los libros se ordenarán en el Índice por orden de la gravedad por la que fueron condenados "pues así las personas que lean libros listados en las primeras páginas incurrirán en sanciones más severas". Es notable que los libros de Copérnico, Kepler y Galileo aparecen listados en páginas más bien primeras. La bula termina conminando a cada uno de los patriarcas, arzobispos, obispos y ordinarios, vicarios y oficiales, inquisidores, superiores de cada orden religiosa, congregación, sociedad o instituto actual o del futuro «a hacer todo lo que esté en su poder para que este Índice quede lo más ampliamente extendido y observado»[23].

En 1742 el Papa Benedicto XIV decidió relajar levemente la prohibición de los libros de Galileo; se trataría de que por motivos de estudio se pudiesen publicar extraordinariamente las obras de Galileo siempre que el movimiento terrestre apareciera específicamente tomado en ellas como hipótesis – no como tesis, es decir, como un mero

---

[23] http://www.ldolphin.org/geocentricity/Haigh3.pdf

recurso matemático para facilitar los cálculos astronómicos, nunca como un hecho real y siempre incluyendo en estas obras la abjuración de Galileo. En muchos libros, enciclopedias, etc. (ver por ejemplo Wikipedia) **se ha extendido la falsedad** que «Benedicto XIV mandó eliminar del Índice de libros prohibidos el *De Revolutionibus* de Copérnico, así como el *Dialogo* de Galileo Galilei, etc. con lo que daba por definitivamente probada la teoría heliocéntrica del sistema solar». Nada más falso, pues el *De Revolutionibus* de Copérnico, el *Dialogo* de Galileo y el *Epitome* de Kepler continuaron apareciendo en el Índice. La única diferencia es que hasta entonces el Índice contemplaba dos categorías de prohibiciones para los escritos de Copérnico: las específicas y las generales. Hay que tener en cuenta que Copérnico ya había manifestado que el tratamiento del movimiento de la Tierra lo hacía en su *De Revolutionibus* como hipótesis, sólo en base a facilitar los cálculos astronómicos. En 1754, Agostino Riccini, Secretario de la Congregación del Índice, solicitó a Benedicto XIV que la prohibición de los libros sobre el sistema heliocéntrico, como los de Copérnico, fuese relajada de tal manera que estos se pudieran publicar siempre que «*contuvieran las correcciones apropiadas*», por ejemplo haciendo notar que el movimiento de la Tierra es utilizado como hipótesis, no como tesis. Benedicto XIV accedió, y entonces la Congregación del Índice eliminó la prohibición general relativa a «todos los libros enseñando el movimiento de la Tierra y la inmovilidad del sol». Y así fue publicado un nuevo Índice en 1758, en el que seguían apareciendo las obras de Copérnico, Kepler y Galileo, debido a que estas obras seguían estando *incorrectas* en su forma presente. Algunas historiadores de la ciencia actuales han interpretado incorrectamente el hecho de la eliminación de la frase «**todos los libros enseñando el movimiento de la Tierra…**», como significando que a partir de 1758 quedaba ya permitido escribir cualquier libro afirmando el heliocentrismo. Esto no es así, pues para eso el libro que considerase la Tierra en movimiento debería tener claramente afirmado que el tratamiento del movimiento de la Tierra se hacía como hipótesis y no como tesis.

Para poder entender en su dimensión la diferencia entre *hipótesis* y *tesis* desde la perspectiva cosmológica, debe tenerse en cuenta que en torno a los años 1740-1760 algún astrónomo había creído observar el paralaje estelar de alguna estrella[24], aunque no había

---

[24] Entre otros, Robert Hooke en 1669 creyó haber detectado paralaje en la estrella Gamma Draconis, sin embargo la tecnología de esa época era impotente para

una prueba definitiva, este fenómeno astronómico sabemos hoy que puede explicarse desde ambas hipótesis, heliocéntrica y geocéntrica, salvo que quizás desde la heliocéntrica tiene una explicación más simple. Entonces un astrónomo del siglo XIX muy bien podría utilizar la hipótesis heliocéntrica, por ejemplo, al calcular las distancias interestelares por *paralaje estelar*, aunque supiera fehacientemente que la Tierra está fija, de igual manera que los heliocentristas de nuestros días utilizan la hipótesis geocéntrica, que ellos creen falsa, para los cálculos de astronomía de posición en la navegación terrestre. En definitiva, para una única tesis que describe la realidad pueden utilizarse varias hipótesis distintas, incluso contradictorias, siempre que se usen como recursos matemáticos para hacer cálculos válidos. Y esto es lo que permitía el nuevo Índice de Benedicto XIV.

Para mediados del siglo XVIII las presiones a la Congregación del Índice se hicieron continuas para que permitiera la libre publicación de cualquier libro defendiendo el heliocentrismo incluso como tesis. Así por ejemplo, es destacable una petición de Pietro Lazzari, profesor de Historia de la Iglesia del Colegio Romano, intentando convencer a la Congregación para que retirara la censura a los libros de Copernico, Foscarini, Zúñiga, Kepler y Galileo, a base de citar todos los astrónomos de aquel tiempo que defendían la tesis del heliocentrismo. Entre ellos cita a Christian Huygens y una presunta cita suya, «*En nuestros días todos los astrónomos, excepto aquellos que tienen una mentalidad retorcida,... aceptan sin duda el movimiento de la Tierra y su situación entre los otros planetas*». Lazzari cita a toda una pléyade de defensores del heliocentrismo, entre ellos al prestigioso científico Isaac Newton, que en el tercer libro de su *Philosophiae Naturalis Principia Mathematica*, según asegura Lazzari, demuestra el heliocentrismo. Luego Lazzari añade muchas y variadas, que él mismo cree, pruebas del heliocentrismo, como por ejemplo: el movimiento de las estrellas fijas (el paralaje estelar), la aberración de la luz, la nutación del eje ecuatorial, las leyes de las mareas, los movimientos de los cometas, etc. Hoy sabemos ciertamente que ninguna de esas "pruebas" de Lazzari tiene la más mínima consistencia. Respecto a la "prueba" de Newton, Lazzari alude al centro de gravedad del sistema solar, diciendo que tiene que estar cercana al sol por ser un cuerpo mucho más masivo que el conjunto de todos los planetas. El error de Lazzari, como

---

detectarlo. Algo parecido sucedió en 1762 a James Bradley con la misma estrella, aunque en realidad lo detectado era aberración estelar. Finalmente en 1838 se atribuye a Friedrich Bessel haberlo conseguido midiendo el desplazamiento de la estrella 61 Cygni.

cualquier físico honrado reconoce hoy, es que para establecer el centro de masa hay que computar la masa total del universo, y este punto puede estar en el centro de la Tierra, como el propio Isaac Newton explica ampliamente en su obra[25]. Quizás Newton que era muy inteligente, y siendo un protestante conocedor y estudioso de la Biblia, se preocupó mucho en no contradecirla en ninguna parte de su magna obra. Pero hay que decir que ninguno de los argumentos de Lazzari, que fueron numerosísimos y poderosísimos – según piensan incluso los heliocentristas actuales - convencieron lo más mínimo a los miembros de la Congregación del Índice. Los mismos libros científicos que ya lo estaban siguieron determinantemente prohibidos.

Las obras de Newton no llegaron nunca a estar en el Índice de libros prohibidos, sin embargo vamos a ver que en las publicaciones latinas merecieron una "Declaración" expresa. Aunque Newton no menciona el movimiento de la Tierra, el tomo III del *Principia Mathematica* sí era la mejor vía para que sus seguidores quedarán convencidos que el heliocentrismo es algo así como un 'hecho'. Como dice el astrofísico Fred Hoyle, durante el siglo XIX estuvo generalizada la falsa creencia que los principios de Newton representaban una prueba del heliocentrismo[26]. Incluso si se hiciera hoy una encuesta entre los graduados en física, probablemente sería muy mayoritaria la creencia de que la gravitación de Newton representa una prueba formal del heliocentrismo. Newton había publicado ya libros de Matemáticas y de Óptica sin ningún problema por parte de la Inquisición. Sin embargo, respecto a su famosísima obra *Philosophiae Naturalis Principia Mathematica*, publicada originariamente en tres tomos en 1687, tratando en el tercero el tema de la gravitación, es de resaltar que no fue hasta 1742 cuando la obra fue finalmente publicada en los dominios de la Iglesia de Roma, concretamente en Genova, siendo los encargados de la edición dos frailes menores franciscanos (y no jesuitas como aparece en la mayoría de los textos históricos), Thomas Le Seur y François Jacquier. El objetivo de la publicación era poner la prestigiosa obra de Newton al alcance de los filósofos y científicos católicos, la mayoría de ellos jesuitas. Es reseñable en esta obra que en su página

---

[25] Newton afirma lo siguiente: «Que el centro del sistema del mundo está inmóvil, es algo reconocido por todos, sin embargo algunos han acordado que la Tierra, otros que el sol, se encuentra fijo en este centro». (*Philosophiae Naturalis Principia Mathematica*, Book 3: The System of the World, Proposition X, Hypothesis I). En el latín original dice: "Centrum systematis mundane quiescere.Hoc ab omnibus consessum est, dum aliqui terram, alii solem in centro systematis quiescere contendant".

[26] "Nicolaus Copernicus. Un ensayo sobre su vida y obra". Fred Hoyle. 1976.

primera aparece la siguiente "Declaración" de los dos autores citados: «Newton en su tercer libro asume la hipótesis del movimiento de la Tierra. Las proposiciones del autor [Newton] no podrían ser explicadas excepto como mera hipótesis. De aquí que nos hemos vistos obligados a expresar una opinión que no es la nuestra. Pero nosotros profesamos obediencia a los decretos hechos por los Sumos Pontífices contra el movimiento de la Tierra»[27].

Dice Robert Sungenis, que esta *declaración* de los editores del Principia Mathematica en latín resume perfectamente lo que pensaban la mayoría de científicos católicos de aquella época sobre la opinión general de Newton, esto es, aunque no estuviera explicitada en la obra, sí inducía a hacer creer que la Tierra tenía un doble movimiento. Todo eso explica la demora en su publicación. Por otra parte, se observa que Le Seur y Jacquier no atribuyen los decretos condenatorios del movimiento de la Tierra a teólogos o cardenales de la Iglesia, sino a los Pontífices, en plural, lo cual equivale a reconocer que ellos soportaban la misma verdad que Benedicto XIV. También es de reseñar que esta 'Declaración' apareció en todas las versiones posteriores del Principia Mathematica de Newton, en varios países, hasta el año 1833, es decir, once años después del *imprimatur* del libro de Settele, que requiere ciertas aclaraciones y que en seguida veremos. Por lo tanto, como dice Sungenis, todo parece indicar que ese *imprimatur* se entendió en la coherencia con las indicaciones anteriores de la Iglesia sobre el particular.

La importancia singular que se daba en aquella época a la cuestión heliocentrista lo testifica también el hecho de que la Revolución Francesa interfirió notablemente en el asunto Galileo, pues todo parece como si entre sus proclamas de "liberté, egalité et fraternité" también se escondiera la de "heliocentré". En 1798 el ejército napoleónico francés ocupó Roma, abolió el gobierno papal, impuso una República Romana, el Papa Pío VI fue deportado a Florencia... además de otras barbaridades. En 1800 fue elegido en Venecia un nuevo Papa, Pío VII, al que en 1806 le fue concedido permiso para regresar a Roma con una capacidad de gobierno muy restringida, y poco después, en 1810 tras negarse a cooperar con los

---

[27] *Philosophiæ Naturalis Principia Mathematica*, Isacco Newtono, PP. Thomæ Le Seur & Francisci Jacquier, Genevæ, MDCCXXXIX [1739]. Latin Original:
"DECLARATIO: «Newtonus in hoc tertio Libro Telluris motæ hypothesim assumit. Autoris Propositiones aliter explicari non poterant, nisi eâdem quoquè factâ hypothesi. Hinc alienam coacti sumus gerere personam. Cæterum latis a summis Pontificibus contra Telluris motum Decretis nos obsequi profitemur».

planes de la Revolución, el Papa fue arrestado y trasladado a Florencia donde se le confinó durante cinco años. Fue entonces cuando Napoleón Bonaparte decidió trasladar todos los documentos del Archivo Vaticano a Francia, considerando como de interés prioritario aquellos relacionados con el proceso de Galileo. Al parecer Napoleón pretendía publicar un libro sobre el asunto Galileo, pero el proyecto no pudo ser concluido[28].

Muchos que han escrito sobre la pormenores de la historia del Índice de libros prohibidos han terminado su escrito diciendo que el Índice no fue abolido y la prohibición de los libros sobre heliocentrismo no fue levantada ¡hasta 1822! (remarcando con admiraciones esta tardía fecha). Pero muy pocos son los que se ocupan en pormenorizar todos los detalles de los acontecimientos que finalizaron en esa fecha.

En el año 1822 el Papa Pío VII concedió el *Imprimatur* a la obra *"Elementos de Astronomía"* (Vol. II) del canónigo Giussepe Settele, libro que contenía la tesis que la Tierra se mueve, con lo que aparentemente la Iglesia abrazaba el heliocentrismo. No podemos obviar la enorme presión ejercida sobre la Iglesia en aquellos años. Lo narrado respecto a los papas Pío VI y Pío VII, aun hoy en día en la época de un laicismo feroz, nos produce consternación. La importancia que daban los ilustrados al caso Galileo quedó patente por la implicación directa del fanfarrón tiránico Bonaparte. Parece que a la Iglesia se le pedía una "concesión", y si no, el acoso brutal contra la Iglesia proseguiría con más saña. Tal "concesión" no se realizó, pero el *Imprimatur* se presentaba fraudulentamente por los perseguidores de la Iglesia por lo que no era. Es de justicia reconocer también que en aquellos años se presentaban ciertos errores astronómicos, corregidos posteriormente, como si fueran verdades demostradas. Entre los errores científicos está que desde 1818, con la obra *"Fundamenta Astronomiae"* de Friedrich W. Bessel, se creía que el paralaje estelar era una prueba irrefutable del heliocentrismo. Otro error, como ya hemos dicho, era que para esa fecha ya se había extendido la falsa creencia que la gravitación de Newton refutaba la posibilidad de la Tierra inmóvil. A ese tomo II de *"Elementos de Astronomía"* en principio el censor principal Anfossi le rechazó el *Imprimatur* en 1820, pero Settele apeló al papa Pío VII, que se encontraba en Roma sólo desde hacía 7 años –tras haber estado prisionero en Florencia. En ese

---

[28] Puede leerse en "Retrying Galileo" por Maurice A. Finocchiaro (capítulo 9). Disponible en internet como ebook.

tiempo el Vaticano no era más que un feudo político de Napoleón, quien tenía incautados en Francia todos los documentos, especialmente los del caso Galileo y afines. Con estos condicionantes, que son cualquier cosa excepto elementos de libertad, tenía que tomar una decisión Pío VII. Aunque el Papa llevó el asunto a la Congregación del Santo Oficio, que el 16 de Agosto de 1820 volvió a rechazar el *Imprimatur*, lo cual produjo un terremoto de críticas por parte de universidades e intrusos externos, lo cual derivó en discusiones sin fin (con agrias acusaciones de 'censura eclesial' por parte de toda la prensa de Francia, Alemania y Holanda). Finalmente, el deseado *Imprimatur* le fue concedido a Settele el 11 de Septiembre de 1822, y los Cardenales de la Santa Inquisición aprobaron:

«No rehusar la concesión de una licencia a los Maestros del Sacro Palacio Pontificio para la impresión y publicación de obras tratando el movimiento de la Tierra y la estabilidad del sol, **de acuerdo con la opinión general de los astrónomos modernos**, en tanto **en cuanto no haya otras indicaciones contrarias, sobre la base de los decretos de la Santa Congregación del Índice de 1757** y de este Supremo Santo Oficio de 1820»[29].

En cuya sentencia es reseñable primeramente la frase que parece supeditar la aprobación a una *opinión general de unos astrónomos del siglo XIX*, opinión que ahora sabemos con certeza que es errónea. En segundo lugar, habla del índice de 1757 (sic), en lugar de 1758 –confusión lógica teniendo en cuenta que los Cardenales no disponían de ninguno de los documentos incautados por Napoleón, y en tercer lugar, en los decretos de 1758 sí había otras "indicaciones contrarias", en concreto, **la prohibición de tratar al heliocentrismo como tesis**. Pues precisamente esta última implicación es la que resuelve y aclara todo el asunto. Como prueba de cómo de bien se había entendido este asunto en aquella época, incluso y por supuesto después de 1822, nos sirve el ejemplo anterior del mantenimiento en las obras de Newton hasta 1833 de la declaración contra el 'heliocentrismo

---

[29] "E.mi DD. Decreverunt, non esse a praesenti et futuris pro tempore Magistris Sacri Palatii Apostolici recusandam licentiam pro impressione et publicatione operum tractantium de mobilitate terrae et immobilitate solis iuxta communem modernorum astronomorum opinionem, dummodo nihil aliud obstet, ad formam Decretorum Sacrae Congregationis Indicis anni 1757, et huius Supremae anni1820" (Antonio Favaro, Galileo e l'Inquisizione, pp. 30-31).

implícito' de Newton escrita por Le Seur y Jacquier. Y, por supuesto, indican que había opiniones contrarias a las de Settele[30].

La manipulación del caso Galileo

Es una gran desgracia que hoy una mayoría de católicos piense que la Iglesia se equivocó al condenar a Galileo. Recordemos una vez más que la Iglesia no se equivocó, por el contrario un intenso movimiento de propagadores de la mentira han estado manipulando la historia de este caso.

Los que piensan en la 'equivocación' se han dejado engañar por los enemigos de Cristo, los cuales trabajan incansablemente por derruir la Iglesia minando sus dogmas para sustituirlos por sucedáneos (geocentrismo no es un dogma, pero usando este caso se pretenden minar verdaderos dogmas). Realmente el Santo Oficio tuvo la necesidad de condenar a Galileo por herejía y por enseñar doctrinas erróneas. Y su dictamen fue justo y absolutamente coherente con su misión de guardar la integridad de la Fe Católica. Galileo tuvo que enfrentarse al tribunal del Santo Oficio en dos ocasiones. La primera en 1616, cuando había publicado un libro analizando las manchas solares, entonces el Santo oficio condenó las dos siguientes afirmaciones suyas:

I. El sol es el centro del cosmos (del mundo) y permanece completamente inmóvil.

II. La tierra no es el centro del cosmos, no está inmóvil, sino que se mueve en su conjunto alrededor del sol, y también gira sobre sí misma.

La primera de estas afirmaciones fue declarada absurda en filosofía y formalmente herética, en cuanto que contradice expresamente la doctrina de las Sagradas Escrituras en muchos pasajes, tanto en su significado literal como la interpretación general de los Padres y Doctores. En cuanto a la segunda afirmación, la sentencia dice que merece la misma censura en filosofía, y que desde el punto de vista teológico, es al menos errónea en la fe. Galileo fue amonestado, y conminado a no enseñar, ni escribir, ni defender tales heréticas e

---

[30] "Galileo was Wrong, the Church was Wright". Robert Sungenis & Robert Bennett.

incorrectas doctrinas. Sin embargo, en 1632, Galileo publicó fraudulentamente *Dialogo sobre los dos Sistemas de Mundo*, en el que con todo descaro, e incluso, con auténtico dogmatismo, defendía el sistema de Copérnico y ridiculizaba el sistema geocéntrico tradicional. Eso le supondría en 1633 el segundo proceso ante el Santo Oficio. Como se desprende de este escrito, así como de la famosa carta a la Gran Duquesa Cristina, Galileo dudaba de la inerrancia de las Escrituras, en concreto pretendía –contradiciendo directamente la sesión IV del Concilio de Trento- que aunque en materias de fe y moral las Escrituras no yerran, sí lo hacen en materia física ('científica'). Por tanto, el delito de Galileo no solo concernía al campo de la cosmología, sino y sobre todo, al doctrinal. Su error fue interpretar las Escrituras en desacuerdo con la Iglesia en lo que se refiere a las realidades "materiales". Con posterioridad al Concilio de Trento, tanto Benedicto XV como León XIII han reafirmado la integridad de las Escrituras en todas sus partes y en todos sus significados, tanto físico como espiritual, tanto natural como sobrenatural.

La sentencia a Galileo

"...Por cuanto vos, Galileo, hijo del difunto Vincenzio Galilei, de Florencia, de setenta años de edad, fue denunciado, en 1615, a este Santo Oficio, por sostener como verdadera una falsa doctrina enseñada por algunos, a saber: que el Sol está inmóvil en el centro del mundo y que la Tierra se mueve y posee también un movimiento diurno; así como por tener discípulos a quienes instruye en las mismas ideas; así como por mantener correspondencia sobre el mismo tema con algunos matemáticos alemanes; así como por publicar ciertas cartas sobre las manchas del Sol, en las que desarrolla la misma doctrina como verdadera; así como por responder a las objeciones que se suscitan continuamente por las Sagradas Escrituras, glosando dichas Escrituras según vuestra propia interpretación; y por cuanto fue presentada la copia de un escrito en forma de carta, redactada expresamente por vos para una persona que fue antes vuestro discípulo, y en la que, siguiendo la hipótesis de Copérnico, incluye varias proposiciones contrarias al verdadero sentido y autoridad de las Sagradas Escrituras; por eso este Santo Tribunal, deseoso de prevenir el desorden y perjuicio que desde entonces proceden y aumentan en menoscabo de la santa fe, y atendiendo al deseo de Su Santidad y de los eminentísimos Cardenales de esta Suprema Universal Inquisición, califica las dos proposiciones de la estabilidad del Sol y del movimiento de la Tierra, según los calificadores teológicos, como sigue:

1. La proposición de ser el Sol el centro del mundo e inmóvil es absurda, filosóficamente falsa y formalmente herética, porque es directamente contraria a las Sagradas Escrituras.

2. La proposición de no ser la Tierra el centro del mundo, ni inmóvil, si no que se mueve, y también con un movimiento diurno, es también absurda, filosóficamente falsa y, teológicamente considerada es al menos errónea en la fe.

Pero, estando decidida en esta ocasión a trataros con suavidad, la Sagrada Congregación, reunida ante Su Santidad el 25 de febrero de 1616, decretó que su eminencia el Cardenal Bellarmino os prescribiera abjurar del todo de la mencionada falsa doctrina; y que si rehusareis hacerlo, fueseis requerido por el comisario del Santo Oficio a renunciar a ella, a no enseñarla a otros ni a defenderla; y a falta de aquiescencia, que seáis prisionero; y por eso, para cumplimentar este decreto al día siguiente, en el Palacio, en presencia de su eminencia el mencionado Cardenal Bellarmino, después de haberos sido ligeramente amonestado, fuisteis conminado por el comisario del Santo Oficio, ante notario y testigos, a renunciar del todo a la mencionada opinión falsa y, en el futuro, a no defenderla ni enseñarla de ninguna manera, ni verbalmente ni por escrito; y después de prometer obediencia a ello, fuisteis despachado.

Y con el fin de que una doctrina tan perniciosa pueda ser extirpada del todo y no se insinúe por más tiempo con grave detrimento de la verdad católica, ha sido publicado un decreto procedente de la Santa Congregación del Índice, prohibiendo los libros que tratan de esta doctrina, declarándola falsa y del todo contraria a la Sagrada y Divina Escritura.

Y por cuanto después ha aparecido un libro publicado en Florencia el último año, cuyo título demostraba ser de vos, a saber: El diálogo de Galileo Galilei sobre los dos sistemas principales del mundo: el ptolomeico y el copernicano; y por cuanto la Santa Congregación ha oído que a consecuencia de la impresión de dicho libro va ganando terreno diariamente la opinión falsa del movimiento de la Tierra y de la estabilidad del Sol, se ha examinado detenidamente el mencionado libro y se ha encontrado en él una violación manifiesta de la orden anteriormente dada a vos, toda vez que en este libro vos ha defendido aquella opinión que ante vuestra presencia había sido condenada;

aunque en el mismo libro hacéis muchas circunlocuciones para inducir a la creencia de que ello queda indeciso y sólo como probable, lo cual es asimismo un error muy grave, toda vez que no puede ser en ningún modo probable una opinión que ya ha sido declarada y determinada como contraria a la Divina Escritura. Por eso, por nuestra orden, vos habéis sido citado en este Santo Oficio, donde, después de prestado juramento, habéis reconocido el mencionado libro como escrito y publicado por vos. También confesasteis haber comenzado a escribir dicho libro hace diez o doce años, después de haber sido dada la orden antes mencionada. También reconocisteis haber pedido licencia para publicarlo, sin aclarar a los que os concedieron este permiso que habíais recibido orden de no mantener, defender o enseñar dicha doctrina de ningún modo. También confesasteis que el lector podía juzgar los argumentos aducidos para la doctrina falsa, expresados de tal modo, que impulsaban con más eficacia a la convicción que a una refutación fácil, alegando como excusa que habíais caído en un error contra vuestra intención al escribir en forma dialogada y, por consecuencia, con la natural complacencia que cada uno siente por sus propias sutilezas y en mostrarse más habilidoso que la generalidad del género humano al inventar, aun en favor de falsas proposiciones, argumentos ingeniosos y plausibles.

Y después de haberse concedido tiempo prudencial para haceros vuestra defensa, mostrasteis un certificado con el carácter de letra de su eminencia el Cardenal Bellarmino, conseguido, según dijisteis, por vos mismo, con el fin de que pudieseis defenderos contra las calumnias de vuestros enemigos, quienes propalaban que habíais abjurado de vuestras opiniones y habíais sido castigado por el Santo Oficio; en cuyo certificado se declara que no habíais abjurado ni habías sido castigado, sino únicamente que la declaración hecha por Su Santidad, y promulgada por la Santa Congregación del Índice, os había sido comunicada, y en la que se declara que la opinión del movimiento de la Tierra y de la estabilidad del Sol es contraria a las Sagradas Escrituras, y que por eso no puede ser sostenida ni defendida. Por lo que al no haberse hecho allí mención de dos artículos de la orden, a saber: la orden de 'no enseñar' y 'de ningún modo', argüisteis que Nos debíamos creer que en el lapso de catorce o quince años se habían borrado de vuestra memoria, y que ésta fue también la razón por la que vos guardasteis silencio respecto a la orden, cuando buscasteis el permiso para publicar vuestro libro, y que esto es dicho por vos, no para excusar vuestro error, sino para que pueda ser atribuido a ambición de vanagloria más que a malicia. Pero este mismo certificado, escrito a vuestro favor, ha agravado considerablemente vuestra ofensa, toda vez que en él se declara que la mencionada opinión es opuesta a las Sagradas Escrituras, y, sin embargo, os habéis atrevido a tratar de ella y a argüir que es probable. Tampoco hay ninguna atenuación en la licencia arrancada por vos, insidiosa y astutamente, toda vez que no pusisteis de manifiesto el mandato que se os había impuesto.

Pero Nos, considerando que no habéis revelado toda la verdad respecto a vuestra intención, juzgamos necesario proceder a un examen riguroso, en el que deberíais contestar como buen católico.

Por eso, habiendo visto y considerado seriamente las circunstancias de vuestro caso con vuestras confesiones y excusas, y todo lo demás que debía ser visto y considerado, Nos hemos llegado a la sentencia contra vos, que se escribe a continuación:

Invocando el Sagrado Nombre de Nuestro Señor Jesucristo y de Su Gloriosa Virgen Madre María, pronunciamos ésta nuestra final sentencia, la que, reunidos en Consejo y Tribunal con los reverendos maestros de la Sagrada Teología y doctores de ambos derechos, nuestros asesores, extendemos en este escrito relativo a los asuntos y controversias entre el magnífico Cario Sincereo, doctor en ambos derechos, fiscal procurador del Santo Oficio, por un lado, y vos, Galileo Galilei, acusado, juzgado y convicto, por el otro lado, pronunciamos, juzgamos y declaramos que vos, Galileo, a causa de los hechos que han sido detallados en el curso de este escrito, y que antes habéis confesado, os habéis hecho a vos mismo vehementemente sospechoso de herejía a este Santo Oficio, al haber creído y mantenido la doctrina (que es falsa y contraria a las Sagradas y Divinas Escrituras) de que el Sol es el centro del mundo, y de que no se mueve de este a oeste, y de que la Tierra se mueve y no es el centro del Mundo; también de que una opinión puede ser sostenida y defendida como probable después de haber sido declarada y decretada como contraria a la Sagrada Escritura, y que, por consiguiente, habéis incurrido en todas las censuras y penalidades contenidas y promulgadas en los sagrados cánones y en otras constituciones generales y particulares contra delincuentes de esta clase. Visto lo cual, es nuestro deseo que seáis absuelto, siempre que con un corazón sincero y verdadera fe, en nuestra presencia abjuréis, maldigáis y detestéis los mencionados errores y herejías, y cualquier otro error y herejía contrarios a la Iglesia Católica y Apostólica de Roma, en la forma que ahora se os dirá.

Pero para que vuestro lastimoso y pernicioso error y trasgresión no queden del todo sin castigo, y para que vos seáis más prudente en lo futuro y vos sirváis de ejemplo para que los demás se abstengan de delitos de este género, Nos decretamos que el libro Diálogos de Galileo

Galilei sea prohibido por un edicto público, y os condenamos a prisión formal de este Santo Oficio por un periodo determinable a nuestra voluntad, y por vía de saludable penitencia, os ordenamos que durante los tres próximos años recitéis, una vez a la semana, los siete salmos penitenciales, reservándonos el poder de moderar, conmutar o suprimir, la totalidad o parte del mencionado castigo o penitencia."

* * *

Afortunadamente Galileo abjuró de sus antiguas depravaciones heréticas con esta solemne fórmula:

"Yo, Galileo Galilei, hijo del difunto Vincenzio Galilei, de Florencia, de setenta años de edad, siendo citado personalmente a juicio y arrodillado ante ustedes, los eminentes y reverendos Cardenales, Inquisidores generales de la República Universal Cristiana contra la depravación herética, teniendo ante mí los Sagrados Evangelios, que toco con mis propias manos, juro que siempre he creído y, con la ayuda de Dios, creeré en lo futuro todos los artículos que la Sagrada Iglesia Católica y Apostólica de Roma sostiene, enseña y predica. Por haber recibido orden de este Santo Oficio de abandonar para siempre la opinión falsa que sostiene que el Sol es el centro inmovible, siendo prohibido el mantener, defender o enseñar de ningún modo dicha falsa doctrina; y puesto que después de habérseme indicado que dicha doctrina es repugnante a la Sagrada Escritura, he escrito y publicado un libro en el que trato de la misma condenada doctrina y aduzco razones con gran fuerza en apoyo de la misma, sin dar ninguna solución; por eso he sido juzgado como sospechoso de herejía; esto es, que yo sostengo y creo que el Sol es el centro del mundo e inmóvil, y que la Tierra no es el centro y es móvil, deseo apartar de las mentes de vuestras eminencias y de todo católico cristiano esta vehemente sospecha, justamente abrigada contra mí; por eso, con un corazón sincero y fe verdadera, yo abjuro, maldigo y detesto los errores y herejías mencionados, y, en general, todo otro error y sectarismo contrario a la Santa Iglesia; y juro que nunca más en el porvenir diré o afirmaré nada, verbalmente o por escrito, que pueda dar lugar a una sospecha similar contra mí; asimismo, si supiese de algún hereje o de alguien sospechoso de herejía, lo denunciaré a este Santo Oficio o al inquisidor y ordinario del lugar en que pueda encontrarme. Juro, además, y prometo que cumpliré y observaré fielmente todas las penitencias que me han sido o me sean impuestas por este Santo Oficio.

Pero si sucediese que yo violase algunas de mis promesas dichas, juramentos y protestas (¡que Dios no lo quiera!), me someto a todas las penas y castigos que han sido decretados y promulgados por los sagrados cánones y otras constituciones generales y particulares contra delincuentes de este tipo. Así, con la ayuda de Dios y de sus sagrados evangelios, que toco con mis manos, yo, el antes nombrado Galileo Galilei, he abjurado, prometido y me he ligado a lo antes dicho; y en testimonio de ello, con mi propia mano he suscrito este presente escrito de mi abjuración, que he recitado palabra por palabra."

Con Galileo y el heliocentrismo se había iniciado un ataque directo a un punto fundamental de la fe cristiana, a saber, que las Sagradas Escrituras están divinamente inspiradas y son inerrables en todas sus partes y significados, y que en su interpretación no nos podemos separar del común acuerdo de los Padres de la Iglesia. Por otra parte, este desgraciado asunto sirvió a los enemigos de Cristo para justificar la supuesta separación entre la fe y la ciencia. Para ello tuvieron que basar la ciencia –no la fe católica obviamente- en una falsedad, el heliocentrismo, al que luego le seguirían una sucesión ininterrumpida de otras.

La inédita retractación de Galileo.

El teólogo Robert Sungenis, en su obra *"Galileo was wrong, the Church was right"* destapa una conjura de gran alcance contra la Iglesia. Pues no sólo están distorsionados tantos datos históricos sobre este asunto, sino que se ha ocultado deliberadamente datos vitales como el siguiente: Galileo se convirtió decididamente al geocentrismo y repudió de corazón toda interpretación científica contraria a las Sagradas Escrituras. El 29 de Marzo de 1641, Galileo respondió a una carta que había recibido de su colega Francesco Rinuccini (fechada el 23 de ese mes) contando entusiasmadamente el presunto hallazgo[31], por el astrónomo Giovanni Pieroni, del paralaje de una estrella, lo cual era considerado erróneamente como una prueba indiscutible del heliocentrismo. Galileo le escribió una contundente respuesta que probablemente dejaría helado a Rinuccini:

"La falsedad del Sistema de Copérnico no debería ser cuestionada por nadie, y menos, por los Católicos, pues nosotros tenemos la indiscutible autoridad de la Sagrada Escritura, interpretada por los más eruditos teólogos, cuyo consenso nos da certeza en lo relativo a la inmovilidad de la Tierra. Las conjeturas utilizadas por Copérnico y sus seguidores manteniendo la tesis contraria están todas refutadas suficientemente por el argumento más sólido de la omnipotencia de Dios. Él es capaz de realizar por diferentes caminos, en realidad un número infinito de caminos, cosas que en nuestra opinión y observación, parecen ocurrir en un particular camino. Nosotros no deberíamos buscar cortar la mano de Dios e insistir atrevidamente en algo más allá de los límites de nuestra competencia."[32]

Los libros y artículos sobre la vida de Galileo están llenos de sus hazañas, pero casi ninguno cita este pasaje de la retractación de su pasado heliocentrista. Y hay una razón para ello, la carta ha estado oculta al público durante los últimos cuatro siglos. Al fin, en 1909, la retractación de Galileo fue rescatada de la censura para ser unida con el resto de sus cartas, sin embargo, ésta tiene una característica que la distingue del resto, "la firma 'Galileo Galilei' ha sido intencionadamente raspada con la intención de hacerla ilegible"[33]. Como se desprende del texto de esta retractación, sus palabras aparecen directas y firmes, como quien está absolutamente seguro de lo que afirma. Lejos de ser un héroe de la moderna cosmología heliocéntrica, Galileo, muy poco antes de su muerte, se había convertido en su más firme adversario, un hecho que la historia de la ciencia ha pretendido ocultar por razones ideológicas.

---

[31] El hallazgo de Pieroni no era correcto, pues los telescopios de la época eran incapaces de detectar la separación necesaria para medir un paralaje estelar. No fue tecnológicamente posible hasta 1840, cuando Bessel presuntamente pudo detectarla, aún así hoy todavía esa posibilidad es discutida (que realmente se midiera algo).
[32] *Le Opere Di Galileo Galilei*, 1968, vol. 18, p. 316.
[33] *Le Opere Di Galileo Galilei*, 1968, vol. 18, p. 316. Nota al pie n° 2.G

Otro gran nombre del siglo XVII, Isaac Newton, un matemático y físico excepcional, una mente maravillosa, es todo un ejemplo de máxima elocuencia de cómo puede una razón sin fe terminar en un sincretismo más absurdo. Tomamos notas de un ensayo publicado por el P. Juan Antonio Ruiz[34] L.C. El autor parte de la bien documentada biografía de Newton escrita por Richard S. Westfall, *"Never at rest. A biography of Isaac Newton"* ("Sin descanso: una biografía de Isaac Newton") (Cambridge University Press, 1980). El P. Juan Antonio se fija en un aspecto que pocos resaltan de Newton y que Westfall pone a la luz: la pérdida sistemática de sus raíces cristianas y la caída lógica e irreversible en la superstición, consecuencia inmediata de la pérdida de la fe. Continúa el autor:

Newton no era sólo matemático y físico. Tuvo numerosas incursiones en el campo de la filosofía y la teología. Para poner un ejemplo, baste mencionar una de sus tesis en la que comentaba que todas las religiones antiguas tenían su propia teología, que él llamaba «teología astronómica». En su obra *Theologiae gentilis origines philosophicae* («Los orígenes filosóficos de la teología de los gentiles»), Newton afirma lo siguiente: *«No se puede creer, por otra parte, que la religión comience con la doctrina de la transmigración de las almas y con la adoración de los astros y de los elementos: existió, en efecto, otra religión más antigua que todas éstas, una religión en la que un fuego de sacrificio ardía perpetuamente en el interior de un lugar sagrado. El culto a la diosa Vesta fue el más antiguo de todos».* Para probar esta afirmación, Newton comenta que cuando Moisés colocó en el tabernáculo un fuego perpetuo, restauró el culto originario *«purgado de todas las supersticiones que habían sido introducidas anteriormente»*. Éste era el culto practicado por Noé y sus hijos, y Noé lo había aprendido de sus antepasados. Era el culto auténtico instituido por Dios. En otras palabras, lo que Newton está diciendo era que la verdadera religión era la pagana.

Pero Newton no llegó a esto de la noche a la mañana. Antes, había negado la Trinidad y la divinidad de Cristo. En uno de sus

---

[34] El artículo completo en: http://infocatolica.com/?t=opinion&cod=12654

cuadernos de apuntes puso la voz *De Trinitate (*«Sobre la Trinidad»), llenando nueve páginas enteras de comentarios. Mientras escribía, poco a poco se hizo camino en él la convicción de que la herencia de la Iglesia primitiva fue adulterada por un fraude gigantesco, comenzando en el siglo IV y V, con Atanasio y sus discípulos. En el centro de este fraude estaban las Escrituras, que Newton creyó que fueron alteradas para sostener el Trinitarismo. De esta manera, Newton se nos muestra como un auténtico arriano.

Negando la Trinidad, Newton rechaza también la divinidad de Cristo, que pasa a ser un profeta como Moisés, mandado entre los hombres para recordarles cuál era el estado originario y auténtico del culto a Dios, del que ya hemos hablado antes. De hecho, un título de uno de sus libros rezaba así: *«Cuál era la verdadera religión de los hijos de Noé, antes que fuese corrompida por la adoración de falsos dioses. La religión cristiana no es más verdadera de aquélla, ni se ha corrompido menos».* De esta manera puede concluirse que el trinitarismo, con su impulso a la adoración de santos y mártires, así como la adoración de Cristo como Dios, asumía para Newton un nuevo y definitivo resultado. ¿Qué era sino la última manifestación de una tendencia universal de la humanidad a la superstición y a la idolatría? Pero esta superstición que atribuía a los «trinitarios» tocaría las puertas de su corazón muy pronto, pues ya el alma se le agrietaba y rompía a pedazos.

En julio de 1672, apenas seis meses después de que la Royal Society le hubiera descubierto como un extraordinario estudioso en el campo de la óptica, él le escribía al secretario de la *Royal Society* llamado Oldenbourg, diciéndole que muy difícilmente podría seguir con otros experimentos con el telescopio, *«pues deseo continuar con otros argumentos».* Era tal la obsesión, que obligó a Newton incluso a interrumpir un tratado general sobre los colores, pues aquellos argumentos, según el físico inglés, *«absorben actualmente todo mi tiempo y todos mis pensamientos».* ¿De qué se trataba? No era otra cosa que la alquimia. Lo raro en Newton era que, en vez de empezar a estudiar la alquimia y terminar llegando a un estudio serio de la química, fue totalmente lo contrario: **empezó a estudiar la química y terminó en la superstición absoluta de la alquimia.**

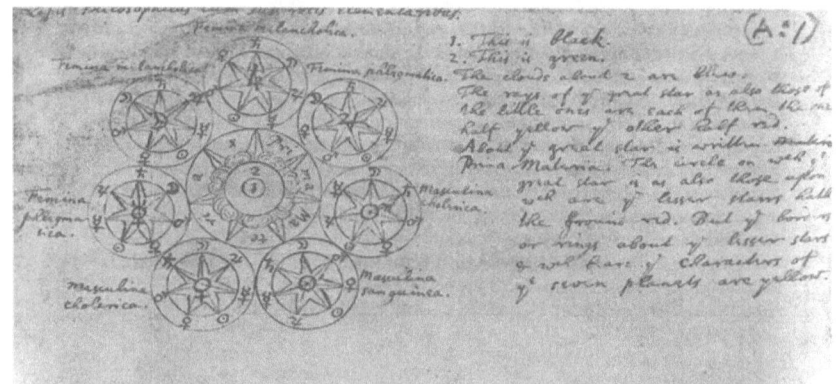

(Diseño de la Piedra filosofal por Newton. *Aparecido en Never at Rest. A biography of Isaac Newton;* Westfall, Richard, por cortesía de la Babson College Library.)

Algunas de las afirmaciones del Newton alquimista nos dejan estupefactos: la piedra está compuesta de cuerpo, alma y espíritu, según la tesis del alquimista Effarius el Mónaco; los metales vienen generados y corrompidos en las vísceras de la Tierra; el magnesio (también llamado Icono verde, promoteo o camaleonte) es andrógino y de tierra virgen y verdeante, en la que el sol no ha hecho penetrar jamás sus rayos, aunque es su padre y la luna su madre. Al morir, se descubrió que su biblioteca estaba repleta de libros de alquimia, como el *Theatrum chemicum,* muchos documentos alquímicos que recibía y copiaba de su puño y letra, entre los que se pueden leer *Regimen per ascensum in Caelum & descensum in terram*(«Dirección para un ascenso al cielo y un descenso a la tierra»), *Conjunctio et liquefactio* («Unión y fundición»), *Multiplicatio* («multiplicación»); en total el diez por ciento de todos sus libros.

Él lo resumió así: *«la alquimia no tiene nada que ver con los metales, como piensa el vulgo ignorante... Esta filosofía no es de aquellos que tienden a la vanidad y al engaño, sino a la ventaja y edificación, pues procura, en primer lugar, el conocimiento de Dios y, en segundo lugar, el modo de encontrar la medicina en las criaturas. Su fin, por lo tanto, es el de glorificar a Dios en sus maravillosas criaturas y de enseñar al hombre a vivir bien, como un ser caritativo, ayudando al prójimo».* Pero ya vimos a qué dios glorifica y cómo Newton no tenía tiempo para otra cosa que para sus experimentos. De esta forma, aquel joven cristiano y fervoroso como fue, pasó sus últimos años viviendo en la superstición de la alquimia.

Tal vez Newton era un caso dramático de las últimas consecuencias de la separación entre la fe y la razón. Paradójicamente para muchos, tal separación alcanzó dimensiones insospechadas con Galileo. Con la ciencia como principal afectada.

Galileo y la caída del orden científico

Para defender su escandalosa hipótesis heliocéntrica, Galileo utilizó a su favor el pasaje de Josué mandando detenerse al sol en Gabaón (Jos 10,12-14). Llegó a decir que sólo en el sistema heliocéntrico es posible el alargamiento del día. No obstante, la narración bíblica es clara: "**Y el sol y la luna se detuvieron...**" (Jos 10,13). La afirmación es muy precisa ya que menciona, no sólo la detención del sol, sino la de la luna, que cumple la función de marcador referente, como un reloj parado indicando que se ha detenido el tiempo astronómico. La escritora católica Paula Haigh afirma: «Quien mantiene que un error es posible en un pasaje auténtico de las Sagradas Escrituras está pervirtiendo la noción católica de *inspiración*, o bien está haciendo a Dios el responsable de ese error». Ahora normalmente se recurre al simbolismo para explicar este pasaje, pero es de mencionar que ningún cristiano del siglo XVII hubiera osado afirmar que la Biblia errase en alguno de sus versículos, pero Galileo utilizó un ardid para aproximar la exégesis bíblica a su heliocentrismo, soportando artificiosamente que la Biblia está compuesta de dos clases de versículos: a) los que hablan de aspectos de la naturaleza, y b) los que hablan de cualquier otro asunto. Y ahora Galileo afirma que los versículos de la clase b) no pueden errar pues han sido dictados del Espíritu Santo, pero sí pueden errar los de la clase a) pues están subordinados a otro libro divino específico, el de la Naturaleza del mundo. O sea, lo que Galileo afirmaba era tremendo. Primero, que la Biblia *yerra* en algunas partes suyas, y por otra parte, algo no menos grave, a saber: que la Palabra de Dios está *subordinada* en algunos puntos a otro "libro divino". Unas opiniones que la Iglesia no podía evidentemente pasar por alto.

Dice Galileo en "Carta a Castelli"[35]: "La Sagrada Escritura es necesaria en muchas ocasiones, pero pueden presentarse diversas interpretaciones dependiendo del significado aparente de las palabras. A mí me parece, que en cuanto a las disputas sobre aspectos físicos, aquélla debería desplazarse al último lugar, puesto que (tales cuestiones) proceden igualmente de la palabra divina, de la Sagrada Escritura y de la Naturaleza, aquélla como dictada por el Espíritu Santo, y ésta como la ejecución obediente de las ordenes de Dios."

Con estas palabras, Galileo intentaba poner al mismo nivel la Sagrada Escritura y las Ciencias Naturales (como procedentes ambas de Dios), y Galileo dice, que en caso de disputa habría que relegar la Sagrada Escritura al último lugar. Evidentemente este es un paso previo a la ruptura Teología-Ciencia, que se daría luego con el neopositivismo, al asumir que los campos de actuación de las Ciencias Naturales y de la Teología son absolutamente diferentes, y en caso de disputa sólo hay que escuchar las afirmaciones de la primera. Recordamos que la doctrina de la Iglesia ha sido siempre la de defender la unión *indisoluble* entre la fe y la razón, y si bien creer no impide entender (en otro caso tendríamos el fideísmo), la razón *no está a la misma altura que la fe*. La razón puede *comprender* (dentro de sus posibilidades y límites) lo revelado por Dios, verdad absoluta que no tiene error, con la ayuda de la fe.

Pero además el dogma del galileismo nos ha traído otro desequilibrio, la destrucción total del orden jerárquico de las ciencias establecido desde la edad media. En la cúspide de la pirámide de las ciencias siempre estuvo situada la Teología, como la Reina de las Ciencias, teniendo a la Filosofía como su principal sirviente. El resto de ciencias inferiores deben servir a la ciencia capital al igual que las criaturas deben servir a Dios.

Respecto a las ciencias, Santo Tomás de Aquino dice que una es superior a otra según la certeza que contiene, o según la dignidad de

---

[35] En 1613, en el transcurso de un banquete, un pupilo de Galileo, el joven fraile y profesor de Matemáticas de la Universidad de Pisa, Fr. Benedetto Castelli, estuvo envuelto en una discusión con la Gran Duquesa Cristina de Lorraine. La Duquesa, apoyada por un profesor de filosofía, se oponía a la teoría de Copérnico –defendida por Fr. Castelli– porque era contraria a la Sagrada Escritura. Fr Castelli a duras penas pudo contestar a la duquesa y al filósofo, y entonces solicitó ayuda a su maestro, Galileo, quien posteriormente escribió una larga y elaborada carta, la llamada "Carta a Castelli", en la que expresaba su opinión personal sobre las relaciones entre la ciencia y la religión.

la materia que trata, en ambos aspectos, la doctrina sagrada está por encima de las otras ciencias. Con respecto a la certeza de las ciencias especulativas, fundada en la razón natural, que puede equivocarse, contrapone la certeza que se funda en la luz de la ciencia divina, que no puede fallar. Con respecto a la dignidad de la materia, porque la doctrina sagrada trata principalmente de algo que por su sublimidad sobrepasa la razón humana. Las otras ciencias sólo consideran lo que está sometido a la razón. De entre las ciencias prácticas es más digna la que se orienta a un fin más alto, como lo militar a lo civil, puesto que el bien del ejército tiene por fin el bien del pueblo. El fin de la doctrina sagrada como ciencia práctica es la felicidad eterna que es el fin último al que se orientan todos los objetivos de las ciencias prácticas. La teología tiene algo de ciencia especulativa y algo de ciencia práctica, bajo cualquier aspecto la doctrina sagrada es superior a las otras ciencias. (S.T. Ia, C.1 A.5)

El hecho de que algunas –o incluso muchísimas- personas duden de los artículos de fe no se debe a la naturaleza incierta de las verdades sino a la debilidad del intelecto humano. A la teología le incumbe el terreno de las otras ciencias porque es cierto que hay una armonía de verdades, y en base a ello las ciencias naturales han sido permitidas por Dios para que sirvan de viaductos hacia el supremo conocimiento de Él, que nos llega de la Fe y de la Teología. Es esta Ciencia Sagrada la que tiene la última palabra y puede reprobar cuantas afirmaciones de las ciencias naturales vayan contra las verdades proclamada por ella. Y no al contrario, como mantuvo Galileo. Sto Tomás lo dice así:

"Nada impide que lo que por su naturaleza es cierto, a nosotros, por la debilidad de nuestro entendimiento, no nos lo parezca tanto.... De ahí que la duda que en algunos se da con respecto a los artículos de fe no tiene su origen en la incertidumbre del contenido, sino en la debilidad del entendimiento humano. No obstante, lo poco que se puede saber de las cosas sublimes es preferible a lo mucho y cierto que podemos saber de las cosas inferiores…" (S.T. Ia, C.1 A.5 ad.2). "La teología no necesita de la filosofía y de las otras ciencias, pero hace uso de ellas con el fin de hacer más claras sus propias enseñanzas" (S.T. Ia, C.1 A.5 ad.2).

La rebelión galileana comenzó cuando se destronó la suprema sabiduría para colocar en tal lugar de honor a las ciencias naturales. Galileo debería ser conocido como el primer tecnócrata, aquél dedicado exclusivamente a realizar trabajo útil y utensilios. Ya que la ciencia moderna ha eliminado a Dios de sus principios, ha derrocado el principio de su orden establecido, y por eso se ha autoexcluido de Dios, que es la auténtica fuente de sabiduría.

La teología es, entre todas las sabidurías humanas, la sabiduría en grado sumo, y no sólo en un sentido especial, sino único y total. Le corresponde al sabio dirigir y juzgar; y su juicio lo hace teniendo como punto de referencia la causa más alta de todo lo inferior. Se llama sabio a aquel que tiene presente la causa más alta de cada cosa concreta. Por ejemplo, el trabajador que prepara los planos de un edificio es llamado sabio y arquitecto respecto a los trabajadores que labran la madera o pulen la piedra... Así, pues, aquel que tenga como punto de referencia la causa suprema de todo el universo será llamado sabio en grado sumo. Lo propio de la teología es referirse a Dios como causa suprema...de donde se deduce que ella es sabiduría en grado sumo. (S.T. Ia, C.1 A.6).

La teología no toma sus principios de ninguna otra ciencia humana, sino de la ciencia divina, la cual, como sabiduría en grado sumo, regula todo nuestro entender. (S.T. Ia, C.1 A.6 ad.1).

Los principios de las otras ciencias o son evidentes y no necesitan ser demostrados; o lo son en alguna otra ciencia y son demostrados por un proceso mental natural. El conocimiento propio que se tiene en la ciencia sagrada lo da la revelación, no la razón natural. De ahí que no le corresponda probar los principios de las otras ciencias, sino sólo juzgarlos. Así, condena por falso todo lo que en las otras ciencias resulta incompatible con su verdad. (S.T. Ia, C.1 A.6 ad.2)[36].

¿Qué significa todo esto? No que la teología sea la que debe determinar la velocidad de la luz o la constante de la gravedad, pero sí que puede determinar límites a ciertas pretensiones "científicas" que intenten abarcar u ocupar el lugar que no le corresponde. Por ejemplo, por la Revelación sabemos que el mundo ha sido creado de la nada, *ex nihilo*; por lo tanto toda teoría que presuponga o lleve de alguna manera hacia la eternidad de la materia debe ser rechazada como contraria a la fe. Y, sencillamente, y de la misma forma, *no se puede abandonar el sentido literal de la Escritura sin causa suficiente y convincente que lo*

---

[36] Para leer más:
Santo Tomás de Aquino. "Suma Teológica Ia".
Paula Haigh. "Galileo's Hersy". http://ldolphin.org/geocentricity/Haigh2.pdf

justifique. Toda nuestra obra versa sobre este argumento que, por otra parte, tan maravillosamente fue defendido por el santo Cardenal Roberto Bellarmino.

¿Ha rehabilitado la Iglesia a Galileo?

Si hicieramos la pregunta retórica: *¿ha rehabilitado Juan Pablo II a Galileo?*. Muchos responderían SÍ a esta cuestión, atendiendo a lo que han repetido machaconamente muchos medios de comunicación, no solamente laicistas:

-**EL MUNDO** (01 Feb 2009): "El Vaticano considera que tras la rehabilitación de Galileo Galilei por Juan Pablo II en 1992 los tiempos están maduros para una nueva revisión de su figura".

-**EL PAÍS** (31 Oct 1992): "Juan Pablo II rehabilita hoy a Galileo, 359 años después de que fuera condenado. La Iglesia acepta oficialmente que la Tierra gira alrededor del Sol".

- **NEWSCIENTIST** (7 de Noviembre de 1992): "El Vaticano admite que Galileo tenía razón".

- **Biblioteca Católica Digital**: "…en 1992 Juan Pablo II reconoció públicamente los errores cometidos por el tribunal eclesiástico que juzgó las enseñanzas científicas de Galileo; se abrió un panorama fecundo para la relación entre ciencia y fe".

*　　*　　*

Como lo dijimos anteriormente, durante el pontificado de Urbano VIII, en 1633, ante el Tribunal de la Inquisición, Galileo fue acusado y hecho abjurar –no por enseñar ciencia incorrecta- sino por sospechoso de herejía. Todos los libros afirmando que la Tierra se mueve fueron colocados en el Índice. En 1664, el Papa Alejandro VII sacó la bula *Speculatores Domus Israel* en la que fijaba un nuevo Índice condenando todos los libros "que enseñasen de cualquier modo el heliocentrismo".

Poco después del Concilio Vaticano I de 1870, en el que se definió la infalibilidad del Papa, y a consecuencia del gran debate surgido por esa causa, un reverendo anglicano inglés, P. William Roberts, que erróneamente creía que el heliocentrismo había sido probado científicamente, realizó un laborioso trabajo[37] recopilando los antiguos decretos de la Iglesia de Roma contra el heliocentrismo. Su objetivo era probar que los papas habían caído en el error cuando hablaban "ex cathedra". Paradójicamente, su trabajo probando que los decretos papales habían mantenido invariable la condena del heliocentrismo, a pesar de toda presión externa e incluso interna, es ahora considerado por algunos como una excelente prueba de la infalibilidad papal, y ha supuesto para algunos protestantes geocentristas el motivo principal de su conversión a la Iglesia Católica de Roma.

Como mantenemos en este libro, el heliocentrismo no ha podido ser probado científicamente por nadie, a pesar de los grandes esfuerzos que desde 1887 se hicieron con los experimentos del tipo Michelson-Morley y similares; sin embargo, quizás porque Galileo inicialmente afirmó que él lo había observado con su novedoso telescopio en el sistema de Júpiter y sus satélites (era una prueba incorrecta), o porque algunos clamaron erróneamente que los principios matemáticos de Isaac Newton lo probaban de manera formal, y a pesar de todos los decretos condenatorios, esta herejía pronto se extendió por todas las universidades católicas y quedó fuera de control. En ello también influyó notoriamente la ansiedad de los protestantes por probar como fuera que los decretos papales de Roma eran falibles. Así llegó el convulso siglo XX con sus teorías científicas alienantes, como la Relatividad, el espacio-tiempo curvado, el Big Bang, los agujeros negros... que llevaron a la ruptura aparentemente definitiva entre la ciencia y la teología. Afirma Robert Sungenis[38] que a los apologetas de la Iglesia de este siglo sólo les quedaron dos opciones:

a) **Aceptar las afirmaciones de los poderosos científicos** (a pesar de que formalmente no se ha demostrado la movilidad de la Tierra), reafirmando la postura de Copérnico, "la tierra no es un lugar privilegiado", y entonces tener que dar intrincadas explicaciones para seguir manteniendo que el Espíritu Santo guía a la Iglesia".

---

[37] El trabajo de Rev. William Roberts puede leerse en:
http://www.alcazar.net/pont_decr1.pdf; http://www.alcazar.net/pont_decr2.pdf
[38] R. Sungenis & R. Bennett. "Galileo Was Wrong The Church Was Right". 2004.

b) **Mantenerse firmes en la certidumbre que el Espíritu Santo guía a la Iglesia**, no aceptar que el heliocentrismo es verdad porque sí, y por tanto mantener que el geocentrismo sí es verdadero (si no se demuestra eficientemente lo contrario), pese a las presiones fortísimas de los científicos y de quienes les apoyan.

Tristemente, la mayoría de apologetas optaron por la primera postura, y en su postura ultramontana retorcieron la doctrina de la Iglesia. Es posible que se les pueda excusar por el bombardeo de las falsas pruebas y teorías que supuestamente confirmaban la movilidad de la Tierra, pero se les puede achacar la falta de rigor de San Bellarmino. Durante la primera parte del siglo XX, los papas aún no vieron la necesidad de estudiar este asunto. Pero al final del siglo XX, Juan Pablo II, el Vicario de Cristo, consideró que había llegado el momento de tratarlo de nuevo, y en 1979 expresó su deseo de tener un amplio estudio del "caso Galileo". En 1981 organizó una comisión para hacerlo, con miembros de la PAS como participantes preferentes, por lo que es pertinente conocer un poco la estructura de la PAS.

La Pontificia Academia de Ciencias (PAS) es la heredera de la Academia dei Lincei (Academia de Ciencias de Roma) establecida en 1603 por el pontífice Clemente VIII. Finalmente en 1936, Pío XI la reestructuró en su forma y nombre actual. Se describe la PAS como una fuente de información científica objetiva puesta al servicio de la Santa Sede y de la comunidad científica internacional. Los candidatos a ser miembros de ella son elegidos por la propia Academia y son nombrados por acto soberano del Santo Padre, y su pertenencia a la PAS es de por vida. Actualmente hay unos 90 miembros, 30 de los cuales han obtenido el Premio Nóbel en sus respectivas especialidades. Lo novedoso del PAS del siglo XX y XXI, algo impensable en otras épocas, es que muchos de sus miembros no sienten ningún compromiso con el Cristianismo, y muchos de ellos se declaran y actúan como ateos o agnósticos. Tenemos claros ejemplos de ello en Stephen Hawking o en Paul Davies, que incluso alardean de ateísmo en sus obras divulgativas. En realidad, en los trabajos cosmológicos de la Academia hay una fuerte tendencia a adherirse a posturas contrarias a las enseñanzas oficiales de la Iglesia Católica[39].

Respondiendo a una cuestión que le hicieron sobre la PAS, el Arzobispo Monseñor Luigi Barbarito, Nuncio Apostólico Emérito de Gran Bretaña, comentó: «**Sobre este cuerpo yo diría que no tiene**

---

[39] Gerard Keane. "The Pontifical Academy of Sciences and the Crisis of Faith". http://www.kolbecenter.org (Articles).

autoridad en materia de fe y de doctrina, y expresa únicamente las vistas de sus propios miembros que pertenecen a creencias de diversas religiones».

El 31 de Octubre 1992, después de recibir las conclusiones del estudio de la comisión presidida por el Cardenal Paul Poupard, el papa Juan Pablo II dio un breve discurso ante la PAS. A pesar que se trataba de una sesión privada entre el Papa y la Academia científica, toda la atención mundial pareció confluir allí ese día para escuchar el *"mea culpa"* de la Iglesia, que, por supuesto, *no llegó*. Las conclusiones del estudio que presentó el Cardenal Poupard fueron muy condescendientes con la postura de Galileo y, en cambio, extremadamente críticas con la de los teólogos de la Iglesia.

Luego le tocó el turno al Papa. En su breve discurso, Juan Pablo II no aportó nada –oficialmente- nuevo sobre el caso, lo cual dejó muy contrariados a más de un miembro de la comisión, y probablemente también a los representantes de los medios informativos. El Papa Juan Pablo II, a pesar de la neta carga heliocentrista que tenía que soportar mediante algunos díscolos miembros de la PAS, hizo un breve y discreto discurso con motivo de la presentación de las conclusiones por parte de la comisión encargada del estudio del 'caso Galileo'. La mejor prueba de ello es el disgusto y enfado que se llevaron algunos miembros de esta comisión al escuchar este discurso 'light'. Así por ejemplo, P. George Coyne[40], que fue miembro de esta comisión, lo catalogó en un escrito como un "intento de disipar el caso Galileo", allí se lamentaba de que no apareciera en él ninguna mención al Santo Oficio, ni del mandato judicial de 1616 a Galileo, ni de la abjuración que se le ordenó, ni de la mención a los papas Paulo V ó Urbano VIII. En lo último, añadimos nosotros, el Espíritu Santo sí estaba actuando, y allí no hubo ni bula, ni encíclica, ni decreto, ni abrogación, ni derogación. Después de más de diez años de extenso trabajo de la comisión, el único resultado fue ese breve discurso –sin ningún compromiso- dirigido a un pequeño cuerpo de especialistas, y totalmente exento de retractaciones o levantamientos de la condena de Galileo, y por supuesto, Juan Pablo II no tuvo necesidad de pedir perdón de errores suyos ni de sus predecesores en materia de hermenéutica bíblica, *errores que no se dieron factualmente*.

A pesar de todo ello, fueron muchos los titulares de los medios de información que distorsionaron completamente el sentido del

---

[40] Fr George Coyne, "The Church's Most Recent Attempt to Dispell the Galileo Myth," in The Church and Galileo, p. 354.

discurso: «*Juan Pablo II reconoce el error que cometió la Iglesia con Galileo y pide perdón por ello*». «El Vaticano rehabilita a Galileo»... Afirmaciones absolutamente tendenciosas. En estos titulares subyace el sueño 'laicista' de mostrar a un Pontífice de la Iglesia Católica errando en una sentencia o declarando que otros Pontífices erraron en el pasado. Aspiraciones vanas. Vamos a finalizar haciendo un repaso de algunos puntos de ese discurso[41].

Podemos suponer sin gran atrevimiento, que Juan Pablo II, igual que los autores de este libro y tantos (por no decir todos) europeos del siglo XX, fue educado como si el geocentrismo hubiese sido apartado definitivamente de la ciencia, y por lo tanto consideraba como probado el movimiento de la tierra. La misión de la Pontificia Academia de Ciencias era indicar al Papa que no hay ninguna prueba irrefutable que confirme ese movimiento. Eso, si hubiera honestidad científica. Quizás algún miembro de ella debería pedir perdón a la Iglesia por no haber informado al Papa sobre el estado actual de la ciencia, como era su deber. Aún así, en ninguna parte de su discurso Juan Pablo II rehabilita a Galileo –que por cierto había ya abjurado[42] irrevocablemente de su antigua opinión favorable al heliocentrismo. Juan Pablo II hizo lo que pudo por desentrañar los oscuros aspectos de ese caso.

Juan Pablo II reafirma aquí la correcta actuación del Tribunal del Santo Oficio al reconocer implícitamente que, sin una prueba irrefutable, la Iglesia no estaba obligada a aceptar el heliocentrismo. Como corolario puede afirmarse que tampoco lo está ahora, pues sigue sin haber una prueba irrefutable. Nadie la ha presentado hasta la fecha actual.

> «Una doble cuestión hay en el núcleo del debate de Galileo. La primera es de orden epistemológico y concierne a la hermenéutica bíblica...Galileo no hacía distinciones entre el enfoque científico al fenómeno natural, y lo que generalmente pide hacer este enfoque es una reflexión en el orden filosófico. Ésta es la razón por la que él rechazó la sugerencia que se le hizo de presentar el sistema de Copérnico como una hipótesis, en la medida

---

[41] En la web oficial del Vaticano está el discurso sólo en francés, italiano y alemán. http://www.vatican.va/holy_father/john_paul_ii/speeches/1992/october/index_sp.htm. Nosotros hemos hecho una traducción (desde la versión original francesa) al castellano, que puede verse en: http://www.euskalnet.net/jcgorost/Discurso_jpii31Oct1992.pdf
[42] Ver documento de abjuración de Galileo:
http://www.euskalnet.net/jcgorost/sentencia.pdf

que éste no había sido confirmado por alguna prueba irrefutable. (Discurso jp-ii, spe_19921031, accademia-scienze n.5)

Juan Pablo II admite que el sentido literal de la Biblia parece conducir al geocentrismo, y es que –recordamos nosotros- una nota distintiva de la Iglesia Católica, al menos durante los primeros 17 siglos, ha sido la defensa del sentido literal de la Biblia, en sus términos establecidos por el Magisterio vivo de la Iglesia y Tradición. Recordemos que entre las reglas de la hermenéutica bíblica que indica León XIII en "Providentissimus Deus" (1893), está la 'regla de S. Agustín': «No apartarse del sentido literal y obvio, a no ser que alguna razón la haga indefendible o la necesidad lo requiera». En el caso del geocentrismo no aparece ninguna razón para apartarse del sentido literal.

«...la representación geocéntrica del mundo era comúnmente admitida en la cultura de aquel tiempo como completamente de acuerdo con las enseñanzas de la Biblia, de las que ciertas expresiones tomadas literalmente parecían afirmar el geocentrismo». (Discurso jp-ii, spe_19921031, accademia-scienze n.5)

Siguiendo con el discurso, Juan Pablo II dice a los miembros de la PAS:

«El propósito de vuestra Academia es precisamente discernir y hacer conocer, en el presente estado de la ciencia y dentro de sus propios límites, lo que puede ser contemplado como una verdad adquirida o al menos disfrutando de tal grado de probabilidad que sería imprudente y fuera de lo razonable rechazarla». (Discurso jp-ii, spe_19921031, accademia-scienze n.13)

Aquí Juan Pablo II recuerda los cometidos de la Academia de hacer conocer las certezas o hechos irrefutables en el presente estado de la ciencia. La expresión "dentro de sus propios límites" parece referirse a los límites tolerados por el Magisterio y las enseñanzas ya declaradas verdad por la Tradición de la Iglesia. La ciencia no es competente para abordar lo que sobresale al mundo material, como por ejemplo, la existencia del alma inmortal, la resurrección de la carne, la creación *ex nihilo*, etc.

Un punto a analizar es que la comisión parece creer que el caso Galileo "está cerrado" desde 1820 a favor del copernicanismo de Galileo, y entonces no serían pertinentes discusiones posteriores.

Respecto a la primera afirmación, técnicamente el Cardenal Poupard tendría razón, pues en la sentencia de 1633 no quedó escrito explícitamente su carácter irreformable[43], sin embargo, según *Lumen Gentium* 25, se debe hacer suyo con religiosa sumisión de la voluntad y el entendimiento... especialmente el Magisterio del Romano Pontifice, aun cuando no hable 'ex cathedra', reconociendo con reverencia su magisterio supremo y con sinceridad se haga suyo el parecer expresado por él, según el deseo expresado por él mismo según su manifiesta mente y voluntad, que se colige principalmente ya sea por la índole de los documentos (1), ya sea por la frecuente proposición de la misma doctrina (2), ya sea por la forma de decirlo (3). En el caso de condena del heliocentrismo el carácter de supremo magisterio se aprecia en: (1) su extremada importancia, "proteger a las Escrituras de interpretaciones falsas" y "proteger a los cristianos de enseñanzas indebidas"; (2) los documentos eclesiales sobre este asunto se extendieron por 50 años, 1616-1665, el número de documentos manejados supera los 7000; (3) atendiendo a la sentencia sobre el heliocentrismo, puede observarse que la forma de expresarla es categórica: "formalmente herética" y "errónea en la fe".

En lo que nosotros insistimos aquí, es que no se puede pasar a la ligera por encima del Magisterio de la Iglesia, nunca, tampoco en este caso. No es que el Sol orbitará alrededor de la Tierra porque lo diga el Papa, sino que no se puede dejar de considerar como fidedigno el sentido literal de un determinado texto bíblico sin motivos que lo justifiquen sobradamente. Tal y como lo defendió con maestría, solera y firmeza el Santo Cardenal Bellarmino, y por ende, los papas correspondientes, defensores de la verdad.

> «El Cardenal Poupard igualmente nos recordó cómo la sentencia de 1633 no era irreformable y cómo el debate, que no ha cesado de evolucionar, se cerró en 1820 con el imprimatur de la obra del canon Settele». (Discurso jp-ii, spe_19921031, accademia-scienze n.9, Párrafo 3).

---

[43] En muchos documentos de la Iglesia no queda especificado si la enseñanza incluida es irreformable o no.

Respecto a la segunda afirmación, debe notarse que quien dice que el caso Galileo quedó cerrado con el canon Settele, no es Juan Pablo II, sino la comisión a través de su portavoz, el Cardenal Poupard. Tal afirmación es errónea. En dicho canon se permitió en 1822 al astrónomo Settele publicar un libro, Elementos de Óptica y Astronomía, en el que mantenía el copernicanismo como 'tesis' (opinión personal a ser sopesada en vista a su posible validez). El Santo Oficio concedió el Imprimatur a ese libro en el que se trataba la movilidad de la tierra y la inmovilidad del sol de acuerdo a "la común opinión de los astrónomos modernos". La Iglesia seguía en 1822 considerando el copernicanismo como una mera 'opinión' y no como un hecho científico, independientemente del número creciente de astrónomos que se iban adhiriendo a esa opinión. Así, los libros de Galileo, Kepler y Newton siguieron manteniéndose en el Índice de Libros Prohibidos. Dr Sungenis dice que un imprimatur es de un nivel de autoridad inferior a la sentencia de Urbano VIII en 1633, y por tanto no cerraba el caso; para hacerlo sería necesario que un papa o concilio sacara un decreto infalible y declarase oficialmente no volver a escuchar más debate sobre el tema. Un ejemplo de tal caso se dio en el pasado con el tema del canon de la Escritura, fue el concilio de Trento con un decreto formal infalible indicando que todo debate sobre el tema debía cesar. Así fue.

El aspecto más difícil de este discurso y que hay que abordar con más esmero es la mención a los 'teólogos' del tiempo de Galileo, pero sin mencionar específicamente a ninguno en particular:

> «Así, la nueva ciencia, con sus métodos y la libertad de investigación que esto implicaba, obligaba a los teólogos a examinar sus criterios de interpretación escriturística. La mayoría de ellos no sabían cómo hacerlo». (Discurso jp-ii, spe_19921031, accademia-scienze n.5)

> «La mayoría de teólogos no percibían la distinción formal entre la santa Escritura y su interpretación, lo cual les llevaba a transponer indebidamente al dominio de la doctrina de la fe una cuestión relativa a la investigación científica». (Discurso jp-ii, spe_19921031, accademia-scienze n.9).

El doctor en Teología, Robert Sungenis, indica: «No hay razones para dudar de la capacidad interpretativa de los teólogos del siglo XVII, en realidad la mayoría de ellos eran exegetas muy experimentados, y prueba de ello es que fueron capaces de detener la rebelión protestante que ocurrió prácticamente en el mismo tiempo. ¿Cómo podrían ellos haber sido tan astutos contra la teología protestante y tan obtusos contra la teología de Galileo? Varios de estos teólogos intervinieron en el Concilio de Trento, disponiéndolo con tal claridad que no permitía ninguna desviación del consenso de los Padres en cuanto a la interpretación bíblica». Por el contrario, la interpretación que hace Galileo de los pasajes bíblicos es burda e ingenua (por ejemplo su interpretación de Jos 10,12-14).

> «El error de los teólogos de entonces, cuando sostenían la centralidad de la tierra, era pensar que nuestro conocimiento de la estructura del mundo físico estaba, en cierta manera, impuesta por el sentido literal de la Santa Escritura. Recordemos la famosa frase atribuida a Baronio: : «Spiritui Sancto mentem fuisse nos docere quomodo ad coelum eatur, non quomodo coelum gradiatur». En realidad, la Escritura no se ocupa de detalles del mundo físico, donde el conocimiento es confiado a la experiencia y al razonamiento de los hombres». (Discurso jp-ii, spe_19921031, accademia-scienze n.12).

La primera frase de este párrafo es en la que más hay que ahondar. Ciertamente, si un teólogo piensa que la realidad es *impuesta* por el sentido literal de la Escritura, yerra. No hay más que decir. Sin embargo, creemos que esto no es el caso de San Bellarmino. El, junto con otros teólogos eminentes de la época del Concilio de Trento, como se desprende de sus respuestas a Galileo, defendía que la Escritura *describe* en este caso concreto la realidad *tal y cómo es*, siguiendo la argumentación que ya habíamos comentado.

Pero otro aspecto que deberían analizar los teólogos actuales es la relación entre el heliocentrismo y la desconfianza en la inerrancia de la Biblia. En esta sección del discurso, se alude a una frase atribuida a Baronio, "El Espíritu Santo nos dice cómo ir a los cielos, y no cómo van los cielos". Una frase, que no es ninguna afirmación magisterial, sino un dicho inespecífico –una opinión particular en todo caso- con el que se intenta justificar la actitud de Galileo en oposición al de los teólogos de su tiempo. De aquí algunos han sacado la regla no escrita que no debe tomarse el sentido literal cuando la Biblia (el Espíritu Santo) afirma realidades físicas. Cuando lo cierto es que la interpretación literal de la Biblia, ininterrumpida durante los dieciséis y pico primeros siglos, ha dado a la Iglesia doctrinas tan cruciales como la Regeneración Bautismal, cuando Jesús dice: «quien no renaciere del agua y del Espíritu, no puede entrar en el Reino de Dios» (Jn 3,5); o la de la Presencia de Cristo en la Eucaristía, por la literalidad de las palabras de Jesús (Mt 26,26): «Esto es mi cuerpo». Según la opinión del teólogo Fr. Raymond Brown, parece que la fe en la veracidad y en la inerrancia de la Biblia comenzó a cambiar en el siglo XVII para dar cabida al heliocentrismo, cuando éste se coló en las universidades católicas.

Discurso integro de S.S. Juan Pablo II a la P.A.S.

Finalicemos dejando aquí la traducción del francés (sorprendentemente no hemos encontrado en todo internet este texto en español) del discurso completo de SS. Juan Pablo II ante la P.A.S. el día 31 de Octubre de 1992:

Señores Cardenales,
Excelencias,
Señoras, Señores,

1. La conclusión de la sesión plenaria de la Academia pontificia de Ciencias me da la feliz ocasión de reencontrar a sus ilustres miembros, en presencia de mis principales colaboradores y de los jefes de las Misiones diplomáticas acreditadas en la Santa Sede. A todos los presentes les ofrezco un caluroso saludo.

Mi pensamiento se dirige en este momento hacia el Profesor Marini-Bettòlo, al que la enfermedad le ha impedido estar entre nosotros; Yo expreso mis fervientes deseos por su sanación, y le aseguro mis oraciones por ello.

Me gustaría también saludar también a las personalidades que toman asiento por primera vez en la Academia; Yo les agradezco por aportar a vuestros trabajos la contribución de sus altas calificaciones.

Por otra parte, me es agradable saludar la presencia del señor Adi Shamir, profesor del «Weizmann Institute of Science» de Rehovot (Israel), laureado de la medalla de oro de Pío XI, concedida por la Academia, y de ofrecerle mis cordiales felicitaciones.

Dos temas mantienen hoy nuestra atención. Vienen de ser presentados con toda competencia y yo quisiera dar mi gratitud al Señor Cardenal Paul Poupard y al Reverendo Padre George Coyne por sus exposiciones.

I

2. En primer lugar, deseo felicitar a la Academia Pontificia de Ciencias de haber seleccionado, para su sesión plenaria, el tratamiento de un problema de gran importancia y gran actualidad: el del surgimiento de la complejidad en matemáticas, en física, en química y en biología.

El surgimiento del tema de la complejidad marca probablemente, en la historia de las ciencias de la naturaleza, una etapa tan importante como lo fue la etapa asociada al nombre de Galileo, cuando un modelo unívoco del orden parecía imponerse. La complejidad indica precisamente que, para rendir cuenta de la riqueza de la realidad, es necesario recurrir a una pluralidad de modelos.

En esta constatación hay una cuestión que interesa a científicos, filósofos y teólogos: ¿cómo conciliar la explicación del mundo – comenzando al nivel de las entidades y los fenómenos elementales– con el reconocimiento del hecho que «el todo es más que la suma de sus partes»?

En su esfuerzo por describir rigurosa y formalmente los datos experimentales, el científico es llevado a recurrir a conceptos metacientíficos, el uso de los cuales es, como si fuera, exigido por la lógica del proceso. Conviene precisar con exactitud la naturaleza de tales conceptos, para evitar proceder a extrapolaciones indebidas que liguen descubrimientos estrictamente científicos a una visión del mundo, o a afirmaciones ideológicas o filosóficas que no son de ninguna manera corolarios de ellos. De aquí se desprende la importancia de la filosofía que considera tanto los fenómenos como su interpretación.

3. Pensemos, por ejemplo, en la elaboración de nuevas teorías al nivel científico con la pretensión de rendir cuenta del surgimiento del ser vivo. En modo correcto, uno no podría interpretarlas inmediatamente

dentro del marco homogéneo de la ciencia. Especialmente, cuando el ser vivo se trata del hombre y su cerebro, no se puede decir que estas teorías constituyan por ellas mismas una afirmación o una negación del alma espiritual, o que formen una prueba de la doctrina de la creación, o por el contrario que la hagan inútil.

Un trabajo de interpretación ulterior es necesario: éste es precisamente el objeto de la filosofía, el estudio del sentido global de los datos de la experiencia, y por tanto, igualmente de los fenómenos recogidos y analizados por las ciencias.

La cultura contemporánea exige un esfuerzo constante de síntesis de los conocimientos y de la integración de los saberes. Sin duda, el éxito que nosotros constatamos es debido a la especialización de la investigación. Pero a menos que éste sea equilibrado por una reflexión consciente sobre la delimitación de los saberes, el riesgo es grande de caer en una «cultura trastornada», que en realidad sería la negación de la verdadera cultura. Debido a que ésta es inconcebible sin el humanismo y la sabiduría.

II

4. Yo estaba animado de preocupaciones similares, el 10 de noviembre de 1979, con ocasión del primer centenario del nacimiento de Albert Einstein, cuando expresé ante esta misma Academia la esperanza que «los teólogos, eruditos e historiadores, movidos por un espíritu de sincera colaboración, examinen profundamente el caso Galileo y, en un reconocimiento leal de los errores de cualquier lado que vengan, hagan disipar la desconfianza que este asunto todavía se opone, en muchas mentes, a una concordia fructífera entre ciencia y fe»[44]. Una comisión de Estudio fue constituida para este propósito el 3 de Julio. El año mismo en que se celebra el trescientos cincuenta aniversario de la muerte de Galileo, la comisión presenta hoy, en conclusión de sus trabajos, un conjunto de publicaciones que yo aprecio vivamente. Yo deseo expresar mi sincero reconocimiento al Cardenal Poupard, encargado de coordinar los trabajos de la comisión en su fase conclusiva. A todos los expertos que han participado de alguna manera, en los trabajos de los cuatro grupos que han llevado a cabo este estudio multidisciplinario, yo les expreso mi profunda satisfacción y mi sincera gratitud. El trabajo realizado después de diez años responde a una línea sugerida por el Concilio Vaticano II, lo que permite resaltar

---

[44] *AAS* 71 (1979), pp. 1464-1465.

varios aspectos importantes de la cuestión. En el futuro, no se podrá dejar de tener en cuenta las conclusiones de la comisión.

Puede parecer sorprendente que después de una semana de estudios de la Academia sobre el tema del surgimiento de la complejidad en las diversas ciencias, yo vuelva sobre el caso Galileo. ¿No ha sido este caso largamente silenciado?, ¿y los errores cometidos no reconocidos? En efecto, esto es cierto. Sin embargo, los problemas subyacentes de este caso conciernen tanto a la naturaleza de la ciencia como al mensaje de la fe. No puede ser descartado el hallarse un día ante una situación similar, que exigirá a los unos y a los otros estar informados del campo y límites de sus propias competencias. El enfoque del tema de la complejidad podría proporcionar una ilustración.

5. Una doble cuestión se encontraba en el corazón del debate del que Galileo era el centro.

La primera era de orden epistemológico y concernía a la hermenéutica bíblica. A este propósito, dos puntos son relevantes. En primer lugar, como la mayoría de los adversarios, Galileo no hacía distinciones entre el enfoque científico del fenómeno natural, y lo que generalmente pide hacer este enfoque es una reflexión en el orden filosófico. Ésta es la razón por la que él rechazó la sugerencia que se le hizo de presentar el sistema de Copérnico como una hipótesis, en la medida que éste no ha sido confirmado por alguna prueba irrefutable. Tal era una exigencia del método experimental, del cual él fue el genial iniciador.

En segundo lugar, la representación geocéntrica del mundo era comúnmente admitida en la cultura de aquel tiempo como completamente de acuerdo con las enseñanzas de la Biblia, de las que ciertas expresiones tomadas literalmente parecían afirmar el geocentrismo. Los problemas que tuvieron que afrontar los teólogos de aquél tiempo eran sobre la compatibilidad entre heliocentrismo y las Escrituras.

Así, la nueva ciencia, con sus métodos y la libertad de investigación que esto implicaba, obligaba a los teólogos a examinar sus criterios de interpretación escriturística. La mayoría de ellos no sabían cómo hacerlo.

Paradójicamente, Galileo, un creyente sincero, fue más perspicaz sobre este punto que sus adversarios teólogos. «Si la Escritura no puede errar, escribe a Benedetto Castelli, algunos de sus intérpretes y comentaristas pueden hacerlo y de muchas maneras»[45]. Se conoce también su carta a Christine de Lorraine (1615) que es como un pequeño tratado de hermenéutica bíblica[46].

6. Aquí ya podemos emitir una conclusión preliminar. La irrupción de una manera nueva de afrontar el estudio de los fenómenos naturales impone una clarificación del conjunto de disciplinas del saber. Lo cual obliga a delimitar su propio campo, su enfoque, sus métodos, así como el alcance de sus conclusiones. En otros términos, esta irrupción obliga a cada una de las disciplinas a tomar una consciencia más rigurosa de su propia naturaleza.

La conmoción provocada por el sistema de Copérnico ha requerido también un esfuerzo de reflexión epistemológica sobre las ciencias bíblicas, esfuerzo que debería aportar más tarde frutos abundantes en los trabajos exegéticos modernos y que se encuentra en la Constitución conciliar *Dei Verbum* una consagración y un nuevo impulso.

7. La crisis que acabo de evocar no es el único factor que tiene repercusiones sobre la interpretación de la Biblia. Aquí nos encontramos con el segundo aspecto del problema, el aspecto pastoral.

En virtud de su propia misión, la Iglesia tiene el deber de estar atenta a las consecuencias pastorales de su palabra. Es evidente, ante todo, que esta palabra debe corresponder a la verdad. Pero se trata de saber cómo tomar en consideración un dato científico nuevo cuando éste parece contradecir las verdades de la fe. El juicio pastoral que demanda la teoría copernicana era difícil de realizar en la medida que el geocentrismo parece formar parte de la propia enseñanza de la Escritura. Podría ser necesario superar los hábitos de pensamiento para inventar una pedagogía capaz de iluminar al pueblo de Dios. Digamos, en forma general, el pastor debería estar dispuesto a mostrar una auténtica audacia, evitando la doble trampa de la actitud temerosa y del juicio precipitado, pues tanto uno como otro pueden hacer mucho mal.

8. Una crisis análoga a ésta que estamos hablando puede recordarse aquí. En el siglo pasado, y comienzo del actual, el progreso de las ciencias históricas ha permitido la adquisición de nuevos conocimientos sobre la Biblia y el medio bíblico. El contexto

---

[45] Lettre du 21 décembre 1613, in *Edizione nazionale delle Opere di Galileo Galilei*, dir. A. Favaro, réedition de 1968, vol. V, p. 282.
[46] Lettre à Christine de Lorraine, 1615, in *Edizione nazionale delle Opere di Galileo Galilei*, dir. A. Favaro, réedition de 1968, vol. V, pp. 307-348.

racionalista en la que los logros han sido presentados, en la mayoría de los casos, ha podido parecer ruinoso para la fe cristiana. Algunos, con el fin de defender la fe, han optado por rechazar las conclusiones históricas seriamente establecidas. Esta fue una decisión precipitada y desafortunada. La obra de un pionero como el Padre Lagrange ha sido el saber hacer el discernimiento necesario sobre la base de criterios seguros.

Vale la pena repetir aquí lo que ya dije anteriormente. Es un deber para los teólogos el estar regularmente informados de los logros científicos para examinar, el caso de si son adecuados, si hay lugar o no para tenerlos en cuenta en su reflexión, o para hacer revisiones en su enseñanza.

9. Si la cultura contemporánea está marcada por una tendencia al cientifismo, el horizonte cultural de la época de Galileo era unitario y llevaba la impronta de una formación filosófica particular. Este carácter unitario de la cultura, que en sí es positivo y deseable incluso en nuestros días, fue una de las causas de la condenación de Galileo. La mayoría de teólogos no percibían la distinción formal entre la santa Escritura y su interpretación, lo cual les llevaba a transponer indebidamente al dominio de la doctrina de la fe una cuestión relativa a la investigación científica.

En realidad, como recordó el Cardenal Poupard, Roberto Bellarmino, que había percibido la verdadera cuestión del debate, consideraba por su parte, ante las eventuales pruebas científicas del movimiento orbital de la tierra entorno al sol, se debían «interpretar con una gran circunspección» todo versículo bíblico que pareciera afirmar que la tierra está inmóvil y entonces «decir que nosotros no lo comprendimos, en lugar de afirmar que ha sido demostrado ser falso»[47]. Antes de Bellarmino, ya esta misma sabiduría y respeto de la Palabra divina inspiraron a san Agustín cuando escribió: «Si sucede que la autoridad de las Santas Escrituras se encuentra en oposición con una razón manifiesta y cierta, esto significaría que [al interpretar la Escritura] no la comprendimos correctamente. No es el sentido de la Escritura el que se opone a la verdad, sino el sentido que le hemos querido dar. Aquello que es opuesto a la Escritura no es lo que está en ella, sino lo que hemos colocado nosotros mismos, creyendo que ello constituía su

---

[47] Lettre au Père A. Foscarini, 12 avril 1615, cf. *Edizione nazionale delle Opere di Galileo Galilei*, dir. A. Favaro, vol. XII, p. 172.

sentido»[48]. Hace un siglo, el Papa León XIII se hizo eco del siguiente consejo en su encíclica *Providentissimus Deus*: «Puesto que la verdad no puede en manera alguna contradecir a la verdad, uno puede estar seguro que si un error se desliza será en la interpretación de las palabras sagradas, o en alguna otra parte de la discusión»[49].

El Cardenal Poupard igualmente nos recordó cómo la sentencia de 1633 no era irreformable y cómo el debate, que no ha cesado de evolucionar, se cerró en 1820 con el *imprimatur* de la obra del *canónigo Settele*[50].

10. A partir del siglo de la Ilustración y hasta nuestros días, el caso Galileo ha constituido una clase de mito, en el cual la imagen que se ha ido forjando de los acontecimientos está bastante alejada de la realidad. En esta perspectiva, el caso Galileo era como el símbolo del presunto rechazo de la Iglesia al progreso científico, o bien del oscurantismo «dogmatico» opuesto a la libre búsqueda de la verdad. Este mito ha jugado un *rol* cultural considerable; pues ha contribuido a anclar a muchos científicos de buena fe en la idea que había incompatibilidad entre, por un lado, el espíritu de la ciencia y su ética de investigar y, por otro, la fe cristiana. Una trágica incomprensión reciproca ha sido interpretada como el reflejo de una oposición constitutiva entre ciencia y fe. Las aclaraciones aportadas por los recientes estudios históricos nos permiten afirmar que este doloroso malentendido pertenece ya al pasado.

11. Se puede extraer del asunto Galileo una enseñanza que sigue siendo válida para analizar situaciones análogas que se presentan hoy y que se puedan presentar mañana.

En el tiempo de Galileo, era inconcebible representarse un mundo que estuviera desprovisto de un punto de referencia físico absoluto. Y como el cosmos entonces conocido estaba por así decirlo contenido sólo en el sistema solar, no podía situarse ese punto de referencia más que sobre la tierra o sobre el sol. Hoy, después de Einstein y en la perspectiva de la cosmología contemporánea, ninguno de estos dos puntos de referencia tiene la importancia que se les pretendía dar entonces. Esta

---

[48] S. Augustin, *Epistula 143*, n. 7; *PL* 33, 588.
[49] *Leonis XIII Pont. Max. Acta*, vol. XIII (1894), p. 361.
[50] Cf. Pontificia Academia Scientiarum, *Copernico, Galilei e la Chiesa. Fine della controversia (1820). Gli atti del Sant'Uffizio*, a cura di W. Brandmüller e E. J. Greipl, Firenze, Olschki, 1992.

observación no afecta, por supuesto, a la validez de la posición de Galileo en el debate; sino que tiene por objeto sobretodo indicar que, más allá de dos visiones parciales, existe una visión más amplia que incluye y supera una y otra.

12. Otra enseñanza que se desprende es que las diversas disciplinas del saber requieren una diversidad de métodos. Galileo, que prácticamente inventó el método experimental, había comprendido, gracias a su intuición de brillante físico y apoyándose en diversos argumentos, por qué el sol podía tener la función del centro del mundo, tal como entonces era conocido, es decir, como un sistema planetario. El error de los teólogos de entonces, cuando sostenían la centralidad de la tierra, era pensar que nuestro conocimiento de la estructura del mundo físico estaba, en cierta manera, impuesta por el sentido literal de la Santa Escritura. Recordemos la famosa frase atribuida a Baronio: : «Spiritui Sancto mentem fuisse nos docere quomodo ad coelum eatur, non quomodo coelum gradiatur». En realidad, la Escritura no se ocupa de detalles del mundo físico, donde el conocimiento es confiado a la experiencia y al razonamiento de los hombres. Existen dos dominios del saber, el que tiene su fuente en la Revelación y el que la razón puede descubrir por sus solas fuerzas. A este último pertenecen sobre todo las ciencias experimentales y la filosofía. La distinción entre los dos dominios del saber no debe ser entendida como una oposición. Estos dos dominios no son exteriores uno del otro, pues tienen puntos de contacto. Las metodologías propias de cada uno permiten evidenciar aspectos diferentes de la realidad.

III

13. Vuestra Academia conduce sus trabajos en este estado de espíritu. Su tarea principal es promover el desarrollo según la legítima autonomía de la ciencia[51], que la Sede Apostólica reconoce expresamente en el estatuto de vuestra institución.

Lo que importa, en una teoría científica o filosófica, es ante todo que sea verdadera o, al menos, seria y sólidamente establecida. Y el fin de vuestra Academia es precisamente discernir y hacer conocer, en el estado actual de la ciencia y dentro de sus propios límites, lo que puede ser contemplado como una verdad adquirida o al menos disfrutando de tal grado de probabilidad que sería imprudente y fuera de lo razonable rechazarla. Así podrán ser evitados conflictos inútiles.

---

[51] Cf. Concilio Vaticano II, Cons. past. *Gaudium et spes*, n. 36, § 2.

La seriedad de la información científica será así la mejor contribución que la Academia podrá aportar al enunciado exacto y a la solución de los problemas acuciantes a los que la Iglesia en virtud de su misión propia, tiene el deber de prestar atención – problemas que ya no conciernen solamente a la astronomía, a la física y a las matemáticas, sino igualmente a disciplinas relativamente nuevas como la biología y la biogenética. Gran parte de los descubrimientos científicos recientes y sus posibles aplicaciones, tienen una incidencia más directa que nunca sobre el hombre mismo, sobre su pensamiento y su acción, hasta el punto de amenazar los mismos fundamentos de lo humano.

14. Hay, para la humanidad, un doble tipo de desarrollo. El primero comprende la cultura, la investigación científica y técnica, es decir todo lo que pertenece a la horizontalidad del hombre y de la creación, y que está creciendo a un ritmo impresionante. Para que este desarrollo no quede totalmente en el exterior del hombre, se presupone que debe ir acompañado de una profundización en la consciencia así como en su actuación. El segundo tipo de desarrollo concierne a lo que hay de más profundo en el ser humano, cuando trascendiendo al mundo y transcendiéndose a si-mismo, el hombre se encuentra ante Aquel que es el Creador todas las cosas. Es únicamente éste enfoque vertical el que puede, en definitiva, dar todo su sentido al ser y al hacer del hombre, pues está situado entre su origen y su fin. En este doble enfoque horizontal y vertical, el hombre se realiza plenamente como ser espiritual y como *homo sapiens*. Pero se observa que el desarrollo no es uniforme y rectilíneo, y que el progreso no es siempre armonioso. Esto pone de manifiesto el desorden que afecta la condición humana. El científico, que es consciente de este doble desarrollo y lo tiene en cuenta, contribuye a la restauración de la armonía.

Quien que se comprometa en la investigación científica y técnica admite, como premisa de este planteamiento, que el mundo no es un caos, sino un "cosmos", es decir que hay un orden y unas leyes naturales que se dejan aprehender y pensar, y que por esto tienen una cierta afinidad con el espíritu. Einstein solía decir: «Lo que hay en el mundo eternamente incomprensible, es que sea comprensible»[52]. Esta inteligibilidad, sancionada por los prodigios descubiertos por las ciencias y las técnicas, en última instancia señala al Pensamiento transcendente y original donde toda cosa lleva la huella.

---

[52] In « The Journal of the Franklin Institute », vol. 22. n. 3, mars 1936.

Señoras, Señores, al concluir este acto, yo expreso los mejores deseos para que vuestras investigaciones y vuestras reflexiones contribuyan a ofrecer a nuestros contemporáneos unas orientaciones útiles para construir una sociedad armoniosa en un mundo más respetuoso de lo humano. Yo les agradezco por los servicios que ustedes prestan a la Santa Sede, y pido a Dios que os colme de sus dones.

CAPÍTULO II. LAS OBJECIONES COMUNES Al GEOCENTRISMO

Equivalencia entre los sistemas heliocéntrico y geocéntrico

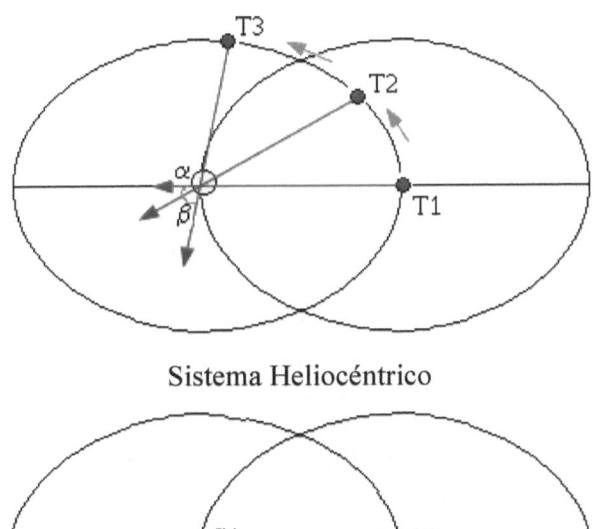

Sistema Heliocéntrico

Sistema Geocéntrico

Explicaremos en primer lugar la equivalencia del modelo de Kepler (Copérnico modificado) y el de Tycho modificado, algo que prácticamente no se hace en los libros de texto, excepto que con suerte se indique su equivalencia geométrica y cinemática. En el modelo Copernicano (Kepler) se considera el Sol inmóvil en el punto focal S1, mientras que la Tierra recorre, en sentido antihorario, la trayectoria elíptica de la izquierda. En el Tychoano, la Tierra está inmóvil en el punto focal T1[53] de la elipse derecha, mientras que el Sol describe en sentido antihorario la elipse de la derecha. La distancia Tierra-Sol no es constante, la distancia más corta (el *perihelio*) es cuando los astros están en los focos S1-T1. La línea que une S1-T1 se llama "línea de los ápsides". La distancia más larga (el *afelio*)[54] es cuando el astro en movimiento está en el punto de corte de la elipse con esa línea de los ápsides. Desde la perspectiva heliocéntrica, consideremos que la Tierra se encuentra en el perihelio T1, desde la tierra observamos al sol situado en un lugar de la eclíptica, digamos una Longitud Celeste[55] L = 300°, en Capricornio. Un mes después, la Tierra se halla en T2, y veríamos al sol aproximadamente con una longitud de L = 330°, ya en Acuario. Unos dos meses más tarde, la Tierra se hallaría en T3, y veríamos el sol con una longitud de L = 0°, entrando en Aries.

Ahora utilicemos el sistema tychoano modificado. La Tierra está fija en T1, el que se mueve es el Sol (con el resto de planetas orbitándolo), cuando el sol está en el perigeo S1, nosotros le vemos en L=300° (igual que en el modelo de Copérnico). Un mes más tarde, el sol está en S2, y nosotros le vemos en L=330° (en la mismísima posición que en el Copernicano), observen que debido a la simetría los ángulos conciden, por tanto los desplazamientos angulares son iguales. Dos meses más tarde, el sol estaría en S3 con L=0° entrando en Aries (idéntico al modelo de Copérnico). En definitiva, los dos sistemas son geométrica y cinemáticamente equivalentes. Las distancias tanto espaciales como angulares son idénticas e indistinguibles geométricamente. Para resaltarlo mejor podemos fijarnos en la imagen de la siguiente página.

---

[53] La luna está orbitando en torno a la Tierra. El sol, a su vez, orbita la Tierra a través de una elipse, y el resto de planetas orbitan en torno al sol.
[54] Desde el punto de vista geocéntrico, estos puntos se llaman perigeo y apogeo.
[55] En coordenadas eclípticas la longitud celeste se mide en grados desde el punto Aries.

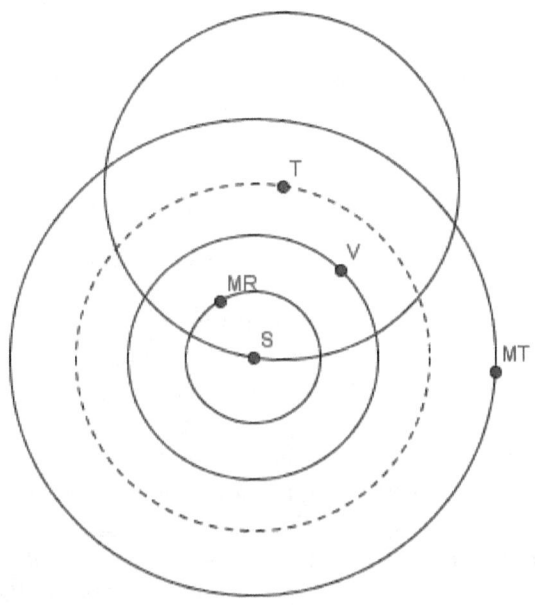

Los modelos heliocéntrico y geocéntrico de Tycho Brahe (con ligeras modificaciones en cuanto a las órbitas levemente elípticas) fácilmente proceden uno de otro. Consideren en primer lugar el sistema heliocéntrico con el Sol en el centro del sistema solar en el que consideramos, por simplicidad, solamente los planetas Mercurio (MR), Venus (V), Tierra (T) y Marte (MT) (dicho sea de paso, en el sistema geocéntrico la Tierra no es un planeta, ya que no orbita alrededor del Sol). En este caso la trayectoria de la Tierra está indicada con una circunferencia de trazo discontinuo. Si ahora consideramos la Tierra fija y el Sol orbitando la Tierra (según la circunferencia de trazo continuo, con centro en el T y S un punto de la circunferencia de radio ST), con los demás planetas orbitando el Sol, en los dos sistemas las posiciones de cualquier punto del sistema solar respecto a la Tierra son exactamente las mismas. Esto es así ya que el efecto de la rotación terrestre en el sistema heliocéntrico lo realiza la órbita diurna del Sol en el sistema geocéntrico. Los planetas siguen al Sol exactamente igual en los dos sistemas. En otras palabras, el Sol y la Tierra geométrica y cinemáticamente forman parte de la misma figura, son respectivamente el centro y un punto de la misma. Intercambiando su papel se obtiene un sistema u otro. Pero las posiciones relativas de cualquier punto del sistema solar respecto a la Tierra y por consiguiente las ecuaciones de las trayectorias de cualquier punto respecto a la Tierra, en cualquiera de los dos sistemas, son las mismas.

Una vez evidenciado que los modelos heliocéntrico y geocéntrico (convenientemente modificados con orbitas elípticas) son geométricamente equivalentes, pasemos a analizar las objeciones más comunes que los lectores se estarán interrogando.

Según las leyes de Newton, ¿no tiene que rotar siempre el cuerpo menor en torno al mayor?

Respuesta: Ese fue el principal argumento utilizado por Galileo en su proceso, pues él veía girar a los satélites de Júpiter y de allí sacaba la conclusión, por analogía, que la Tierra como un cuerpo menor deberá girar alrededor de un cuerpo de mayor masa, como era el Sol. Sin embargo era un argumento falso. Newton no dijo nunca eso, al analizar sus leyes se desprende que en un sistema de n cuerpos, todos ellos se moverán con respecto al centro de masa, el cuál estará fijo. Pero Newton reconoció que si la Tierra se hallase en el preciso centro de masa, entonces sería el Sol el que rotaría entorno a ella. Newton no tenía forma de calcular el centro de masa del sistema solar más todos los astros y estrellas periféricas. Lo que hizo Newton fue restringir su estudio al caso de dos cuerpos ideales, en ausencia del resto del universo.

Por eso, recordemos que la ley de gravitación de Newton $F = G\, M.m/r^2$, es una ley empírica, es decir, describe lo que perciben nuestros ojos, sobre todo la relación entre las masas y la distancia r. En la 'G' está encerrado todo lo que era desconocido para Newton, sobre todo la influencia del resto de materia del universo. Pero esta ley no implica el heliocentrismo, Newton refería el estudio de un sistema de masas puntuales al cdg del sistema. Para el caso del sistema de dos cuerpos celestes, uno muy masivo M y otro pequeño m, Newton para simplificar consideraba fijo el masivo (el sol), pero Newton sabía que si la tierra estuviera situada en el cdg las cosas cambiaban. Según las leyes de Newton todos los cuerpos celestes deberían ir acercándose paulatinamente al cdg del universo, y para subsanar ese fallo propuso que el universo era infinito, lo cual es absurdo.

No obstante, lo que los heliocentristas presentan, aunque sea intuitivamente (en definitiva como Galileo en su día), como una prueba irrefutable de heliocentrismo, presenta insalvables objeciones para la misma teoría. Según la mecánica de Newton que el baricentro es el centro de masa de dos o mas cuerpos que orbitan. El baricentro es entonces similar a un pivote alrededor del cual orbitan los cuerpos. Durante los ciclos de las órbitas planetarias, el baricentro del sistema solar también se desplaza según su propia trayectoria (es un modelo matemático de *n* cuerpos cuyas soluciones son solamente aproximadas). Por ejemplo, cuando todos los planetas están alineados por el mismo lado con el Sol, el centro de masa del sistema solar está a 500.000 km de la superficie del Sol, en el exterior del mismo (el radio del Sol es de unos 695.000 km). La órbita anual de Júpiter es de aproximadamente 12 años terrestres. Observamos el desplazamiento del Sol con respecto al baricentro durante esos 12 años en cuatro momentos diferenciados: en el año 0, 3, 6 y 9. En estos momentos el Sol efectúa un movimiento relativo con respecto al baricentro con una velocidad de 0,011 km/s, y que a su vez puede ser en el mismo, o en el sentido contrario del movimiento de la Tierra. Esto necesariamente debería producir efectos mutuamente excluyentes: a) la rotación de la Tierra que en el ecuador es 0,46 km/s varía desde 0,45 hasta 0,47 km/s, algo no comprobado en la realidad; b) la duración del día solar varía desde 23,61 h hasta 24,14 h. Pero según International Rotation Referente Service, la variación en la duración del día solar en únicamente hasta cuatro milésimas de segundo en el periodo 1960-2000[56]. Lo cual quiere decir que la rotación terrestre es virtualmente constante (es otra cuestión no pequeña para los heliocentristas: ¿cómo es posible que un cuerpo en rotación mantenga la velocidad angular sobre su eje con tanta precisión?), de donde sigue que el modelo de la mecánica de Newton aplicada al sistema solar conduce a las insalvables dificultades, mejor dicho conduce a la contradicción.

Sin embargo, en este modelo se considera el sistema solar de forma *aislada*, que es justamente lo que remarca geocentrismo: no se puede considerar la situación privilegiada de la Tierra *sin tener en cuenta la masa de todo el universo y la conjunción de todas las fuerzas que actúan en él.*

Las fases de Venus ¿no descartan el geocentrismo?

Respuesta: Otro argumento ingenuo utilizado por el mismo Galileo en el año 1610. Al observar con telescopio a Venus, un planeta interno (situado entre el Sol y la Tierra), se observan fases como la luna (creciente, menguante), pero según decía, el sistema geocéntrico –de Ptolomeo– no se pueden observar. Esto, en todo caso, descartaría al modelo geocéntrico de Ptolomeo y no al tychoano modificado, donde

---

[56] La información disponible en:
http://www.iers.org/nn_10398/IERS/EN...tml?_nnn=true

se comprueba fácilmente la existencia de idénticas fases que para el copernicano modificado. Pero el error de Galileo, en este caso era doble, pues también el sistema de Ptolomeo conlleva fases en Venus, la pega estaba en que en los gráficos dibujados por Ptolomeo –la versión que disponía Galileo y otros astrónomos– no estaba dibujada la orbita de Venus, ni ninguna otra, a escala (Ptolomeo ignoraba la distancias entre planetas), pero dibujando las orbitas correctamente, como hemos visto, sí hay fases de Venus en el sistema de Ptolomeo. Hay que excusar este error de Galileo, porque otros astrónomos y astrofísicos modernos –incluido Stephen Hawking– también cayeron en similar error[57].

El movimiento retrogrado de Marte, ¿no prueba el heliocentrismo?

Respuesta: No. Aunque ésta sea una de las 'pruebas' favoritas de las webs que apoyan –irracionalmente– al heliocentrismo. Al observar en el cielo la trayectoria de Marte, efectivamente, se comprueba que después de recorrer la eclíptica durante largo tiempo en un sentido, de pronto cambia el sentido y retrocede durante un tiempo. Es lo que se llama "movimiento retrogrado" o epiciclos de Marte. Los heliocentristas explican este hecho afirmando que la Tierra se traslada más rápidamente que Marte en su órbita, y llega un momento, cuando ambos están en su mayor cercanía, sucede que Marte se está aproximando pero aparece como fijo, y luego aparece retrocediendo, no recuperando Marte su movimiento de avance hasta que vuelven a alejarse los dos. Así algunos libros y webs hacen gráficas y animaciones de este hecho, diciendo que esto es una prueba del movimiento terrestre, e indicando erróneamente que con la Tierra fija no se produce este efecto. Sin embargo, para visualizar la falsedad de esta afirmación, podéis ver una animación de tal movimiento en el geocentrismo en
http://www.euskalnet.net/jcgorost/creacionismo/epiciclos.gif.

Naturalmente, teniendo en cuenta la perspectiva de la equivalencia geométrica y cinemática de modelos heliocentrista y de

---

[57] Stephen Hawking and Leonard Mlodinow. "A Briefer Story of Time". 2005. pp. 9-10.

Tycho Brahe comentada antes, tal omisión o es intencionada, o es muestra de una grave ignorancia.

El paralaje estelar ¿no prueba el movimiento terrestre?

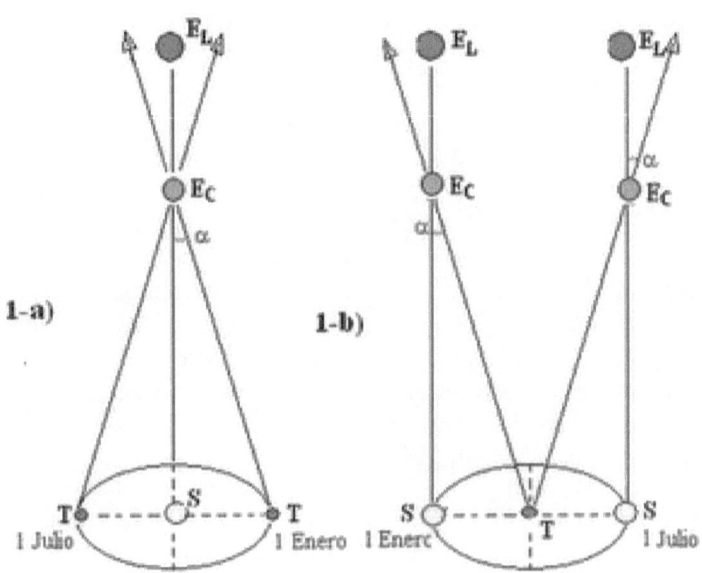

Respuesta: El paralaje estelar (anual) es presentado por el fundamentalismo heliocentrista como una prueba irrefutable del movimiento traslacional de la Tierra. Uno puede leer enciclopedias, libros, etc. (ver Wikipedia, por ejemplo)... en todos ellos se considera siempre la figura 1-a) como cierta *per se*. En el paradigma heliocéntrico, el sol S está fijo y la Tierra T gira en sentido antihorario, si observamos desde T (1 Enero) una estrella cercana EC, la cual medida respecto a otra estrella lejana EL, se encuentra 6 meses después (1 Julio) con un desplazamiento máximo 2α. ¿Pero es verdaderamente esto una prueba del heliocentrismo? No lo es. En el sistema geocéntrico figura 1-b), la Tierra T esta fija en el baricentro del universo, y el sol S va en sentido antihorario desde la posición 1 Enero a la de 1 de Julio. Hay que notar que en el modelo geocéntrico (neo-tychonico) son las estrellas (incluida el Sol) las que giran anualmente como una estructura en torno al baricentro T, en ambos modelos las distancias interestelares se consideran básicamente fijas. Entonces, como se aprecia en 1-b), en el modelo geocéntrico aparece el mismo desplazamiento estelar de 2α.

No debería asombrarnos esta coincidencia, pues como ya hemos dicho varias veces, los modelos heliocéntrico y geocéntrico son mecánica y geométricamente equivalentes en todos y cada uno de los aspectos[58]. La equivocación de casi todos los libros está en que en el modelo original de Tycho Brahe las estrellas estaban centradas en la Tierra, y no en el Sol, con lo cual no había paralaje estelar. El propio Tycho fue quien sugirió que se midiese la existencia o no de paralaje anual, pero ello superaba la precisión de los telescopios de aquella época[59], finales del siglo XVI. Por fin, en 1838, Bessel descubrió el paralaje de una estrella, y la cuestión quedó cerrada, irracionalmente, a favor del heliocentrismo. Con esta decisión la Ciencia sufrió uno de los mayores ataques, del cual aún estamos pagando las consecuencias hoy, a comienzos del siglo XXI. Lo único necesario es modificar mínimamente el modelo de Tycho, situando a las estrellas centradas en el Sol. En lo que se llama "modelo Tychonico modificado", este modelo se ha introducido en la Astronomía en tiempos muy recientes, ha sido ampliamente divulgado por la CAI[60], y es también mencionado en algunos círculos académicos[61].

---

[58] Es una reciprocidad geométrica, en la que coinciden distancias y desplazamientos espaciales y angulares. Otra cosa es cuando se analizan los datos físicos (ópticos/electromagnéticos) observables, en este caso el único modelo defendible es el geocéntrico.
[59] Oficialmente, en el siglo XVI, el paralaje 'medido' con los instrumentos imprecisos era nulo, por lo que Tycho Brahe utilizó esta "ausencia de paralaje" para desacreditar el incipiente modelo heliocéntrico. Fue en 1838 cuando por primera vez, F. Bessel midió el paralaje estelar de la estrella 61 Cygnus, lo cual fue celebrado por los antisistema como la consecución de la 'gran prueba' a favor del heliocentrismo.
[60] Robert Sungenis & Robert Bennett en "Galileo was wrong, the Church was right", de la Catholic Apologetic International Publishing.
[61] Universidad de Illinois, Physics 319, Spring 2004. Lecture03, p.8. La misma explicación para el paralaje estelar que la presentada aquí ha sido defendida por el astrónomo Gerardus Bouw, quien también ha acuñado el término "modelo Tychonico modificado".

Algo más sobre el paralaje y las distancias estelares.

La estrella más cercana, *Próxima Centauri*, tiene una paralaje de 0.765", correspondiente a 4,3 años-luz (1,31 par sec)[62]. A medida que las estrellas cercanas están más alejadas de la Tierra, el paralaje es menor, y obviamente es más difícil de precisar. Para distancias superiores a 200 par secs se hace imposible calcular las distancias por el paralaje, llamado 'método de Bessel'. Pero ... ¿hasta qué punto es fiable este método de Bessel para el cálculo de las distancias estelares?

En realidad el método está basado en dos conjeturas que no están probadas: a) se supone que las dos estrellas que se miden en el telescopio están separadas entre sí por una distancia grandísima; b) se supone que las estrellas tienen un enorme tamaño y están alejadísimas de la Tierra. Pero las estrellas podrían no ser tan grandes, ni estar tan alejadas...

A parte de esto, en el siglo XIX, Bessel como el resto de astrónomos consideraban las estrellas como fijas, sin embargo ahora es conocido que el Sol se desplaza a una velocidad respetable[63], según esto cualquier estrella podría tener una velocidad v importante. Entonces nos podemos encontrar con 27 posibilidades distintas, la estrella cercana puede estar desplazándose en un sentido o en otro, lo mismo para la estrella lejana, etc. Todas ellas se presentan al observador terrestre como un desplazamiento de la estrella cercana. Pero la cuestión que se plantea al astrónomo es: Ignorando estas velocidades ¿puede inferirse algo concreto al observar por este método el desplazamiento de una estrella en el telescopio? Evidentemente, las conclusiones obedecen más ciertas pretensiones, aspiraciones y deseos, que el rigor científico. Pero cuesta trabajo reconocerlo.

---

[62] El parsec es una medida astronómica (parallax of one arc second), o sea, equivalente al paralaje de un arco segundo, medido desde la Tierra con amplitud máxima Enero-Julio. Es equivalente a 3,26 años-luz.
[63] Los astrofísicos consideran al sol, y a todo su sistema planetario, moviéndose por el espacio con una velocidad de 250 km/s. Pero este presunto movimiento está basado en el presupuesto heliocentrista. Desde la perspectiva geocéntrica los mismos cálculos llevan a un desplazamiento estelar.

El paralaje estelar y/o la aberración estelar son pruebas... ¿de qué?

Estos dos fenómenos astronómicos históricamente han sido citados como pruebas indiscutibles de que la Tierra se mueve.

Para entender bien lo que es el paralaje los lectores que no conozcan mucho del tema puede hacer el siguiente experimento recreativo: Extender el brazo izquierdo con un dedo hacia arriba, y con el ojo izquierdo cerrado, observen con el otro ojo el dedo apuntando hacia un punto de la pared (un cuadro o alguna marca); Ahora, con el brazo y la mano aún extendidos, miren con el ojo izquierdo, cerrando el derecho, observarán que el dedo aparentemente se desplaza hacia la derecha. Lo que ha sucedido es un simple cambio del origen de observación.

Ya en términos de la astronomía heliocéntrica, supongamos que el 1 de Enero desde la Tierra (que se halla a la 'derecha') observamos una estrella cercana Ec, en lugar del dedo, y un fondo de estrellas más lejanas, en lugar de la pared de fondo; la estrella cercana Ec se desplazará hacia la izquierda un ángulo α, mientras que si la observamos medio año después, la veremos desplazada hacia la derecha un ángulo α.

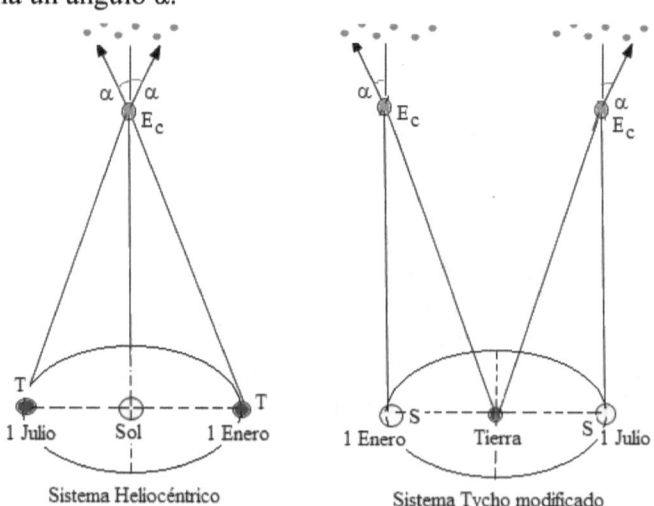

Sistema Heliocéntrico   Sistema Tycho modificado

Los heliocentristas, en su afán de probar su modelo heliocéntrico, consideraban exclusivamente la gráfica de la izquierda, y buscaron ansiosos tal paralaje como la prueba definitiva. Por fin en

1838, Friedrich Bessel lograría detectar presuntamente un paralaje (de α = 0,314") en la estrella 61-Cygnus, con lo cual algunos cerraron precipitadamente el debate geocentrismo-heliocentrismo hacia este último. Pero hay que decir que el debate se cerró en falso, pues **el paralaje α es idéntico en el modelo heliocéntrico que en el geocéntrico de la derecha** (ver la gráfica). Bien es cierto, que para el modelo Tychoniano es necesario alguna explicación adicional.

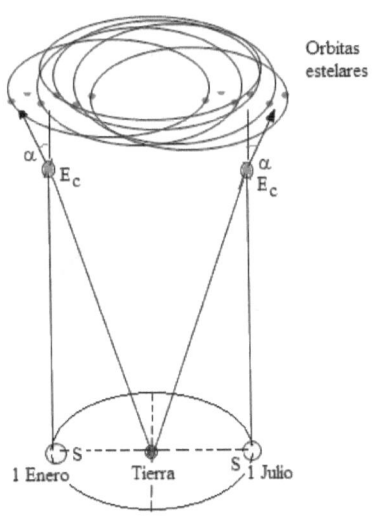

Sistema Tycho modificado

Desde la perspectiva del sistema geocéntrico llamado Neo-Tychoano, el Sol realiza una órbita anual alrededor de la Tierra (del baricentro del cosmos, en realidad) como se ve en la situación de la derecha, pero además una de las premisas de este modelo es que las estrellas de su entorno *acompasan* al sol en su movimiento orbital al baricentro, es decir, el conjunto completo de estrellas es como un armazón rígido que está orbitando el baricentro[64], manteniéndose en todo momento las mismas distancias interestelares. Esto puede parecer sorprendente a algunos, pero no es muy diferente para el heliocentrismo, que considera la estructura estelar fija, pero siendo una estructura rígida. La galaxia entera, o el conglomerado de estrellas formado por gran cantidad de capas concéntricas alrededor del sol, es una estructura tan íntimamente relacionada que su movimiento es el de una estructura rígida: al realizar el Sol una órbita elíptica al baricentro, toda la estructura estelar realiza también la misma órbita. A falta de una animación para ver este efecto, se sugiere hacer la siguiente simulación: Tomar un folio y una hoja de *metacrilato* o plexiglás transparente; En el folio pintar una X que representa el baricentro (la Tierra); en la hoja transparente pintar un punto rojo (el Sol) y unos 40 ó 50 puntos negros (las estrellas) alrededor del punto rojo, pero no muy cercanas a él (d > 5 UA). Ahora el efecto que intentamos visualizar se obtiene al simular que el punto rojo realiza una pequeña órbita circular alrededor de la X. Es

---

[64] Esto no impide que las estrellas tengan movimientos propios, como en el caso de las binarias que se mueven respecto a su baricentro local, en este caso es este baricentro del sistema el que acompasa al movimiento del sol.

importante observar que todas las estrellas se mueven a la misma velocidad, en la realidad a v = 30 km/s, la velocidad que los heliocentristas dogmáticamente atribuyen a la Tierra.

Retrocediendo un poco en el tiempo, el físico inglés James Bradley venía desde hacía años intentando detectar un paralaje, y en 1728 creyó haberlo detectado en una estrella[65], pero un estudio más preciso reveló que lo que acababa de descubrir no era el paralaje, sino un fenómeno distinto llamado *aberración estelar*. Algo que el heliocentrismo utilizó, y aún hoy utiliza, erróneamente como una prueba del movimiento terrestre.

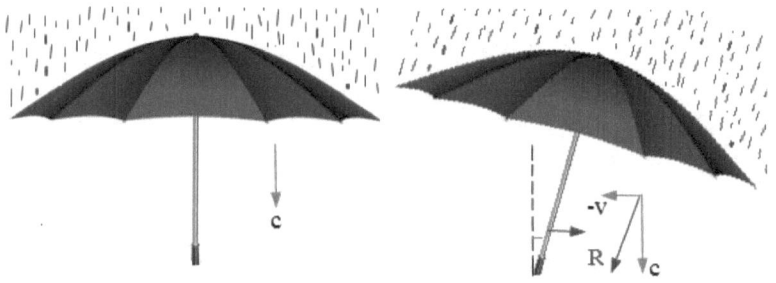

Desde su perspectiva, la *aberración estelar* sería similar al de un hombre con un paraguas abierto ante la lluvia que cae con una velocidad 'c', imaginémosla vertical al suelo, si ahora el hombre se desplaza con velocidad v, entonces el paraguas, que inicialmente lo tenía en dirección de la vertical, deberá ser inclinado un ángulo α para no mojarse. Este ángulo depende de -v+c (suma de los dos vectores velocidad). En concreto, es fácil comprobar que:

$$\alpha = \arctan v/c.$$

En la explicación heliocentrista de Bradley para la aberración estelar, la *lluvia* es la luz de cierta estrella (con velocidad **c**) y el *movimiento* es el de la Tierra por el éter (v=30 km/s). Para observar una determinada estrella, sin que se salga del ocular, el telescopio debería moverse un ángulo α = arc tan v/c. Como la velocidad (el vector v) es distinta a lo largo de la presunta orbita de la tierra en torno al sol, el

---

[65] Bradley encontró que la estrella cercana *Gamma Draconis* realizaba una elipse típica de la aberración, tal como él la entendía en su tiempo.

ángulo α también varía a lo largo del año. En consecuencia la estrella parecería describir una pequeña elipse en el visor del telescopio.

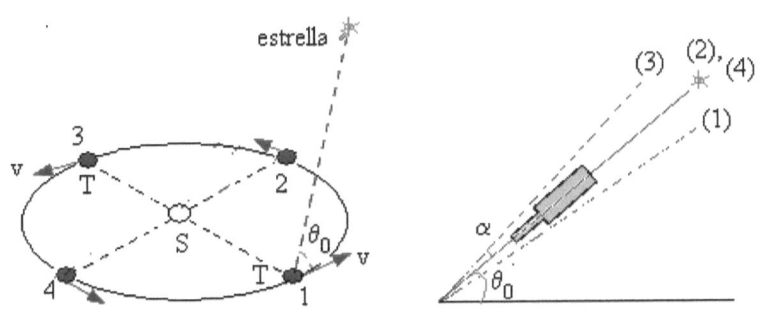

El semieje mayor de esta elipse vendría dado por α = arc tan v/c, siendo v = 30 km/s y c = 300.000 km/s, o sea, unos 20,5 segundos de arco. Según aseguró Bradley, de una veintena de estrellas que midió con su telescopio, todas ellas tenían una aberración que se ajustaba al valor teórico, 20" de arco. La conclusión que extrajo Bradley es: "La aberración estelar es debida a la velocidad de 30 km/s de la tierra en su órbita anual alrededor del sol, esto es, la desviación de un objeto celeste hacia el movimiento del observador debido a la velocidad relativa de la Tierra respecto al espacio inercial. Este experimento valida otras pruebas del modelo heliocéntrico".

Otra vez se comete aquí el error MPP invertido, al despreciar la posibilidad de que haya otras hipótesis que expliquen el efecto observado. Tomando el símil del paraguas y la lluvia, Bradley afirma que el tener que desviar un ángulo α el paraguas (para no mojarse) es una prueba inequívoca de que éste se encuentra en movimiento con una velocidad v. Sin embargo, hay al menos otra explicación de esa desviación, pues la presencia de una corriente de aire (viento) con velocidad '–v' produce igual efecto.

Pero además, la afirmación de Bradley lleva asociadas otras incongruencias, sobre todo para la Relatividad de Einstein. En primer lugar observen que está hablando como si el espacio fuera un marco inercial respecto al cual el sol está en reposo... ya ello contradice la Relatividad, aunque es cierto que en tiempo de James Bradley no se había publicado todavía esta teoría, pero lo que verdaderamente resulta contradictorio es que personas que defienden la validez de la Relatividad de Einstein consideran, al mismo tiempo, que esa explicación de Bradley sobre la aberración sirva como demostración del modelo heliocéntrico.

Se puede realizar un estudio relativista de la aberración de Bradley[66], al final se llega a una relación semejante a la del estudio clásico. Esto es,

$$\alpha = \arctan V/c$$

La diferencia está en que la V es la velocidad relativa entre la velocidad de la Tierra y la velocidad de la estrella, esto es: $V_E - V_T$. Teniendo en cuenta que en el paradigma actual de la física las estrellas se mueven independientemente con velocidades notables (más de 400 km/s en el caso del sol), por lo tanto la aberración de cada estrella debería ser distinta y no una constante de unos 20" como aseguró Bradley haber medido para un grupo de estrellas cercanas al Polo Norte.

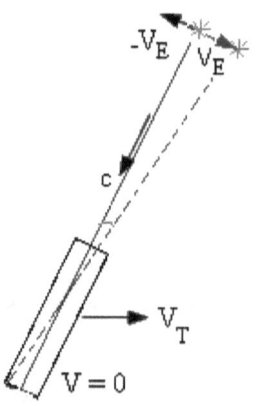

---

[66] La fórmula relativista para la aberración estelar es: $\alpha = \gamma \arctan (V_E - V_T)/c$, pero para $v \ll c$, $\gamma = 1$.

La diferencia entre *paralaje* y *aberración*.

Primeramente veámoslo desde la perspectiva heliocéntrica. Estos dos efectos podrían aparecer superpuestos en las observaciones telescópicas por lo que es importante aclarar el significado de cada uno de ellos.

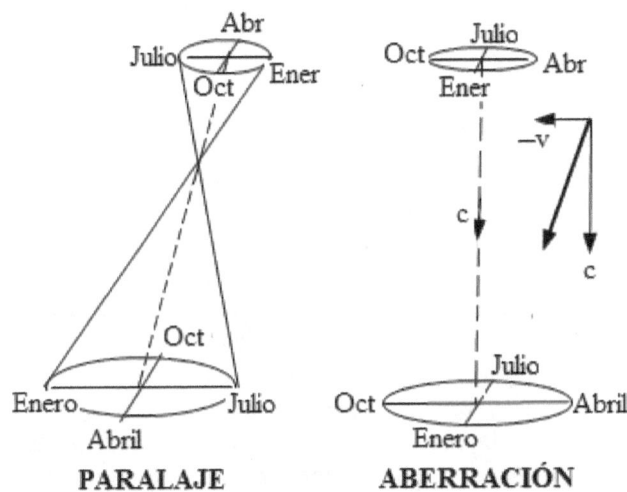

PARALAJE **ABERRACIÓN**

El ángulo de paralaje es proporcional al cociente "diámetro de la órbita terrestre" entre la "distancia a la estrella", en cambio, el ángulo de aberración es proporcional al cociente "velocidad de la tierra" entre la "la velocidad de la luz". Por tanto, en el paralaje se detectan *variaciones de la posición*, mientras que en la aberración se detectan *cambios en la velocidad* de la tierra en su paso por la órbita. Para medir con claridad la aberración podrían elegirse estrellas muy lejanas cuyos paralajes fueran nulos, pues el ángulo de paralaje va disminuyendo cuando aumenta la distancia de la estrella.

Otras características diferenciadoras de estos dos efectos son:

1. La elipse observada en la aberración es mucho mayor que la del paralaje (20,5" frente a algo inferior a 1").
2. El semieje mayor de la elipse de aberración es el mismo para todas las estrellas (20,5"), sin embargo el del paralaje depende de la distancia de la estrella.
3. Mientras que en el paralaje aparece la imagen de la elipse desfasada 180 grados (invertida), en la aberración el desfase es de 90°.

La aberración desde el geocentrismo.

Las gráficas habría que adecuarlas convenientemente colocando la Tierra fija y al Sol orbitándola, asi como también habría que intercambiar la posición de los meses. La aberración estelar, como $V_T = 0$, se encuentra limitada al movimiento en los desplazamientos aparentes de las estrellas que se mueven centradas en el sol. En otras palabras, lo que Bradley llamaba aberración no parece ser más que el efecto de un paralaje debido al cambio del punto de referencia[67]. Ahora bien, según las mediciones de Bradley, todas las estrellas aparecerían con el mismo paralaje, una desviación de 20" de arco, pero el desfase respecto a la Tierra resultaba ser de 90° tal como la previsión teórica asegura para la aberración (para el paralaje debería ser de 180°). Como la hipótesis de Bradley entra en contradicción directa con la teoría Relativista de la Aberración, en la física moderna se habla de *aberración* cuando hay un movimiento relativo entre un cuerpo celeste emisor (de luz, etc.) y el observador. De acuerdo a esto, como los geocentristas tenemos la certeza que $V_T = 0$, podemos afirmar que la velocidad relativa neta es la que tiene cada estrella lejana. Y como, según Bradley, todas las estrellas tienen una aberración de 20" de arco, se deduce que todas ellas tendrían una velocidad tangencial de 30 km/s independientemente de su lejanía, como anteriormente hemos comprobado en la simulación de astronomía geocéntrica recreativa. En cuanto al desfase de 90° es debido a que la velocidad a considerar no es la de la Tierra, perpendicular a Octub-Abril (en la gráfica), sino la velocidad tangencial de la órbita de la estrella, que es transversal a ésta. En cambio, los que rechazan la posibilidad de una tierra inercial no pueden estimar la verdadera aberración de cualquier estrella, pues no pueden conocer su velocidad relativa.

---

[67] Desde el experimento fallido de Airy, en 1840, se puede considerar como probado que desde la tierra no hay aberración estelar alguna.

Otros problemas con la aberración

La discusión sobre la aberración estelar en lugar de haber quedado zanjada con la explicación de Bradley, sigue aún hoy candente y da origen a diversas controversias debido a sus *anomalías*. Pero resulta que como la mayoría de científicos han asumido como incontrovertible la explicación contradictoria de Bradley, ahora nadie tiene mucho interés en investigar estas anomalías, de las que vamos a poner aquí dos ejemplos.

1. **Aberración en estrellas binarias**: Una estrella binaria es un sistema estelar compuesto de dos estrellas que orbitan mutuamente alrededor de un baricentro local común. Estudios recientes sugieren que un elevado porcentaje de las estrellas son parte de sistemas de al menos dos astros. Los sistemas múltiples, que pueden ser ternarios, cuaternarios, o incluso de cinco o más estrellas interactuando entre sí, suelen recibir también el nombre de *estrellas binarias*, como es el caso de Alfa Centauri A y B y Próxima Centauri. En estos casos cada estrella del sistema tiene una velocidad propia diferente a través de su respectiva órbita, y, si se sigue la fórmula de la aberración, cada estrella debería tener una aberración también diferente, y además el sistema debería estar continuamente deformándose para un observador en la tierra, sin embargo, las observaciones que se han realizado siempre han dado el valor 20" típico de todas las estrellas, y las órbitas no aparecen deformadas ni en lo más mínimo. Se han intentado varias explicaciones relativistas para esta anomalía, pero ninguna ha sido convincente. Lo que siempre se ha evitado es la explicación geocéntrica.

2. **Aberración en los planetas**: Los planetas orbitan el sol, excepto la Tierra que como mantenemos en este libro está absolutamente fija, cada uno con su diferente velocidad orbital, por tanto, siguiendo la fórmula anterior cada planeta debería teóricamente presentar una aberración distinta. ¿Qué sucede en la práctica?. Algo sorprendente: ¡nadie ha medido nunca la aberración en ningún planeta del sistema solar! La explicación que se da es *"que es técnicamente imposible medirlas"* pues nadie conoce la posición exacta de los planetas, y, aún si conociéramos éstas, todavía para conocer la velocidad exacta sería necesario conocer las perturbaciones exactas entre ellos y sus satélites (que a su vez exigiría conocer también sus posiciones exactas) etc. En resumen, los astrónomos aseguran que el conocimiento de la aberración de cada planeta parecería importante para así hacer la oportuna corrección de las efemérides planetarias, pero el error producido en las

órbitas planetarias por las perturbaciones de otros objetos del sistema solar, excede a las correcciones por aberración que se pretenderían encontrar. Y esto es lo desconcertante. Por una parte, para los planetas que comparativamente están cerquísima, y cuyos movimientos se pueden tratar con gran precisión por las leyes de Newton, no puede estimarse su aberración lumínica, ¿cómo pueden, entonces, estimarse la aberración lumínica de estrellas lejanísimas?

El péndulo de Foucault ¿prueba el movimiento de la Tierra?

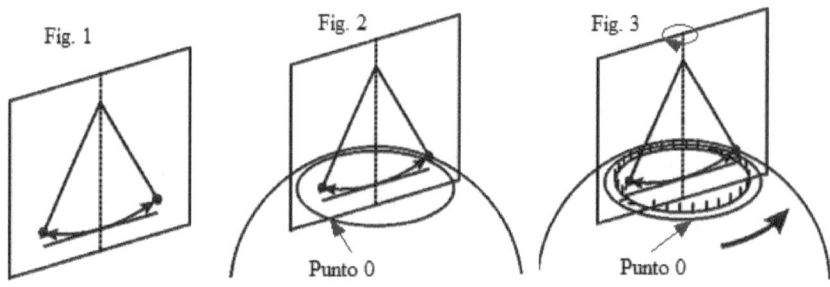

El péndulo de Foucault es uno de esos iconos míticos utilizados por los ateos. Enorme, flotando desde una altísima cúpula, suele construirse sobre un círculo vistosamente ilustrado, lo cual le da aspecto de altar en medio de un templo laicista. Los comunistas colocaron uno enorme en la cúpula de la catedral de Leningrado, otro famoso se encuentra en el edificio de las Naciones Unidas, pero hay muchos otros colocados a lo largo y ancho del mundo, en bibliotecas, universidades, museos de la ciencia. Veamos aquí qué tiene de peculiar el péndulo de Foucault.

Supongamos un péndulo sometido a pequeñas oscilaciones. La dinámica de oscilaciones tiende a mantener este movimiento oscilatorio en un mismo plano (Fig. 1), por eso, en el péndulo de Foucault se asegura que éste pueda rotar libremente del punto fijo, para ello se coloca una suspensión Cardan. Si inicialmente comienza a oscilar con el plano señalando el punto 0 (Fig. 2), se mantendrá oscilando en ese mismo plano, y al cabo de unas horas, cuando la Tierra ha girado un ángulo φ (según el heliocentrismo) el plano de oscilación aparece desplazado -φ respecto del punto 0 (Fig.3). Suponiendo el péndulo en el polo norte, efectuará en sentido horario un giro completo cada 24 horas. Este efecto aparece así, es observable, muy celebrado y jaleado por los heliocentristas, pues para ellos supone una demostración irrefutable de que la Tierra gira. Pero... ¿lo es? No, en absoluto.

En realidad, los heliocentristas están cayendo -digamos que ingenuamente- en la falacia de la causa-efecto invertido, sin darse cuenta que hay al menos otra posible causa para este efecto. Para estudiar estos efectos inerciales hay que considerar, como es sabido, dos sistemas: el A en reposo absoluto, y el B en rotación con velocidad angular ω.

Visión Heliocéntrica: Un observador en el sistema A percibe el plano de oscilación fijo y ve a la tierra girar en sentido antihorario, mientras que otro observador en el sistema giratorio B percibe la aceleración de Coriolis[68] actuando **a'** = **g0** - 2ωx**V'** sobre la masa del péndulo. Para este observador situado en B -en la Tierra girando- ve la Tierra en reposo, y percibe al plano de oscilación del péndulo sometido a esa real aceleración a', por tanto, lo percibe realmente girando.

Visión Geocéntrica: Un observador se halla en la Tierra, sistema B en reposo absoluto, mientras que el firmamento con todo su contenido material -incluido el plano del péndulo- es el sistema A girando, como un todo, en sentido horario. Este observador percibe la misma aceleración de Coriolis actuando **a** = **g0** - 2ω'x**V** sobre la masa del péndulo, como veremos abajo (hemos quitado las primas porque ahora **a**, **V** son magnitudes respecto al sistema inercial, en todo caso pondríamos ω'). Por supuesto, este observador ve girar en sentido horario el plano del péndulo, al igual que las estrellas "fijas".

La cuestión que deberían explicar los heliocentristas en su modelo es ¿respecto a qué está fijo el plano A? Es de suponer que responderán que *respecto a las estrellas fijas*, esto es, según el espacio absoluto de la mecánica de Newton, sin embargo en la Relatividad de Einstein no puede hablarse de un sistema absolutamente fijo. Por otra parte, en la relatividad habría que tener en cuenta el principio de Mach, algo que nunca citan los heliocentristas. Este principio más o menos dice lo siguiente:

---

[68] Consultar un libro de Física, por ejemplo el tomo I del "Alonso-Finn".

«Los efectos inerciales de cualquier sistema son el resultado de la interacción de ese sistema y el resto del Universo». De acuerdo a este principio, que nunca ha sido negado, en un universo vacío no habría aceleraciones inerciales, ni de Coriolis, ni centrífugas.

En *Gravitation*, los físicos Misner, Thorney Wheeler[69] prueban que las fuerzas inerciales producidas por una burbuja giratoria gigantesca (equivalente al "resto del universo") girando sobre una Tierra inmóvil, producen la misma aceleraciones de Coriolis y centrífugas que las convencionales de Newton con respecto al "espacio fijo". En definitiva, el resultado del experimento del péndulo de Foucault conduce al mismo problema al que se enfrentó Einstein y el resto de físicos con el advenimiento de la teoría de la relatividad: ¿gira la tierra? o ¿es el firmamento el que gira en torno a la tierra?, o bien ¿son sólo dos convencionalismos diferentes dependientes del sistema de coordenadas seleccionado?. El péndulo de Foucault lo único que prueba es la existencia de una fuerza (la de Coriolis) causando ese efecto, pero no que la rotación de la Tierra sea su causa. Cualquier físico sincero puede corroborar estas palabras, y sin embargo, en pleno siglo XXI, miles y miles de libros citan al péndulo de Foucault como una prueba irrefutable del movimiento giratorio de la Tierra. La realidad es que, como dice Robert Sungenis[70], el péndulo de Foucualt sólo prueba lo presuntuosa que ha sido la Física de los dos o tres últimos siglos.

La objeción *número 1*: "Si la Tierra estuviera en el centro del universo, entonces los astros más alejados al estar rotando se desplazarían con velocidades enormes, superiores a la velocidad de la luz. Eso es imposible".

Esta suele ser una de las primeras objeción que suele hacerse al modelo "Neo-Tychoniano". Ello no es ninguna contradicción, ni siquiera para la Relatividad Especial y el modelo "Big Bang", que con una hipotética expansión del universo hace que los objetos con Z > 2 ó 3 se alejen de la Tierra a mayor velocidad que la luz. Y todos lo ven como normal. La razón que dan los relativistas es que al girar

---

[69] *Gravitation* pp. 543, 546-549. También fue demostrado por Einstein utilizando la relatividad, en su publicación *Annalen der Physik*, 35, 903.
[70] Robert Sungenis en "*Galileo was wrong, the Church was right*", de la Catholic Apologetic International Publishing.

(expandirse, etc.) todo el sistema como un todo, las velocidades lineales tienen carácter geométrico, no físico, por ello no están sometidos a la restricción de la velocidad c. Hay que recordar que el principio relativista dice: *"No es posible transmitir información física a velocidad superior a c"*.

En el caso del firmamento cada punto tiene una velocidad $v = \omega.r$, y obviamente para r muy grande v es superior a c (pero se trata de velocidades geométricas). Otra cosa sería si un astro o sonda espacial se desplazara respecto al éter a mayor velocidad de c. Por cierto, la rotación del universo es también mantenida por científicos defensores del Big Bang, pues evidencias de la rotación del universo como un todo ya se vienen detectando desde 1982, (Paul Birch, "*Is the Universe rotating?*" Nature, vol 298, 29 July 1982, pag.451-454). Aunque ellos detectan una rotación muy pequeña (pero siempre se podría ir a distancias mayores para encontrar puntos con v mayor a *c*).

Eso de que ninguna velocidad puede superar a '*c*' pertenece a la "física popular" pero no a la física real. En un universo rotante la velocidad tangencial, $v = \omega.r$, no cuenta nada pues tiene solamente características geométricas, es como aquel ejemplo de las tijeras de longitud 10^6 km, al cerrarse la velocidad del punto P de intersección entre las dos hojas superaría fácilmente a c. Si parece desconcertante que haya en el universo movimientos con v superior a c, esto no es exclusivo del universo rotante, pues en el universo expansivo del Big Bang aparece otro tanto. Por ejemplo cuásares observados con z =4.6, lo que es equivalente a velocidades muy superiores a c, y sin embargo ningún físico se escandaliza por ello. Sería cínico admitir velocidades extralumínicas en un universo expansivo, y repudiarlas cuando aparecen en un universo rotante con simetría cilíndrica. En el universo rotante con simetría cilíndrica hay una superposición de la velocidad tangencial de rotación $\omega.r$ con la velocidad v de traslación del objeto respecto del éter.

Por otra parte, ningún cosmólogo moderno se opone a las velocidades superiores a '*c*' *en un universo rotante*, o sea, que a partir de una distancia r = Rs, los astros participantes en esa rotación tuvieran una velocidad tangencial superior a c y que esto fuera físicamente prohibido. Esa distancia Rs se llama en física "Radio de Schwarzshild", y equivale más o menos a la distancia del planeta Saturno. Pues bien, la Relatividad permite perfectamente velocidades superiores a c para estos modelos, en realidad Vt puede tender a infinito, en la física (relativista o no) no hay límite de velocidad a la v tangencial de una masa. Es otra la objeción que hacían los físicos al geocentrismo de un universo rotante: Al elevar una masa hacia arriba de la tierra el universo debería ralentizar su velocidad angular, y al revés, al descender la masa el universo debería acelerar su rotación, todo ello para que se conservase el momento angular del universo. Y de una manera dramática esto sucedía para las masas situadas a distancias superiores a Rs en tal universo rotante. Sin embargo, en 2005 el físico Hermann Bondi demostró en su artículo *"Angular Momentum of Cylindrical Systems in General Relativity"*, que debido a la simetría cilíndrica del universo rotante esa suposición no se cumple, y también demuestra que las masas que se encuentran a distancia superior al radio de Schwarzshild son consideradas irrelevantes a la hora de computar el momento angular total, etc. Por lo que las objeción típica al geocentrismo quedo desmontada.

Tengamos en cuenta también que el hecho que las estrellas y galaxias se muevan a más velocidad que 'c' habría que discutirlo en caso de no existir el éter. Pero los experimentos de Michelson-Gale, Sagnac, Miller, Ives... han probado su existencia más allá de toda duda. Entonces esa cuestión no tiene sentido, pues esos cuerpos rotan acoplados al éter, además de tener movimientos propios respecto del éter. Por lo tanto, la restricción de que la velocidad no supere a 'c' no es aplicable a un sistema en rotación.

Uno puede objetar a este modelo: ¿qué cantidades energéticas requiere el mismo? Porque todos esos cuerpos celestes girando a gran velocidad alrededor de la Tierra, ¿qué energía cinética pueden necesitar?

Primero tenemos que aclarar un asunto. No hay que confundir la trayectoria de un círculo, por parte de un astro, cada 23 h 56 m; que es debido a la rotación de todo el firmamento (éter + cuerpos contenidos) con la órbita en torno al baricentro del universo. Por ejemplo, el sol gira en su órbita en el plano de la eclíptica, más o menos, 1 grado cada día. Por esa razón tarda en completar una vuelta 4 minutos más que las estrellas lejanas. Esa es la órbita del sol: un grado al día (es decir, el Sol tiene dos movimientos, uno con todo el firmamento, una vuelta al día, y otro en el sentido contrario aproximadamente un grado al día, de donde procede la diferencia entre el día sideral y el día solar, como será explicado posteriormente).

Respecto al de la energía necesaria para el movimiento de los astros: I) Para el movimiento orbital es la misma en el geocentrismo que en el heliocentrismo. II) Para el rotacional del firmamento como un todo corresponde a las condiciones iniciales del origen del universo (que fue una creación "ex nihilo" como creemos nosotros).

Paremos un momento aquí. Los partidarios de la teoría de Big Bang creen que todo el universo ha salido por una especie de explosión primigenia de un "huevo cósmico". Perdonad, pero para nosotros eso es ridículo. ¿Con qué energía se expandió el universo entonces? ¿De dónde sale esa energía? Por lo tanto, los partidarios de esa teoría asumen la existencia de una energía enorme, sencillamente inimaginable, que es la que permite que todo el universo se mantenga en movimiento y que surja la vida. Respecto a la energía de las galaxias para un firmamento en rotación, no creo que sea más asombroso que para uno en expansión (como el del Big Bang). Póngase a calcular la energía cinética para una galaxia con $Z>2$ a lo que debe añadir la expansión del universo, y verá la energía cinética resultante. Tanto en uno como en otro caso las energías cinéticas deben ser grandes porque grande es también la energía potencial debida a su posición alejada del baricentro del cosmos. ¿Pero de dónde sale esa energía? Llegamos por lo tanto a la misma pregunta, al mismo problema. Sin embargo, para nosotros no existe problema alguno. Es Dios, el único que tiene el Ser y el único quien puede hacer que algo empiece a existir. Para Dios no hay diferencia entre crear un único átomo de hidrógeno y el universo entero. Nos referimos a la creación de la nada, *ex nihilo*. Un millón de ceros no hace nada, sigue siendo un único cero incapaz de por sí para nada. En cambio un uno, seguido por un cero, o por un millón de ceros, comparte algo esencial en los dos casos: es *algo*. Pasar de un *algo* a otro *algo* es cuestión de cantidad de lo mismo, del mismo ser; en cambio para pasar de 0 a 1, es cuestión de pasar, en términos metafísicos, de *no ser* a *ser*. Eso únicamente puede hacerlo Dios. En términos metafísicos, por lo tanto, es lo mismo para Dios crear *ex nihilo* al "huevo cósmico" que el universo entero, ya hecho y dotado de energía necesaria para existir, sostenida por su mano providente. Porque Dios no ha creado tan solamente el universo, dotados de unas leyes. Lo sostiene con su Providencia. Continuamente está "allí", causa de su existencia en todo momento, esencialmente diferente y nunca confundido con su creación, no dando lugar a toda concepción panteísta. No es un Dios masónico impersonal que tal vez crea el mundo dotado de unas leyes y que luego se retira, dejándolo funcionar por sí solo.

Por lo tanto, no solamente en el universo geocéntrico, que defendemos nosotros, sino en cualquier modelo de universo las "necesidades energéticas" para su funcionamiento son "cubiertas" por las condiciones de la creación *ex nihilo*.

Por otra parte, ya hemos dicho que las ecuaciones del movimiento en ambos sistemas (helio y Tycho) son equivalentes. Bien lo supo Fred Hoyle que en su obra *"Copérnico, su vida y su obra"* recuerda, o explica más bien a los que o no lo saben o no quieren saberlo, que el heliocentrismo es geométrica y cinemáticamente equivalente al geocentrismo de Tycho Brahe si proveemos a éste de las necesarias modificaciones de Kepler (orbitas elípticas, ley de las áreas,…). La prueba está en que Kepler tomó para el heliocentrismo las mismas efemérides que había establecido su mentor Tycho Brahe para el geocentrismo.

Aquí es necesario distinguir entre las leyes del mundo observado, y las causas del mismo. Muchos piensan erróneamente que la ley de gravitación universal de Newton es la causa de las leyes de Kepler. No, no es cierto que las leyes de Kepler se derivan lógicamente de la ley de gravitación de Newton –por tanto llegaríamos derechamente a la pregunta: ¿la ley de Newton es cierta *per se*? En este razonamiento hay un error lógico: A - -> B. Se comprueba que B es verdadero… ¿Por tanto A es verdadero? No. Puesto que podemos tener, de hecho tenemos: C - -> B, E - ->B, etc. En el caso de la ley de Newton, también las hipótesis de Le Sage implican la ley de los cuadrados inversos de Newton. Por lo tanto, se puede decir que una *implica* la otra, pero una *no* es causa de la otra. ¿Qué es causa de la gravedad? Newton decía honestamente que no lo sabe. *"Hypotheses non fingo"*, decía al respecto. De hecho, a día de hoy todavía no hay consenso de los científicos (sobre todo relativistas) sobre dicho origen, si producto de la deformación del espacio-tiempo, o es a causa del intercambio de gravitones. Pero en este caso lo que de hecho se está haciendo es explicar un misterio por medio del otro. Recordamos que Newton no sabía cuál era la causa de la gravedad, su formulación matemática –obtenida empíricamente- describe sus efectos, pero no dice absolutamente nada sobre su causa. En sus trabajos incorporó el éter (él lo llamaba 'spirit') como un algo que causaba la fuerza de gravedad, sin dar detalles del cómo. Los primeros físicos en intentar dar una causa de la gravitación fueron el suizo Nicolas F. de Duillier y el francés Georges-Luis Le Sage. El primero introdujo el concepto de pequeñas partículas viajando a través del éter e interactuando con los cuerpos de material poroso (modernamente se ha sugerido que podrían considerarse los neutrinos como estas micro-partículas). Esta idea fue presentada ante Isaac Newton en la Royal Society, y causó una buena impresión. Le Sage fue el que más ahondó en la teoría de Nicolas F. de Duillier, llamaba a esas micro-partículas, corpúsculos ultramundanos, y dedujo matemáticamente la ley de los cuadrados inversos utilizando estos corpúsculos moviéndose al azar en todas las direcciones del espacio. Le Sage conjeturó que los átomos son como "jaulas" formados principalmente por vacío. Así los cuerpos sólidos serían receptáculos conteniendo vacío en su interior, por tanto bloquearían una fracción ínfima de estos corpúsculos. Obviamente, contra mayor masa mayor sería también el bloqueo de corpúsculos. Esta teoría de La Sage fue muy elogiada por Laplace, otros como Maxwell y Poincaré la rechazaban al principio, pero acabaron por aceptarla. Poco antes de la llegada de Einstein, Lorentz estaba entusiasmado con esta teoría. Hay que observar que según esta teoría la gravedad no es de tipo atractivo-misterioso sino de empuje debido a la presión.

Esta teoría explica bien por qué la forma geométrica de los cuerpos en la realidad sí influye en la velocidad de caída de los cuerpos en el vacío. También explica mejor el por qué la fórmula para la gravitación universal da problemas en el interior de la Tierra. No obstante, su mayor aporte es permitir eliminar la concepción de la gravedad como fuerza que actúa a distancia; en esta teoría es el empuje de las partículas del éter el que transmite la fuerza de la gravedad. Pero con la llegada de la Relatividad quedó definitivamente en el olvido. Einstein no necesitaba el éter, y la teoría de Le Sage sobraba. El geocentrismo la ha sacado del olvido, y utiliza la gravedad "*Le Sageana*" como fenómeno causante de la gravedad.

Aún así, esta teoría necesita el éter. Ahora, ¿de dónde viene el éter? ¿De dónde viene la energía de rotación del universo? Siempre se llegará a esta cuestión primera, consideren ustedes el modelo que quieran. El "huevo cósmico" y la expansión del Big Bang, o el mundo creado con la Tierra en el centro requieren unas *condiciones iniciales de energía enorme*. Incluso un ateo debe dar a ese momento inicial una energía enorme. Una energía cuya causa y existencia por supuesto que no sabría explicar.

Uno puede ser muy crítico con el modelo geocéntrico (Tychonico modificado), y hace bien en serlo, sin embargo muchísimas personas son absolutamente condescendiente con los fallos del heliocentrismo de Newton, de la Relatividad de Einstein, del Big Bang, etc. Y eso no está bien. Mencionamos solamente unas cuantas dificultades para los heliocentristas:

1.- la gravedad en el sentido de Newton tiene anomalías muy serias. Por ejemplo se desvía ampliamente en pozos profundos de minas, cuando hay eclipse de sol los péndulos de Foucault se vuelven locos, cuando se deja caer dos objetos de formas diferentes en el vacío no llegan a la vez (los cuerpos esféricos llegan antes), los cohetes que han salido del sistema solar están experimentando mas fuerza de la gravedad que la esperada.

2.- los cuerpos ligeros no orbitan en torno al centro de los pesados sino en torno al baricentro del sistema. Y para el total del universo, con una cantidad INCONTABLE de cuerpos, los heliocentristas son incapaces de predecir su baricentro. Los geocentristas tenemos la certeza que el núcleo de la tierra se halla en el preciso baricentro.

3.- Copérnico tuvo que valerse de más epiciclos que Ptolomeo. La ley de Newton (con su corrección infinitesimal por Einstein) no sirve hoy día para predecir el movimiento de los planetas. Hoy día hay que ajustar muchos epiciclos, la luna necesita unos DOSCIENTOS. Hasta la aparición de computadoras no era posible resolver la gravitación entre tres cuerpos, y no digamos entre 5, 10, o 100 si contamos lunas y asteroides. El sistema solar parece que no resistiría estable ni 1 millón de años (los cálculos por ordenador alcanzan sólo 100.000 años), mucho menos ha podido haber agua líquida (ni 100 % evaporada o 100 % congelada) en nuestro planeta ni 1000 millones de años. Por eso que Newton dijo que el sistema solar debía estar en contrato de mantenimiento con el mismo Creador.

4. Y no hablemos de la Relatividad Especial (o la General), para la que cualquier simple cuestión cada físico teórico hace una interpretación distinta, incluso contradictoria la de uno de la del otro. ¿Conoce el lector el libro de "Relatividad Especial" de French? Antes se utilizaba en muchas universidades españolas, pues bien, éste libro comete fallos (quizás errores deliberados), y cuenta falsedades (probables mentiras) con tal de no contradecir a Einstein. ¿Por qué no se es crítico también con estas cosas?

Pero, ¿es posible un universo en rotación que sea capaz de alguna manera mantener la Tierra en el centro? Tal vez ayude al lector la siguiente consideración del libro *Gravitation*, de Misner, Thorne & Wheeler, 1977. Un libro que tiene más de 1000 páginas. Extraemos un breve parrafo: "Si la Tierra está suspendida en el espacio y no está sostenida en ningún sentido por cualquier otro cuerpo celeste, sería precisamente el caso si la Tierra fuera del "centro de masa" para el universo. Si se pudiera excavar un agujero en el centro de la Tierra, la circunstancia anterior sería análoga a la colocación de una pelota de béisbol en el centro de forma que quedaría suspendida ingrávida e inmóvil. Porque las leyes giroscópicos muestran que cualquier fuerza que intenta mover el centro de gravedad tendrá resistencia ejercida por todo el sistema, y, análogamente, la Tierra se resistirá a cualquier fuerza ejercida hacia ella con la ayuda de todo el universo. Así como un pequeño giroscopio mantendrá un petrolero enorme a flote a través del océano sin balanceo, por lo que el universo en rotación hace lo mismo con el centro de la masa, la Tierra."

De donde aparecen en ambos casos las mismas fuerzas gravitatorias e inerciales (Coriolis, Euler), utilizando los autores mencionados para la demostración la física clásica. Y utilizando Relatividad general lo demuestran Lense y Thirring. Y por si fuera poco, encontró también una demostración Einstein, que no se dignó a publicar, sin embargo ha aparecido en una carta que dirigió a su amigo Poincaré. Y otra vez Einstein, cuando el 25 de Junio de 1913 escribió una carta a Ernst Mach, carta que hoy se conserva dentro de la colección de *cartas manuscritas por Einstein*, afirma: «Si se rota un masivo casquete (Shell) de materia S, con relación a las estrellas, en torno a un eje fijo que pasa por el centro del Shell, entonces surge en este centro una fuerza de Coriolis, lo cual significa que el plano de un péndulo de Foucault sería arrastrado en torno al eje».

Repetimos, que el péndulo de Foucault demuestre la rotación de la Tierra es una errónea creencia del siglo XIX (lamentablemente se sigue publicando en muchos libros actuales). Pero en realidad el efecto de este péndulo lo produce «la rotación diurna de las masas distantes en torno a la tierra, que con un periodo de un día, produce también una fuerza centrífuga gravitacional real responsable de aplanar la tierra en los polos. Ello se explica por una fuerza real de Coriolis actuando en las masas en movimiento sobre la tierra...» (Ande K. T. Assis, 'Relational Mechanics', pg. 190-101). Se trata del efecto – que suele llamarse "arrastre de marcos inerciales"- que aquí hemos indicado, y que ha sido demostrado por Misner, Wheler y Thorne, así como por Lense y Thirring, y del que hablaban por carta Einstein y Mach.

Con lo cual, no sólo está indicando que el péndulo de Foucault no es una prueba de la rotación terrestre (como muchos dicen que la mecánica clásica lo confirma), sino que está indicando que toda la mecánica clásica es susceptible de ser interpretada de forma alternativa, esto es, suponer a la Tierra fija en el centro de un universo rotante. Einstein, sin embargo, se abstuvo astutamente de publicar en las revistas este resultado que evidentemente lesionaría gravemente su teoría de la Relatividad.

Por otra parte, Misner, Thorne & Wheeler demuestran también que la radiación CMB tendría la precisa forma que observamos (con sus 2,73° K) si la Tierra estuviese en el centro de un *cuerpo-negro* en forma de cavidad esférica (pgs. 764-797).

Otra vez en 1914 Einstein indicaba que: «*la fuerza centrífuga sobre un objeto en un marco estacionario sobre la Tierra* (Nota nuestra: la condición necesaria de los satélites geosíncronos) *no puede admitirse como evidencia de la rotación de la tierra, puesto que en el marco de la tierra esta fuerza surge del "efecto rotacional medio de las masas rotantes distantes detectables"*» (citado por Martin G. Selbrede).

La fuerza de Coriolis tiene la misma forma en la perspectiva clásica que en la de Misner, Thorne & Wheeler -Lense-Thirring-Einstein –que es tan matemáticamente cierta o más que la anterior- y *es matemáticamente igual* en ambos casos. O sea, las fórmulas son iguales, pero en la perspectiva "Tierra-móvil" la fuerza de Coriolis es ficticia, mientras que en la "Tierra-fija" es real, y depende de la velocidad angular w del firmamento como un todo, lo que es equivalente a un enorme giróscopo rotando. Por ejemplo, para el péndulo de Foucault los heliocentristas dicen que el plano de oscilación 'parece' trazar un círculo, pero no lo hace - porque se mantiene en un mismo plano fijo, mientras que la Tierra rota. Sin embargo, ellos no dicen respecto de *qué sistema* está fijo este plano. La única respuesta es: *respecto del resto del universo*. Y efectivamente es así, salvo que el resto del universo *está rotando* (verdaderamente, no ficticiamente).

En esta situación no hay que confundir el movimiento diurno del sol, que no es una órbita entorno a la Tierra sino el giro del firmamento como un todo (con el sol imbuido en él), con la verdadera órbita del sol entorno a la Tierra que es de 1° al día (v=30 km/s). El movimiento del firmamento como un todo debería asimilarse a un líquido denso en rotación, si consideramos bolas de plastilina flotando en él, las bolas de plastilina no se deforman aunque el líquido rote a muchísima velocidad, en realidad, aparecen vórtices rotantes contrarrestando unas tensiones en un sentido con otras en sentido contrario. Esto habría que estudiarlo en mecánica de fluidos, pero aplicado al modelo Misner, Thorne & Wheeler. Esto lo explica muy bien Martin Selbrede, y lo veremos en seguida más detalladamente.

En otras palabras, esa 'fuerza centrífuga', $F = m v^2 /R$, no la produce la rotación de la Tierra (pues no rota) sino el resto del universo rotante, y no es una fuerza ficticia sino una fuerza real de naturaleza gravitatoria. Es ella la que produce, una zona alrededor de la Tierra de equilibrio gravitatorio, a la distancia de 22400 millas. O sea, $m \cdot g = m \cdot v^2/R$... resulta que los satélites tienen que estar viajando contracorriente (del éter) a 6800 millas/h a una distancia de 22400 millas. Los satélites no caen mientras que viajen a esa velocidad precisa.

En la perspectiva geocéntrica los satélites geoestacionarios tienen que vencer la fuerza centrífuga que realiza el universo rotante. Supongamos que un satélite se encuentra a una altura h sobre la superficie terrestre. En este punto el firmamento tiene una velocidad lineal v (sobre el polo norte $v=0$, etc.). Para dejarlo geoestacionario tendríamos que darle una velocidad $-v$, para "vencer" a la rotación del firmamento. Geocentrista Dr. Neville Thomas Jones argumenta que precisamente por esta razón los satélites necesitan menos combustible que si la situación real obedeciera el modelo heliocéntrico.

Sobre los satélites geostacionarios hay que decir que alguien podría pensar que los cálculos que se realizan en la consideración de una Tierra Fija sirven igualmente para la hipotética tierra rotante y el firmamento celeste fijo, pero eso no ha podido ser probado y todo apunta hacia la imposibilidad de hacerlo. Los satélites geoestacionarios necesitan tener un periodo de 23h55m (día sideral), por lo que deben moverse contra la rotación del firmamento a una velocidad exacta de v = 6856 millas/hora, constante en una órbita circular –en contra de la ley de Kepler-, y según los libros de astronomía heliocentrista la tierra no rota con velocidad constante sino con movimientos fluctuantes y espasmódicos, así pues desde la perspectiva heliocentrista no hay posibilidad de un satélite geoestacionario: los propulsores de reposicionamiento no podrían mantener la v constante, el software de abordo debería estar reprogramándose constantemente, algo inimaginable. O sea, que haya satelites geoestacionarios es más bien una indicación que la tierra está estacionaria.

Efectivamente, se ha comprobado experimentalmente que sólo los satélites geoestacionarios situados a 22.235 millas tienen una órbita circular, a cualquier otra distancia 12.500, 5.800 ... o la que sea, no es posible situar un satélite en órbita circular, sino sólo elíptica. Es decir, la 'regla de Kepler' tendría que decirse así: "Todas las órbitas de los satélites son elípticas *excepto* las de los satélites geoestacionarios situados a 22.235 millas'. Verdaderamente una cosa muy extraña para el heliocentrismo.

Otro hecho significativo: nadie ha demostrado que en Marte se puedan colocar satélites en órbitas circulares. Con razón, porque para nosotros eso es consecuencia directa del modelo geocéntrico de Tycho Brahe: la Tierra está fija, los demás planetas se mueven según sus órbitas correspondientes alrededor del sol. Sabemos que geométricamente este modelo es equivalente al heliocéntrico (en cuanto a la Tierra, no necesariamente para otros planetas como comentaremos más adelante), pero no lo es dinámicamente. No es lo mismo que Marte se mueve y la Tierra no. Puede ser lo mismo, o muy similar, en cuanto a Venus y Marte, pero no en cuanto a la Tierra y cualquier otro planeta.

En esta situación a algunos le puede parecer que las sondas enviadas desde la Tierra hacia otros planetas, en definitiva hacia las profundidades de nuestro sistema solar, tienen que necesariamente seguir el modelo heliocéntrico y que si el universo estuviera rotando, las sondas en cuestión, por ejemplo Voyager, tendrían que vencer un arrastre del éter rotante, lo cual le imposibilitaría su avance, haciéndolo imposible. Aquí tenemos que aclarar que respecto a la sonda Voyager y los efectos de la rotación del firmamento, hay una gran confusión general, se trata de errores heliocentristas típicos. Uno dice: "Al lanzar un cohete es conveniente hacerlo en el sentido de giro de la Tierra para que la aceleración centrifuga terrestre le aporte un impulso extra". *Falso*, pues la tierra no aporta ninguna fuerza centrifuga (para el geocentrismo es el universo el que la aporta, tal y como lo aclaramos anteriormente). Otro: Hay un video de la NASA, filmado por una sonda espacial, en el que se ve a la lejana Tierra rotando sobre su eje, "Es una prueba irrefutable de la rotación terrestre" dice el vídeo. *Falso*, pues es el firmamento el que rota –incluida la sonda-, aquí se confunde lo directamente observado con lo real. En realidad si suponemos que vamos en una nave espacial, digamos en línea directa hacia la estrella Sirio, nosotros (como pilotos) no deberíamos tener que "contrarrestar" al movimiento rotacional del firmamento *porque en ese movimiento ya estaríamos imbuidos* (cuando pasamos del sistema inercial Tierra al sistema firmamento rotante). Si comprende esto, también comprenderá el movimiento del péndulo de Foucault, es decir, éste oscila en *un mismo plano del universo*, el cual está rotando con todo el firmamento. La tierra permanece fija, el plano de oscilación rota.

Por último, recordemos algo tan obvio, como desplazado. Señores, el que afirma que la Tierra no se mueve, no tiene que demostrar nada; más bien lo que debe aportar es la coherencia de las pruebas y resultados experimentales con la situación, evidencia señores, que la Tierra está fija; quien dice que el sol se mueve y la tierra está fija no es quien tiene que demostrar nada (es eso lo que estamos observando diariamente, lo que todos los datos experimentales indica, es lo que está expresado en las Sagradas Escrituras, y lo que todos los sabios de todos los tiempos lo han reafirmado). Es el que dice que la tierra se mueve –contra toda evidencia- quien debe demostrarlo, y con pruebas evidentísimas (libres de todo tipo de engaños). ¡Hasta ahora no se ha aportado ninguna!, por lo que entenderá que lo más honesto es considerar la Tierra fija e inmóvil. La física moderna no tiene más prueba de la movilidad del sol que la "opinión de Hawking": «Parecería que si observamos todas las galaxias alejándose de nosotros, es porque nos encontramos en el centro del universo. Hay, sin embargo, una explicación alternativa: el universo debería parecer el mismo en cualquier dirección, o también en cualquier otra galaxia. No tenemos ninguna prueba científica, ni a favor ni en contra de ello. Pero creemos en ello, en base a la modestia: es mucho más aceptable si el universo parece el mismo en cada dirección en torno nuestro, que no estar emplazados en un lugar superespecial del universo». Es decir, *la modestia*, una 'modestia' que a Hawking se le olvida cuando en sus libros divulgativos no menciona *ni un solo dato* de indicaciones geocéntricas observadas, de los muchos que hay en la astrofísica moderna.

Por otra parte, aconsejamos al lector el libro de Herber Dingle *"Science at the Crossroads"* (La ciencia en la encrucijada), aunque su autor no sea un geocentrista, pues hay cuestiones que están muy bien tratadas en él: teorías alternativas que expliquen reacciones nucleares, GPS, corrimiento al rojo, retraso de relojes atómicos, decaimiento de muones, etc, c=cte,… Cuando un autor con ese prestigio (fue uno de los máximos expertos en la Relatividad, además de filósofo, llegó a presidir la Royal Astronomical Society, etc.), afirma que todas esas pruebas relativistas son *falsas*, tal vez al menos empiecen a abrir su mente hacia unas soluciones que, *de facto*, le *prohibieron* tener en cuenta.

Cuando Dingle empezó a decir cosas como estas: "¿cómo determinar qué reloj, A o B, avanza más despacio, cuando los dos están en un movimiento relativo uniforme?"[71], refiriéndose a la famosa paradoja de los gemelos, una conjetura teórica que sigue siendo una paradoja real; o: "la teoría de la relatividad es creída algo de tal complicación que únicamente se puede esperar que un grupo muy selecto de especialistas la puede entender. Pero de facto esto es sencillamente falso; la teoría en si misma es muy simple, pero está pura y llanamente, sin necesidad alguna, envuelta en un ropaje de obscuridad metafísica con el que en el fondo no hay nada que hacer."[72], hasta su muerte fue sometido a un silencio impuesto; le fueron denegadas publicaciones de sus investigaciones en las revistas

---

[71] *Science at the Crossroads*, Herbert Dingle, 1972 (p. 81)
[72] *Ídem*, (p. 16)

prestigiosas, *Nature* y *Science*. Después de muchos reclamaciones, *Nature* consintió publicar sus críticas de Einstein: (*Nature*, 195, 985 (1962); y 197, 1287 (1963)). Hablaremos más adelante con más detalles sobre los fallos de la relatividad.

Sin embargo, aunque admiramos la honestidad y la talla científica de Herber Dingle, nosotros defendemos la siguiente argumentación, en este orden, en la defensa de geocentrismo, manteniendo perfectamente la unión entre la fe y la razón:

1. La inerrancia de la Biblia, del Magisterio de la Iglesia, y de la Tradición Católica (Consensus de los Padres de la Iglesia), así como de los Doctores de la Iglesia (Sto Tomás de Aquino, etc.). En la Biblia tenemos (Jos 10,13) así como muchos versículos más, suelen señalarse más de 200. Mientras no sea evidente y seguramente demostrable que el sentido literal, el que subyace a todos los demás sentidos de la Escritura, se pueda abandonar y que realmente se aplica por ejemplo en el sentido alegórico, *no debemos abandonarlo*, siguiendo el criterio más genuino de la interpretación escriturística transmitido por la Tradición, Padres y el Magisterio. Todo este libro está dirigido en esa dirección.

2. La cognoscibilidad del mundo creado, es decir, Dios creó un mundo para que el hombre dispusiera de ello, se moviera dentro, produjera bienes, extrajera energía, etc. El sol, por ejemplo, está ahí para regular las estaciones, para dar luz, hacer crecer las plantas, etc. La pareja sol-luna está para servir de 'calendario' y permitir una vida ordenada. El hombre ve girar al sol y al 'stellatum', y nunca ha necesitado pensar que es un movimiento ficticio. Nunca nadie lo ha necesitado (excepto los enemigos de la Iglesia para atacarla).

3. Todos los experimentos que se hicieron para detectar el movimiento de la Tierra, obtuvieron v=0. El experimento de Sagnac (y el de Michelson-Gale) mostraron un resultado compatible con el firmamento en rotación.

4. Todos los hechos de astrofísica pueden ser explicados igualmente desde el heliocentrismo-Newton/acentrismo-Einstein-BigBang que desde el geocentrismo-Tychoano-LeSage-éter, salvo que desde este último todo es incomparablemente más sencillo y obvio. ¿Por qué no utilizan aquí la 'navaja de Occam'?. Muchos científicos que conocen esto callan por el temor a que los ridiculicen.

5. Hay datos que hablan por sí solos, los *redshifts* de las galaxias, el agrupamiento en bandas de los quásares, la distribución de

los Rayos X *bursts*, los objetos BL Lacertae, y la anisotropía de la radiación CBM, entre otros.

Los argumentos científicos que confirman el geocentrismo los abordamos en el capitulo 3.

Puntos de Lagrange y Heliocentrismo

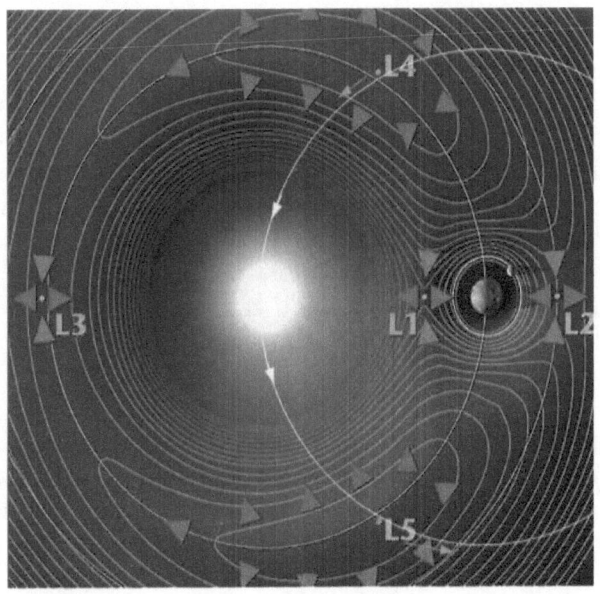

Los llamados "Puntos de Lagrange" son cinco puntos teóricos situados geométricamente entre dos grandes masas gravitatorias, y que llegan a influir notoriamente sobre una tercera masa pequeña situada en sus inmediaciones. En el caso de las masas sol-Tierra estos puntos están situados en los puntos verdes del diagrama de arriba, y se denominan L1, L2, L3, L4 y L5. Físicamente corresponden a los puntos donde una pequeña masa (tal como una nave espacial) podría encontrarse en equilibrio dentro del campo de fuerzas resultante de los dos cuerpos gravitatorios y en combinación con la fuerza centrifuga de rotación de la pequeña masa. Puede leerse más sobre estos puntos en http://es.wikipedia.org/wiki/Puntos_de_Lagrange o en:

http://www.astronoo.com/articles/puntosDeLagrange-es.html

También piensan algunos que el descubrimiento del asteroide 2010-TK7[73] situado en uno de estos puntos representa una confirmación del Heliocentrismo, y conviene aclarar que esto no es así.

1) Las web y los libros, todos ellos cargados del dogma heliocentrista, dibujan la trayectoria circular blanca que sería la presunta órbita circular de la tierra alrededor del sol, pero se abstienen de dibujar la trayectoria amarilla, que es la verdadera órbita del sol en torno de una tierra absolutamente estática. ¡Con lo cual la existencia de esos puntos no contradice en absoluto el modelo geocéntrico! Todo lo contrario, como veremos a continuación.

2) La fórmula de Newton, $F = G\ M \cdot m / r^2$, no es que sea una fórmula heliocéntrica, como erróneamente creen muchos, sino una relación experimental expresando que la intensidad de la fuerza –cualquiera que sea su naturaleza- es directamente proporcional a la 'masa' e inversamente proporcional al cuadrado de la 'distancia'. Una teoría de Gravitación debe amoldarse a tal relación, y en cada teoría las M, G, F tienen significados y valores distintos. En el geocentrismo la fórmula sigue siendo válida, aunque el significado esencial de F sea distinto, pues el estudio se realiza desde la posición fija de la Tierra como un sistema inercial absoluto.

3) Observando la gráfica se comprueba que trazando una recta desde el sol (S) a la Tierra (T), y a continuación, sendas rectas desde T, a L4 y a L5, y desde S, a L4 y a L5; obtenemos dos triángulos equiláteros, uno sobre el otro. Desde la Tierra fija observamos tanto a L4 como a L5 con un ángulo de 60° respecto al sol (y a una distancia de 150 Mega-km).

4) En contra de lo que creen los heliocentristas, para el sistema Tierra-sol los puntos L4 y L5 se encuentran situados en la órbita solar –no en la terrestre-, y a medida que el sol gira en sentido contra-horario ambos puntos giran también, en el mismo sentido, manteniéndose en todo momento las distancias entre S-L4-L5-T. En cambio, para el sistema sol-Júpiter L4 y L5 sí están en la órbita joviana, al igual que lo están en la órbita planetaria para cualquier otro sistema sol-planeta que no sea la Tierra.

---

[73] Puede leerse en:
http://www.bbc.co.uk/mundo/noticias/2011/07/110728_asteroide_troyano_2010tk7_orbita_tierra_jg.shtml

5) Los puntos L1, L2 y L3 se encuentran en la línea que une el sol con la Tierra, y giran también sentido *antihorario* en sintonía con el sol, su situación respectiva puede calcularse resolviendo el problema de 3 cuerpos restringido a una masa tercera m despreciable. Pero también pueden calcularse por consideraciones geométricas y las leyes clásicas de Kepler (que son prácticamente iguales en el helio y el geocentrismo), tal como por ejemplo está aquí calculado L1: http://www.phy6.org/stargaze/Slagrang.htm
Para el sistema sol-Tierra L1 y L2 distan 1.5 Mega-km de la Tierra inmóvil, o sea, 1/100 UA. Estos puntos L presentan aspectos muy paradójicos para el heliocentrismo. Es sorprendente que heliocentristas, que con tanto ahínco buscan los mínimos fallos en el geocentrismo, se traguen luego estos *sapos* para su querido heliocentrismo. Demos un repaso a algunos de estas contradiciones:

6) La Mecánica de Newton deduce, después de resolver el problema de los 2 cuerpos, que la órbita de la tierra es elíptica en torno al sol, sin embargo, para el tratamiento de los puntos de Lagrange tiene que olvidar las órbitas elípticas y considerarlas circulares. ¿Curioso no?

7) Los puntos L1 y L2 se hallan a 1.5 Mega-km de la Tierra, mientras que la luna está orbitando la Tierra a una distancia entre 0.35 y 0.40 Mega-km, por lo que su interacción con estos puntos es evidente, y téngase en cuenta que L1 y L2 se encuentran en equilibrio inestable (L4 y L5 tienen equilibrio estable). Ahora si la NASA dice que ha enviado un satélite al punto L2 (ver la figura), para que ese satélite se encuentre estabilizado en L2 debe estar continuamente contrarrestando los efectos gravitatorios de la cercana luna, ¡efectos que tienen magnitud y dirección variable! ¿Qué ventajas tiene entonces ese punto L2 para un satélite? Aparentemente ninguna.

8) Si hay efectos de la luna sobre L1 y L2 entonces esos puntos hay que descartarlos de la lista de puntos dignos de ser utilizados por su estabilidad, pero si la NASA no ha detectado allí ningún efecto notable de la luna ¿significa eso que no hay que tener en cuenta la gravedad lunar en la posición de L1 y L2? Y en cambio sí se debe tener muy en cuenta para el cálculo de las mareas sobre la Tierra. ¿Por qué razón la luna, al encontrarse a 0.35 M-km, no atrae al satélite en L1 y no lo hace precipitarse hacia los dominios de la Tierra?

9) Presumiblemente los puntos L se deducen al utilizar las fórmulas de Newton, pero únicamente asumiendo el problema de 2 cuerpos (sol y tierra). Sin embargo, en el sistema solar hay bastantes más cuerpos,

como la luna, Júpiter,... que deberían influir en las posiciones reales de dichos puntos. Y como sus fuerzas gravitatorias netas se encuentran continuamente cambiando así deberían ser también cambiantes las posiciones de los puntos L. ¿Cómo se las arreglan en la NASA para determinar las posiciones precisas de estos puntos hacia los que dirigir sus satélites?

10) Según el paradigma actual de la astrofísica, el sol se está desplazando por el espacio a una velocidad de 450 km/s, entonces la localización exacta del sol y de los planetas exigiría que se tuviera en cuenta la aberración lumínica. Sólo así se podría calcular con precisión la posición real de cada punto L. Sin embargo esto no se hace (entre otras cosas porque no hay la tecnología para hacerlo), entonces la localización de los puntos L es sólo aparente y contiene siempre un considerable error. ¿Cómo pueden utilizarse datos erróneos de los puntos L para dirigir allí a satélites tales como SOHO?

La NASA no dice la verdad

La Tierra está fija en el espacio, no se mueve y no rota sobre su eje NS, tal como lo venimos defendiendo firmemente aquí. Un 99% de los lectores serán escépticos de esta afirmación y harán la siguiente objeción: "Si hubiera tan grandes evidencias a favor de una tierra estática, ¿por qué los científicos - por ejemplo los de la NASA, etc - creen otra cosa?". Una buena pregunta, cuya respuesta dejará a los lectores boquiabiertos: «Ellos conocen muy bien que la tierra está fija, pero son reacios a decir la verdad, porque están atrapados en la ideología que les sustenta».

Los ingenieros aeroespaciales tienen dos posibles sistemas de coordenadas para controlar sus naves, satélites, etc., centrado en la tierra o centrado en el sol, pero tanto uno como otro pueden ser considerados fijos o rotantes. Ellos saben perfectamente que ambos son equivalentes, en cuanto al cálculo de distancias entre el sol, la tierra, los planetas y otros objetos (otra cosa es que lo divulguen abiertamente). Y lo que parece lógico es utilizar el más conveniente para cada caso, por ejemplo, para controlar satélites en las proximidades de la tierra, lo lógico es que usaran el geocéntrico fijo (sin rotación), mientras que para controlar sondas en las proximidades del sol, es lógico la utilización del heliocéntrico fijo. Partiendo de esto, algunos geocentristas han enviado cuestiones a estos ingenieros, con la esperanza de que aclaren un poco más el asunto. Así Marshall Hall[74] envió una carta a la National Oceanic and Atmospheric Administration (NOAA) con la cuestión: *"¿Se planea y ejecuta actualmente el movimiento de los GOES (satélites geostacionarios) en base a una tierra fija o a una tierra rotante?"* La respuesta, aunque pasó de una a otra administración, llegó a Marshall Hall muy lacónica: "*Fixed Earth*" (A una tierra fija).

En 2005 Robert Sungenis ya había iniciado su desafío público de dar 1000 dólares a quien le presentara una clara evidencia del heliocentrismo. Y hubo quienes fueron muy lejos por ganar esos 1000 dólares. La NASA llevaba -y sigue llevando- un foro público de preguntas[75], donde intenta dar la impresión al público incauto de que el heliocentrismo es el único sistema válido. Así en 2005, un incauto preguntó a la NASA, en este foro, si las sondas espaciales podían ser enviadas y dirigidas por el espacio utilizando el sistema geocéntrico en lugar del heliocéntrico. La NASA se apresuró a responder de manera negativa: "*Si el universo fuera geocéntrico, todos nuestros cálculos para las trayectorias de las sondas espaciales estarían equivocados*" (SIC). Y ese incauto internauta intentó utilizar esta respuesta de la élite científica de la NASA para solicitar a Sungenis el premio de los 1000 dólares. Esto llevó a Sungenis a investigar, no tanto los sistemas de referencia de la NASA -que ya los intuía- sino sus procedimientos de responder al público las preguntas *comprometidas*. Sungenis envió a la web de la NASA una pregunta relacionada con la anterior: "*¿Cuál es la razón precisa para que los cálculos para las trayectorias de las sondas espaciales salgan equivocados en un Fixed Earth C.S.?*" Esta vez la respuesta no llegó tan rápida. Casi dos meses después, la respuesta seguía sin aparecer en el foro de internet. Sungenis entonces preguntó por email si tenían intención de responder a la cuestión. Ellos contestaron diciendo que no. A lo cual Sungenis replicó que con su anterior respuesta desechando la navegación geocéntrica ellos habían contraído la obligación moral de dar una explicación al público. Pero esos técnicos de la NASA se encerraron en un fortín, más o menos vinieron a decir, que no tenían permiso para dar más información, y que se olvidara ya del asunto, y que no se incluyese

---

[74] Marshall Hall es autor de "The Earth is Not Moving". Fair Education Foundation.
[75] http://imagine.gsfc.nasa.gov/docs/ask_astro/ask_an_astronomer.html

sus nombres en el libro[76]. Sungenis no recibió jamás respuesta a su cuestión.

Mientras que a Marshall Hall una agencia científica del gobierno americano respondió -aunque con reticencias- que el "Fixed Earth C.S." era utilizado con normalidad, otra agencia científica se mostraba hostil hacia el geocentrismo y se oponía a divulgar públicamente el uso que hace la NASA del Fixed Earth C.S. (ECI)[77] ante la perspectiva de los millones de lectores potenciales en internet. Todo ello es muy lógico si tenemos en cuenta la vocación ateísta -y consiguientemente evolucionista y Copernicana- de la tal agencia espacial, que enfoca todos sus proyectos con esta ideología, y todos los recursos financieros también le llegan del pro-evolucionismo. Liderando esta cosmovisión copernicana, a la NASA no se le ocurre otra cosa mejor que educar a los ciudadanos en la fantasía del heliocentrismo. Afortunadamente, no hay engaño que pueda mantenerse por tiempo sin fin, o como dice el aforismo castellano, a todo cochino le llega su sanmartin. También a éste criado por los científicos de la mecánica celeste atea.

Hace unos pocos años, dos ex-ingenieros de satélites geostacionarios, Ruyong Wang y Ronald Hatch, se cansaron de encubrir mitos como el copernicano o el de la relatividad, y ahora, trabajando en la universidad, se han empeñado en mostrar que la velocidad de la luz no es constante en todo S.I., lo cual invalida la Relatividad. El Dr.Wang, por ejemplo, reta a los físicos relativistas:

"...por favor no intenten hacer la constancia de la velocidad de la luz indefinible. Dennos una clara definición y nosotros la desprobaremos"[78].

Para *des-probar* cualquier definición de constancia de c, ellos utilizan experimentos imaginarios de Global Positioning System (GPS). Es importante conocer que para el GPS es imprescindible tener en cuenta el efecto Sagnac (leer el apartado correspondiente un poco más adelante). Precisamente Wang y Hatch demuestran que el efecto Sagnac es aplicable no sólo a los sistemas rotantes, sino también a los sistemas en traslación lineal, lo cual refuta el segundo postulado de la

---

[76] El libro "Galilo Was Wrong..." que Sungenis & Bennett estaban escibiendo.
[77] El Sistema de Coordenadas Earth fixed, o sea geocéntrico, también es llamado "ECI" por "Earth Centred Inertial".
[78] Wang R. 2005. *"First-Order Fiber-Interferometric experiments for crucial Test of Light-Speed Constancy"*.

relatividad, y muestra que no se puede afirmar la constancia de c para todo observador. Por otra parte, el *Jet Propulsión Lab* (JPL)[79], es un centro de alta tecnología dependiente de la NASA, que ha desarrollado el complicado software del GPS para navegación y usos militares, cuya licencia pertenece a la empresa NavCom Technology[80]. El asunto es que Wang y Hatch, buenos conocedores de los entresijos del GPS, decidieron confrontar algunos resultados suyos -obtenidos para un marco ECI- con los del software de JPL, teniendo en cuenta que JPL se dedica a rastrear las señales de las sondas enviadas al espacio profundo, y comúnmente presenta sus datos en un marco "baricéntrico del sistema solar"-aunque su software permita el uso de los dos marcos, "Earth fixed" y "Sun fixed". Wang y Hatch encontraron que sus medidas y los rangos teóricos computados en los dos marcos distintos concuerdan con extraordinaria precisión, lo cual indica que la corrección de Sagnac la han realizado igualmente en cada marco, es decir, están tratando la velocidad de la luz como constante respecto del marco fijo y no con respecto a los observadores, ello es una traición a la Relatividad.

En definitiva, la JPL utiliza un marco ECI, geocéntrico fijo, para el seguimiento de cuerpos en las proximidades de la tierra (al igual que lo hace la NASA, GPS, NOAA...), en él hace todos los cálculos, correcciones, etc. Por otra parte, para el seguimiento de sondas en el espacio profundo, la JPL asegura que utiliza un marco "baricéntrico del sistema solar", sin embargo, toda la computación, así como las correcciones, etc. la realizan en un marco ECI; sólo posteriormente realiza las consiguientes trasformaciones no relativistas al marco "baricéntrico del sistema solar", pero como dicen Wang y Hatch, el uso de este marco es superfluo, así uno puede decir sin temor a equivocarse que el sistema geocéntrico fijo ECI es el único utilizado en la navegación celeste. ¿Y por qué esto es así?, pues porque el marco ECI, o sea, el geocentrismo, es el único en el que el GPS y el efecto Sagnac son controlables, pues la luz no tiene una velocidad constante a menos que se mida en un sistema en reposo absoluto, como la tierra lo es.

---

[79] JPL utiliza un sofisticado sistema de GPS para rastrear las señales de las sondas enviadas al espacio profundo.
[80] http://www.navcomtech.com/

La real Paradoja de los gemelos.

Los que estudiaron la Relatividad Especial hace más de 30 años (la situación en la actualidad sigue siendo prácticamente la misma), pueden recordar con claridad cómo se instruía 'einstenianamente' a la hora de enseñarnos la "paradoja de los gemelos", y cómo era muy común que el profesor insistiera varias veces en que la llamada "paradoja" no es realmente una paradoja. Tras terminar la clase más de uno se quedaba con ganas de decirle al profesor "pues a mí sí me parece una paradoja". No obstante, pocos, o ninguno, se atrevían a hacerlo. Sería como un atentado al *establishment* que no debía hacerse. Pero no se trata de hacer ningún atentado, sino un uso responsable y coherente de la razón. Repasaremos la "paradoja de los gemelos" en su versión oficial pro-Einsteniana según el libro de texto de A.P. French (del M.I.T.).

Acudiendo a este libro podemos ratificar que está explicada incompletamente (pgs. 177-182):

- Insiste en no llamarla paradoja, todo lo más la entrecomilla así: "paradoja".

- Es explicada de forma pro-Einsteniana, es decir, considerando dos relojes A y B, estando siempre uno de ellos en un sistema inercial (el otro no), así Einstein no tiene problemas para explicar como la situación es antisimétrica y uno de los relojes (o gemelos), el que está en el sistema inercial, envejecerá más rápidamente que el otro. ¡Qué fácil se lo ponen a Einstein!

- Curiosamente hay dos explicaciones clásicas, ¿no bastaría con una, si fuera verdadera explicación?: (1) La del viajero no inercial que debe "saltar" de un sistema a otro. (2) La del efecto Doppler (o el intercambio de felicitaciones de Año Nuevo). French dice que la segunda es mejor que la primera. ¿Significa eso que la primera es una explicación mediocre? Una explicación o es, o no lo es.

Aún hoy en día, pasando por encima del silenciamiento de Dingle, se puede comprobar que prácticamente no hay nada nuevo -30 años después. Siempre aparece descrita la situación antisimétricamente, con un gemelo en un sistema inercial. Y sorprendentemente las explicaciones son las dos clásicas, la 'menos buena' del viajero saltarín, y la 'buena' de las felicitaciones de Año Nuevo. Otros, ¿cómo no?, repiten aquello de que "es necesaria la TRG para explicarla". Es muy desalentador leer lo que dice sobre la paradoja de los gemelos el Instituto de Astrofísica de Canarias (IAC)[81], del que sería de esperar algo más, pero nada...

Pero honestamente la paradoja debería explicarse así: Dos gemelos A y B, situados cada uno en un sistema inercial diferente. La situación ahora es completamente simétrica, y es una situación completamente real. Los gemelos podrían viajar en naves a velocidad v (con respecto a la radiación CMB) y sentido opuesto. Al cruzarse sincronizarían sus respectivos relojes. Entonces resulta que para el gemelo A, que observa a B viajando a velocidad $2v$, la teoría de la Relatividad le dice que B envejece más lentamente que A (que supuestamente está en reposo). Sin embargo, para el gemelo B, la teoría de la relatividad le dice que A envejece más lentamente que B. Y esto es una *paradoja* para la Teoría de la Relatividad Especial, no para los viajeros interestelares.

Como dice Herber Dingle. La teoría de la Relatividad afirma que A envejece más lento que B, y al mismo tiempo, que B envejece más lento que A. Esto es imposible lógicamente, luego la conclusión es: **La teoría de la Relatividad es inconsistente, y no sirve para describir el mundo**. Esto lo puede entender cualquiera, sin necesidad de tener un coeficiente intelectual de 280.

Ahora estarán pensando algunos: "¿Pero no se había confirmado la predicción de Einstein que la masa de los cuerpos se incrementa con la velocidad? ¿Pero no se habían hecho aquellos experimentos con los mesones μ (French pg. 112)?, etc. etc.". Todo eso es *pura falsedad*, no suponemos que sea intencional, pero tampoco se puede intencionalmente no ir al fondo, no presentar las cosas tal y como son. Veamos como lo explica Dingle:

---

[81] Se puede ver en: http://www.iac.es/cosmoeduca/relatividad/secciones-especial/5.htm

Las longitudes se encogen, la masa se incrementa, el tiempo se acorta,... en fin, los entes constantes dejan de verse como constantes, y la naturaleza ya no aparece como naturaleza. ¿Cómo se ha conseguido un engaño tan elaborado? ¿Dónde está la falacia en unas ecuaciones que permiten probar lo imposible? Todo está –responde Dingle– en una triquiñuela elaborada por Albert Einstein, y soportada sin rechistar por todas sus legiones de seguidores, en la que para hacer variables a cantidades constantes como Δm, Δt, Δx, elige un cuarto elemento, claramente variable, tal como la velocidad de la luz, y lo define ¡como postulado!, sin ninguna evidencia, tener un valor constante. Y ahora nos encontramos que si esta variable es insertada falsamente en los cálculos como una constante, entonces las matemáticas no fallan (como deberían hacerlo) para demostrar que las constantes son variables.

"Lo que se confirma de esos experimentos (observaciones + inferencias de ellos) es que el conglomerado de conceptos de la TRE envueltos en las palabras metafóricas 'masa' y 'velocidad' están inseparablemente mezclados en esta teoría, pero no tienen nada que ver con los conceptos cotidianos de igual nombre. Es como decir que una prueba de que cierto hombre siempre dice la verdad sea el hecho de que él mismo afirma que lo hace. Pero sucede que al haberse familiarizado con este mundo, los físicos inconscientemente llegan a creer que masa, tiempo, distancia,...significan lo mismo para partículas hipotéticas que para los sentidos. Ellos han olvidado que el mundo de la TRE es metafórico"[82].

---

[82] H. Dingle, *"Science At The Crossroads"*

El perihelio residual de Mercurio como una "prueba" la Relatividad de Einstein

El perihelio residual de Mercurio es una de las asombrosas *pruebas* de la Relatividad de Einstein, junto a la del eclipse de 1919, forman los dos pilares que sostienen la teoría. Lo triste es que son dos pilares de arcilla, o como el filósofo de la ciencia Walter Van der Kamp afirmaba, la Relatividad de Einstein está basada en historias sencillamente fantásticas. Hoy vamos a repasar cómo se fraguó esa llamada "prueba" del perihelio de Mercurio.

Mercurio es un planeta que no describe una órbita cerrada plana, sino que se despega ligeramente del plano orbital formando como una leve espiral. Se concede al matemático y astrónomo francés Leverrier el honor del descubrimiento de tal anomalía del perihelio[83] de Mercurio. En el siglo XIX, Leverrier llevó a cabo un laborioso trabajo, primeramente utilizó la teoría de Newton, teniendo en cuenta los efectos de las perturbaciones de la órbita de Mercurio por la atracción de Venus, la Tierra y Júpiter; también consultó registros astronómicos desde el siglo XVII, así como 400 tránsitos de Mercurio por el

---

[83] Se llama perihelio al punto de la órbita de un planeta (u otro cuerpo) más cercano al sol.

meridiano entre 1801 y 1842, obtenidos por el Observatorio de París. Finalmente Leverrier llegó a la conclusión que la excentricidad residual[84] de la órbita de Mercurio era de 38" de arco por siglo.

En 1895, el prestigioso astrónomo, Simon Newcomb, un gran especialista en la medición precisa de las posiciones de los astros, que trabajaba en el Observatorio Naval de America, decidió revisar el dato de los 38" de Leverrier, algo que como cualquiera puede imaginar no es sencillo. Newcomb, después de varias consideraciones, estimó que esta cantidad residual sería más precisa ponerla entre los 41" y los 43"de arco por siglo (en lugar de los 38" de Leverrier). En 1914 Einstein tenía prácticamente completada su Teoría General de la Relatividad, y en los textos científicos de ese tiempo estaba registrada la cifra de 43" de Newcomb. En esto que Einstein afirma que la trayectoria que sigue todo planeta es una espiral, no una elipse, y asegura que su TRG puede dar cuenta de los 43" de la excentricidad residual de Mercurio. Calculándolo con su TRG de 1914, aún no publicada oficialmente, Einstein obtenía sólo 18" de los 43", una cifra que conocía de antemano pues estaba en los libros. Así que para que cuadraran los datos, tuvo que modificar varios aspectos de la teoría. Hasta tres veces retiró de la Academia de Berlín su TRG, y otras tantas la volvió a entregar modificada, y finalmente con el ultimo retoque conseguía finalmente la cifra mágica de 42.9" que era acorde al dato de Newcomb.

Y así en 1915, Albert Einstein publicó oficialmente su TRG en la que daba cuenta de los 43" del residual de Mercurio como la prueba mayor de su teoría. Y bien, los lectores que sigan leyendo hasta aquí pensarán que la actuación de Einstein no se aleja mucho de la corrección. Pero las incorrecciones empiezan ahora, tal como señalan las investigaciones del profesor Charles Lane Poor[85], primeramente la fórmula empleada por Einstein resulta ser idéntica a la que 18 años antes había deducido Gerber sin utilizar la Relatividad[86]. Todo parece

---

[84] Se habla de residual en cuanto que es la cantidad que la teoría de la gravitación de Newton no puede, en principio, dar cuenta de ella.
[85] Charles Lane Poor, profesor de Mecánica Celeste en Columbia University, autor de muchos libros de astronomía, publicó en 1922 la obra "Gravitation Against Relativity" criticando el razonamiento de Einstein para la Relatividad, y en 1924 publicó "The Relativity Motion of Mercury a Mathematica Illusion" criticando las explicaciones de Einstein para el movimiento de Mercurio.
[86] Para hallar su fórmula, Gerber, consideró que la gravedad se traslada a velocidad c, para todo lo demás utilizó la física de Newton. Gerber publicó la fórmula con el resultado de 43" en la revista "Science of Mechanics", una publicación que solía leer Einstein. No obstante, Einstein declaró no haber leído previamente el artículo de Gerber.

como si Einstein hubiera tomado prestada una fórmula newtoniana que funcionaba correctamente, la hubiera adaptado a su TRG, y la hubiera convertido en abanderada de la superioridad de su teoría. En segundo lugar, si bien esa fórmula da el resultado 'pasable' de 43" para el perihelio de Mercurio -en seguida veremos que ni este valor es muy certero-, para el resto de planetas se desvía notoriamente, por ejemplo, en el caso de Venus con ella la TRG obtiene -7.3", mientras que lo observado es +8.6" (¡y en dirección opuesta!), lo que representa una discrepancia total de 15.9"; o en el caso de Marte, la TRG obtiene +1.3" mientras que lo observado es 8.1". La desviación es aun mayor para sistemas estelares binarios, donde los efectos gravitatorios son más notorios (y la TRG debería dar mejor cuenta de ellos)[87].

En realidad para tratar el problema del perihelio residual de Mercurio no se necesita la TRG, ni ninguna otra diferente de la física de Newton, ya que la explicación definitiva había ya sido completada por Newcomb, el mejor astrónomo del momento, utilizando teoría de perturbaciones, procedentes de la atracción de Venus, la Tierra y Júpiter[88]; y para el residual de 43" (a falta de posteriores refinamientos de esta cifra), Newcomb propuso que la causa sería el abombamiento del ecuador de la esfera solar y otras deformidades solares y periféricas. Y punto, problema resuelto. Pero ahora resulta que el empecinamiento de Einstein de apostar la validez de su TRG a ese preciso valor de 43", le supone una prueba en su contra si aparecen refinamientos astronómicos posteriores manifestando un valor diferente. Ya esto se produjo en la década de 1960, cuando el astrofísico y cosmólogo Robert Dicke, después de un intensísimo estudio, encontró que el eje ecuatorial del sol es 40 partes en un millón mayor que el polar[89], tal cosa rebajaba la cifra residual del perihelio de Mercurio por lo menos a 39.6", y obviamente colocaba en serios apuros a la Relatividad. Pero los defensores del paradigma Relativista reaccionaron como nunca antes lo habían hecho, pusieron en duda los trabajos de Dicke, y las críticas contra él se multiplicaron. Ante la presión, Dicke tuvo que repetir todo el trabajo, y en 1974 publicó un re-análisis de sus datos, llegando al mismo resultado. Para complicar más el asunto, por estas fechas Ian Roxburgh y otros astrónomos -incluido el propio Dicke- descubrieron que el núcleo solar gira más rápidamente que su exterior,

---

[87] Puede también consultarse en "Galileo was wrong, the Church was right" de R. Sungenis & R. Bennett.
[88] En este punto se obtienen idénticos resultados desde el modelo heliocéntrico y desde el geocéntrico.
[89] "Solar Oblateness and Gravitation," Gravitation and the Universe, pp. 30f.

lo cual tiene también netos efectos en el perihelio de Mercurio. Pero la verdad es que ha habido una notoria campaña propagandista, ejerciendo presión sobre la comunidad científica, no sólo para mantener invariable el perihelio residual de Mercurio a 43", sino también para atribuirlo de manera exclusiva a la Relatividad General, y todo ello en contra de las evidencias científicas.[90]

El eclipse de 1919 "prueba" la Relatividad

Einstein tenía todo en contra para mantener su teoría de Relatividad Especial. Las consecuencias que se desprendían del efecto Sagnac contradecían claramente su principal postulado, la invariancia de la velocidad de la luz. Ya en 1915 tenía completada su Teoría de la

---

[90] Por último, señalamos un buen libro en español que refuta la paradoja de los gemelos: *"La paradoja de los gemelo de la Teoría de relatividad de Einstein"*, escrito por Xavier Terri Castañé, Barcelona 2009

Relatividad General[91], en la que había hecho una apuesta arriesgada: la equivalencia entre un sistema acelerado y un campo gravitatorio, lo cual equivalía a que el espacio-tiempo se deformaba ante la presencia de un campo gravitatorio. Todo ello quedaba muy bien en la teoría matemática, pero ahora necesitaba desesperadamente una prueba. Einstein había sugerido que tal prueba podían ser los rayos de la luz curvándose debido a la acción gravitatoria. A pesar de que una desviación en los rayos debida a la gravitación no representaba una prueba concluyente (teorías no relativistas también podían explicarlo[92]). Entonces una oportunidad parecía presentarse con ocasión del próximo eclipse solar del 29 de Mayo de 1919. Al menos eso indujeron a creer al público a medida que se acercaba esa fecha.

Aquel eclipse ha sido el acontecimiento científico más mediático de toda la historia. Todos los periódicos publicaban artículo tras artículo sobre el acontecimiento, presentándolo como un combate entre Newton y Einstein, entre la vieja ciencia y la nueva ciencia. Pero entre los científicos heliocentristas se hallaba una aspiración secreta a alejar definitivamente de la ciencia la sombra amenazante del geocentrismo. La Royal Astronomical Society of London organizó dos expediciones, una a Sobral (Brasil) y otra a la isla Principe (Africa occidental), para hacer con más fiabilidad las mediciones del posible desvío de la luz de las estrellas cercanas al sol. Al frente de la de Principe iba el famoso astrofísico sir Arthur Eddington, un entusiasta de la teoría de la Relatividad[93], que además estaba convencido de que era correcta.

La idea era fotografiar el sol eclipsado con las estrellas cercanas a la periferia, las cuales se deberían encontrar ligeramente desviadas de su posición original. Einstein había calculado, utilizando una fórmula muy simple de óptica, que la desviación de las estrellas de

---

[91] Einstein reconocía que la Relatividad Especial no podía dar cuenta de un sistema no inercial, esto lo confió a la Relatividad General, sin embargo, ésta tampoco puede explicar el efecto Sagnac.

[92] Newton ya había sugerido que la luz también estaría sujeta a la gravitación. El propio Einstein pensaba que la desviación de la luz de las estrellas por la gravedad del sol sería parte por la gravedad de Newton, y parte por la deformación espacial de la Relatividad General. Además está la desviación por refracción al pasar la luz por medio del entorno solar, pero además de ello hay que añadir, como indica Dr Henry Norris Russell, la desviación por errores de medición (deformación de los prismas, lentes y sistemas telescópicos).

[93] En aquel tiempo se decía que sir Arthur Eddington era el único, junto a Einstein, que verdaderamente entendía las profundidades de la teoría de la Relatividad. Llegó a escribir un libro "The Theory of Relativity" que divulgativamente fue la mejor obra sobre la materia.

la periferia del sol debía ser de 1,75 segundos de arco. Cuando en una entrevista le preguntaron sobre lo que haría si los resultados del eclipse no le favorecieran, respondió con una famosa grosería: *"Entonces yo me preocuparía por el Señor, porque la teoría es correcta"*.

Por fin llegó el 29 de Mayo de 1919 con su eclipse. Muchos pensarán que todo el experimento se realizó a la perfección, pues hoy hasta a los niños les cuentan en la escuela primaria que ese eclipse "confirmó la validez de la Relatividad", pero la verdad es bien distinta, tal como se desprende de las recientes investigaciones de Charles Lane Poor y otros[94]. Para comenzar, ese día estaba lloviendo en Principe, ante el desconsuelo de Eddington. Sólo después de estar ya avanzado el eclipse, entre las nubes, pudo divisarse el disco oscuro del sol, lo que aprovechó Eddington para obtener algunas placas fotográficas de una calidad pobrísima. Según Clark[95] sólo siete eran salvables. En Sobral habían tenido mejor suerte, pero Poor ha descubierto que Eddington rechazó el 85% de los datos fotográficos debido a "un error accidental" no especificado. En realidad, Eddington, convencido de la validez de la Relatividad, desechó, considerándolos espurios, aquellos desplazamientos mayores o menores que 1,75". Pero la verdad es que cada estrella tenía un desplazamiento diferente, que no coincidía ni en magnitud ni en dirección a lo previsto por Einstein (la Relatividad predecía un desplazamiento radial). Todo se llevó de forma que la opinión pública creyera que los datos del eclipse concordaban con la Relatividad, y así Albert Einstein fuera encumbrado a la élite de la sabiduría humana. De esta manera el resultado definitivo fue proclamado por sir Arthur Eddington:

«… el resultado obtenido[96] (para la deflexión de la luz desviada en el limbo del sol) puede ser escrito como 1.61"±0.30".»

Pero el lector se estará preguntando si desde 1919 hasta hoy no se han hecho otras mediciones más fiables de tal desviación. La repuesta va más allá de un 'sí' o un 'no', porque el peso de un científico como Einstein –y de una teoría como la Relatividad- es de tal calibre que mediatiza los resultados. Para expresarlo mejor veamos unos ejemplos:

---

[94] Más datos en http://einstein52.tripod.com/alberteinsteinprophetorplagiarist/id9.html
[95] Clark, "Einstein: The Life and Times".
[96] Debe observarse que a pesar de los ajustes realizados por Eddington, el error con que se presentan los datos es de un 20%, y en la práctica invalida totalmente el experimento.

Eclipse de 1929 (Sumatra)

Medición 1: 1.62"- 1.87"
Medición 2: 2.12"-2.37"
Medición 3: 1.80"- 2.20"
Medición 4: 1.85"-2.05"

Eclipse de 1936 (Rusia y Japón)

Medición 1: 2.40"- 2.95"
Medición 2: 2.30"-3.10"
Medición 3: 1.25"- 2.30"

En definitiva, los datos nunca muestran el valor 1.75 de Einstein, sin embargo, los resultados científicos suelen ser expresados en las revistas cientificas en forma de 1.77"±0.40" , o similar, debido a la autoridad condicionante de Einstein y su Relatividad.

Pero realmente... ¿no hay ninguna prueba a favor del heliocentrismo?

Respuesta: Ni una sola. El geocentrista Dr. Robert Sungenis, presidente de Catholic Apologetics International, ha mantenido desde 2004, un reto a los heliocentristas, ofreciendo 1000 dólares por cada prueba que le expusieran favorable al heliocentrismo argumentada racionalmente. No ha tenido que pagar ni un céntimo, aunque le plantearon varias que fueron falsadas. En cambio, todas las evidencias de cientos de experimentos del estilo Michelson-Morley, han mostrado más allá de toda duda que la Tierra está inmóvil en el cosmos. Si se mantiene el heliocentrismo es por motivos ideológicos ajenos a la Ciencia, los mismos que mantienen contra viento y marea los postulados de la Relatividad. Efectivamente, realmente no hay ninguna prueba a favor del heliocentrismo, sin embargo existen experimentos muy numerosos que indican fuertemente que la Tierra está en el centro del universo. O, si se prefiere, están perfectamente acordes con el geocentrismo y, por otra parte, o no son explicables desde el heliocentrismo o tienen que recurrir a conjeturas y teorías no verificables. En otras palabras, se trata más bien de evidencias, geométricas y físicas, que confirman el geocentrismo. De eso nos ocupamos en el siguiente capítulo, pero antes vamos a describir detalladamente cómo es el movimiento del sol.

Una descripción del movimiento del sol en torno a la Tierra.

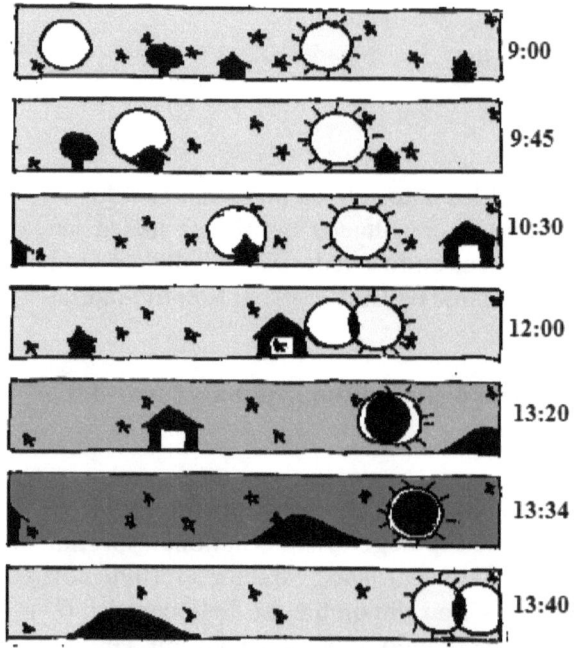

Vamos a aprovechar esta ilustración de Prof. James N. Hanson para explicar cómo es realmente el movimiento del sol, de la luna y de todo el sistema planetario. Pero a diferencia de lo que dice el paradigma científico actual, nosotros afirmamos con toda firmeza que este movimiento del sol es *real* y no aparente. En la imagen observamos el acontecer de un eclipse anular del sol, entre las 12:00 y las 13:40 de un buen día, un 21 de Junio, en el polo norte. Imagínese el lector que se encuentra allí, tal como dice el profesor Hanson, al observar un eclipse en el polo norte se comprende bien el geocentrismo, pues simple y llanamente se le ve en acción.

Como estamos en una Tierra inmóvil vemos el firmamento revolucionando a una vuelta por día, o sea, contemplamos las estrellas y el sol describiendo un círculo perfecto sobre nuestra cabeza. En el Polo Norte el sol no se oculta en esta fecha, sencillamente se desplaza paralelo al horizonte, la luna en cambio sigue una trayectoria circular levemente inclinada (unos 5 grados). Supongamos que cada una de las siete panorámicas de arriba representa una foto que vamos tomando cada cierto tiempo, para ello debemos girar un poco nuestra cámara hacia el Oeste (recuerden que la tierra no rota, todo lo demás sí), para que el sol –que se desplaza con el firmamento hacia el Oeste- no salga fuera del cuadro. Comparando las instantáneas se observa que en su avance el sol se retarda respecto a las estrellas. La razón es que el firmamento completo, con el conjunto total de estrellas y astros, revoluciona respecto el polo norte una vuelta cada 23 horas 56 minutos en *sentido horario* (un "día sideral") . El sol y la luna también participan de esta revolución, pero la energía gravitatoria obliga a estos dos astros a orbitar la tierra situada en el baricentro del universo (Ver figuras A, B y C). El sol se mueve un grado al día en sentido *contra-horario* por el plano de la eclíptica, lo cual es causa de que empleé unos 4 minutos más que las estrellas lejanas en completar una vuelta (un "día solar"). La eclíptica es una banda circular del cielo por donde *realmente* circula el sol con el conjunto de otros planetas en su órbita en torno a la tierra según el modelo de Tycho Brahe (Ver figura A).

Hay que tener en cuenta que la eclíptica no es paralela al plano del ecuador, sino que está inclinada formando un ángulo de 23,5° con él. También hay que hacer notar que cuando miramos al cielo no percibimos el avance del sol por su órbita, que es bien pequeño (un grado al día), lo que sí percibimos es el movimiento del firmamento como un todo, el sol y la luna incluidos (1 vuelta/día). La Tierra no se mueve, no gira. Quien diga lo contrario que muestre una prueba, pues nadie ha presentado ninguna hasta ahora. Para reafirmar la superioridad del modelo de Tycho, puede comprobarse en físico-matemática que uno de los aspectos más peculiares del universo rotante es su estabilidad mecánica. La ecuación para el equilibrio mecánico fue establecida en 1967 por el físico ruso Leonid M. Ozernoy. Y de acuerdo a los experimentos de Airy, Fizeau, M-M, Sagnac, Michelson-Gale, etc. hay evidencias de un éter luminífero rotante que estaría formado por partículas en el *dominio de Plank* (longitudes del orden 10^{-33}cm), tales partículas son admitidas por la física actual aunque nadie sabe bien cómo compatibilizarlas con la hipótesis del Big Bang. Pues bien, teniendo en cuenta la necesidad de un equilibrio entre la energía rotacional y la gravitacional, utilizando la ecuación de Ozernoy se llega a la conclusión que la estabilidad mecánica del universo se produce cuando su velocidad de rotación es de 3.6 x 10^-5 radianes/segundo, es decir, ¡cuando el periodo es de 24 horas!.

Siguiendo con las figuras B y C (al final), debido a este desplazamiento por su órbita, el sol asciende o desciende respecto de un observador situado en un lugar de la Tierra, a determinada latitud. A partir del 21 de Junio, que se encuentra en su posición más alta, el sol comienza a descender, avanzando por este plano y realizando una órbita a la tierra, recorriendo las 12 constelaciones del zodiaco a lo largo del año. Llegará el día en que el sol esté toda la jornada por debajo del horizonte en el Polo Norte. Si nos encontramos en otra posición que no sea el polo norte, digamos a una latitud de 42°, observaríamos el movimiento diurno del sol también como un círculo pero inclinado 48°, o sea 90-42, respecto al plano del horizonte. En este caso, todo día tiene su parte matinal iluminada y su parte nocturna oscura. La luna también se mueve en sentido *contra-horario* por el plano de la eclíptica (con una inclinación de unos 5°), orbitando la Tierra, pero la luna avanza mucho más rápido que el sol, unos 13° de arco cada día, y recorre el zodiaco entero en 27,32 días. Entonces cuando la luna se interpone entre el sol y la visión de un observador terrestre ocurre en ese lugar un eclipse anular de sol. Pero la razón para que no haya un eclipse cada mes es que el plano de la órbita lunar está inclinado unos 5-7° con respecto al de la eclíptica, y no resulta fácil que coincidan los dos a la misma altura, en la mayoría de los casos la trayectoria visual de la luna pasa por debajo o por encima de la del sol.

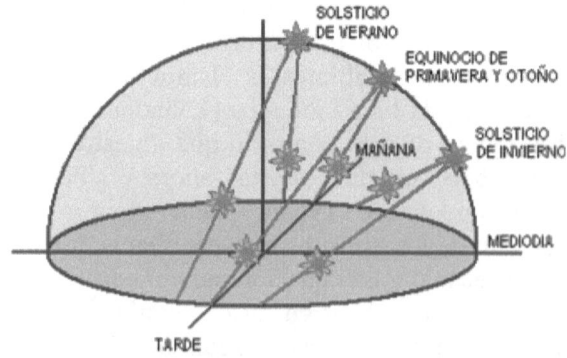

Esa inclinación en 48° del plano de la eclíptica (para la latitud 42°) que hemos citado se da en los equinoccios de Primavera y Otoño, en cambio en el solsticio de Invierno es 23,5° inferior y en el solsticio de Verano 23,5 ° por encima, tal como cualquier persona puede comprobar sin más que mirar al cielo.

Para comprender la causa de las estaciones hay que tener en cuenta el concepto de *irradianza solar* (intensidad de la radiación solar) sobre un lugar de la Tierra. La *irradianza*, que se mide en w/m^2, y que experimentamos por las calorías que recibimos desde el sol, es mayor cuando mayor es la inclinación de los rayos solares sobre ese lugar (Ver figuras anterior y posterior). Cuando la trayectoria del sol alcanza su mayor altura sobre el horizonte del lugar nos encontramos en el verano, mientras que el invierno se da cuando la trayectoria del sol alcanza la menor altura sobre el horizonte del lugar.

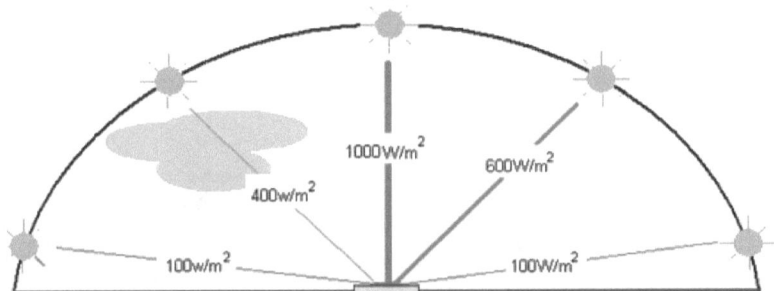

Ahora fijándonos en las figuras A, B y C del final, el 21 de Junio el sol se encuentra en la posición más alta debido a que el plano de la órbita solar (plano de la eclíptica) está inclinado unos 23,5° respecto al eje de rotación del universo, que pasa por la Tierra perpendicularmente al ecuador de polo norte a polo sur. Para los menos familiarizados en astronomía hay que avisarles que la órbita del sol no es el circulo horizontal de arriba (figura B), círculo que es debido a la rotación del firmamento en su totalidad, sino que lo es el plano inclinado que aparece remarcado. Observen cómo el sol se mueve en sentido *horario* (sentido del movimiento de los relojes) debido a la rotación del firmamento, y al mismo tiempo, aunque más despacio, se mueve en sentido *contra-horario* por su órbita en torno a la Tierra. En cualquier punto del hemisferio norte terrestre el verano es el periodo entre el 21 de Junio y el 22 de Septiembre, se trata del tiempo más caluroso porque la *irradianza solar* es en general mayor. En el hemisferio sur sucede lo contrario, la irradianza solar es la menor posible y allí es invierno.

Ya al llegar el mes de Agosto, el sol habrá recorrido unos 45° de arco de su órbita terrestre, por lo que habrá descendido a una posición A más baja (figura B), desde la que continúa su rotación diaria junto a todo el firmamento. Otro mes y medio más tarde, el 22 de Septiembre, el sol ya habrá recorrido un total de 90° (un cuarto de su órbita) y se sitúa a la altura B, de tal manera que su círculo de rotación diaria está en el mismo plano que el ecuador terrestre, es el equinoccio de Otoño, una posición que se volverá a repetir el 22 de Marzo (equinoccio de Primavera) cuando el sol esté en su zona ascendente. El sol seguirá durante los siguientes meses avanzando por su órbita terrestre, por tanto, su movimiento rotacional diario seguirá descendiendo hacia el sur hasta llegar el 23 de Diciembre hasta el punto inferior, con lo que completa la mitad de su órbita, el solsticio de Invierno, y a partir de aquí comenzará a ascender durante los siguientes seis meses, o sea, la otra mitad de su órbita.

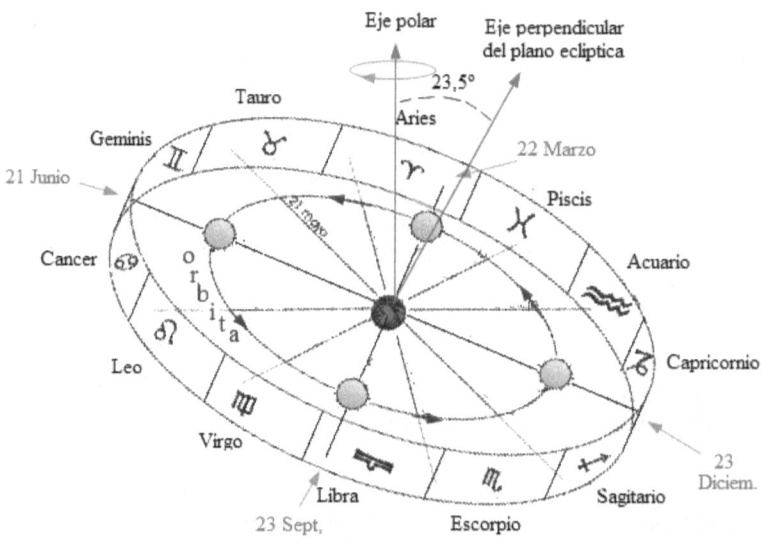

Figura A

Figura B

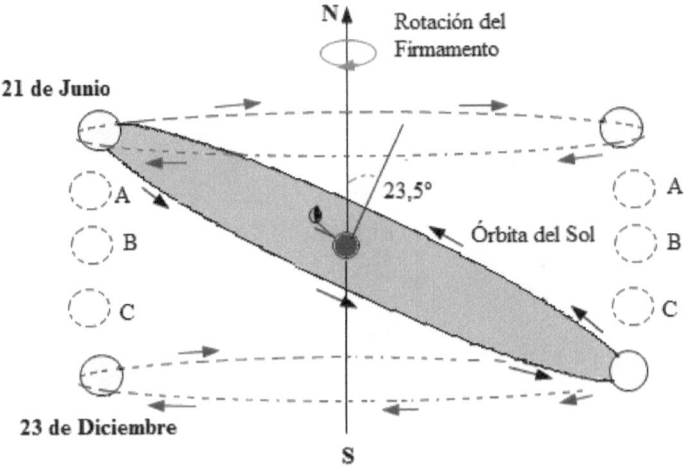

El plano inclinado representa la órbita anual que sigue el Sol acompañado del resto de planetas (el plano de la eclíptica). Los círculos ortogonales al eje NS representan la trayectoria diaria del Sol debida al giro del firmamento como un todo. Partiendo del solsticio de verano (posición más alta) y a medida que van pasando los días del calendario, el sol en su trayectoria *diurnal* va desplazándose hacia abajo, y los habitantes del hemisferio norte vemos al sol en un trayecto más cercano al horizonte, y por tanto, con una menor irradianza.

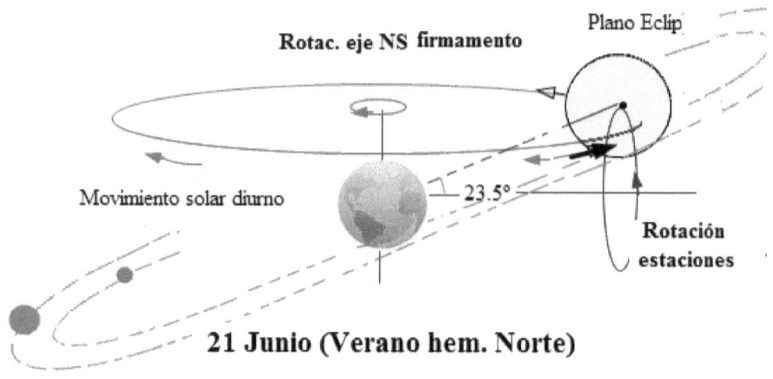

Figura C1

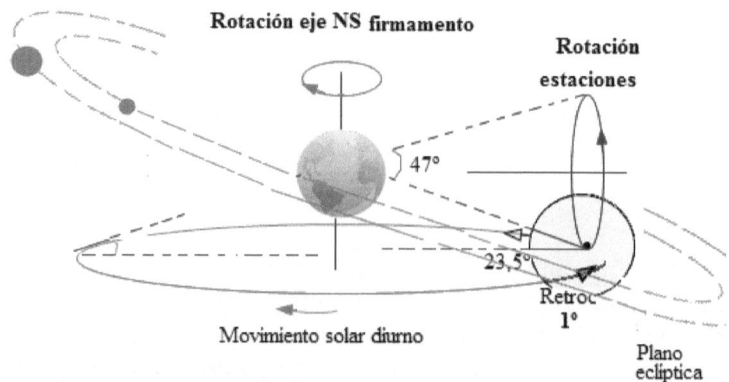

Figura C2

CAPÍTULO III. LOS EXPERIMENTOS QUE CONFIRMAN QUE LA TIERRA ESTÁ INMÓVIL EN EL ESPACIO

Las teorías de Copérnico y Galileo avecinaban un cambio radical de paradigma en la cosmovisión del mundo, tal y como lo indicamos en la Introducción. Sin embargo eran solamente eso: teorías. Más bien la conjetura o hipótesis geométrica que defendía Copérnico estaba planteada principalmente desde una perspectiva práctica: reducir el número de epiciclos en las observaciones de las trayectorias planetarias con respecto al modelo de Ptolomeo. Galileo con la ayuda de telescopio añadió nuevos datos a tener en cuenta, a saber: los satélites de Júpiter claramente giraban alrededor de su planeta referenciado. ¿No tendría que hacer lo mismo el planeta Tierra respecto al sol? Era un razonamiento basado en la analogía simplemente. Eso mismo objeta el Cardenal Bellarmino a Galileo *"no puede Usted pretender que la Tierra, por ser más pequeña que el sol, gire alrededor del mismo por el simple hecho de que lo hagan unos satélites respecto a Júpiter"*. La objeción de Cardenal Bellarmino era perfectamente válida; el cuerpo científico de la época lo entendía en toda su incomodidad como sencillez.

Para demostrar que la Tierra gira alrededor del sol era necesario algo mucho más que una *analogía*, que más bien puede ser considerada como un *deseo* o una *aspiración* a una prueba. De hecho desde la época de Galileo empezó una carrera sin tregua en la búsqueda de la prueba definitiva de la hipótesis *heliocentrista*. Las leyes de Kepler dieron un soporte matemático a la teoría heliocentrista, pero como veremos más adelante esas mismas leyes sirven para el sistema geocéntrico de Tycho Brahe. De hecho, Kepler fue un discípulo del genial y meticuloso astrónomo danés, que durante varios años recopiló minuciosamente los datos de posición de los planetas desde su observatorio astronómico, considerado como el mejor observatorio de su tiempo. Pero el sistema heliocéntrico de Kepler, en el cual la Tierra junto con otros planetas gira alrededor del sol siguiendo trayectorias elípticas, es geométricamente equivalente al sistema geocéntrico de Tycho Brahe, según el cual los restantes planetas del sistema solar giran alrededor del sol, pero en el cual este, junto con todos los demás planetas, gira alrededor de la Tierra. El siguiente dibujo le puede ayudar a visualizar esta situación. En resumen, las ecuaciones de posición de los planetas y del sol respecto a la Tierra, en los dos sistemas, son exactamente las mismas.

La aparición de la ley gravitacional de Newton añadió un nuevo dato cualitativo a la cuestión. Se trataba de la interpretación física de la causa del movimiento de los cuerpos celestes. Según la ley de Newton, dos cuerpos que giran considerados **como un sistema aislado**, es decir sin interacción con otros cuerpos, **giran alrededor de del centro de masa de los dos**; con lo cual, si un cuerpo es considerablemente de mayor masa que el otro, el centro de masa del sistema va a estar próximo al centro de masa del cuerpo mayor. De donde, el cuerpo de menor masa tendrá que girar alrededor de otro de masa mayor.

Esto es cierto, pero en el Universo el sistema solar no está aislado; de hecho todos los sistemas interactúan. Por lo tanto, si la Tierra se encuentra *en el centro de masa del Universo entero*, la teoría geocentrista no carece en absoluto de su interpretación física. Con lo cual, la Ley de gravitación de Newton no contradice *per se* la teoría geocentrista. La teoría de *sistemas aislados* podía solamente *sugerir* que la Tierra se mueve alrededor del sol; pero no era la prueba en el sentido apodíctico, científico. ¿Puede alguien determinar el centro de masa del Universo?

Nosotros ni nadie estamos en condiciones de determinar el centro de masa del Universo (al menos todavía no se puede determinar tal hecho científicamente), pero eso no quiere decir que no existan pruebas reales que indican que la Tierra es inmóvil en el espacio. De eso nos ocuparemos en los capítulos siguientes. De momento seguimos la estela de la búsqueda histórica de las pruebas de que la Tierra se mueve, unas pruebas que daban con traste una y otra vez, como vamos a ir viendo a lo largo de la presente exposición.

Los experimentos de Dominique François Arago

Dominique François Arago (1786-1853) es uno de los científicos franceses más famosos. Su interés versaba sobre distintos campos de saber, pero para nuestros propósitos nos ocuparemos de sus trabajos

 referentes a las propiedades de la luz que tuvieron lugar entre 1810 y 1818.

En primer lugar, Arago observaba una estrella por medio de un telescopio en el transcurso de un año. Durante seis meses la estrella se movería hacia la Tierra y luego en la dirección opuesta (eso es cierto en cualquiera de los dos sistemas de referencia, geocéntrico o heliocéntrico). Arago razonaba que en periodos distintos tendría que utilizar lentes distintas, debido a que la velocidad de la luz captada sería afectada por la velocidad de la Tierra, la cual estaría acercándose y alejándose de la estrella en periodos sucesivos de medio año. Para su gran sorpresa podía observar que no necesitaba para nada cambiar la curvatura de las lentes.

¿A qué se debía esto? Una respuesta es muy simple y sencilla, no por eso teniendo que ser incierta: la Tierra no se mueve. Si su supuesta velocidad no afecta a la refracción de la luz, es porque esa velocidad es igual a cero. Naturalmente, esta respuesta es inadmisible para el establishment heliocentrista. Se tendrá que buscar otra respuesta, basada en que "algo" en el cristal tenia que actuar de forma que se elimine el efecto de la velocidad de la Tierra. Esa respuesta se deberá a Fresnel y Fizeau.

En segundo lugar, Arago no se quedaba en este efecto. Experimentaba con los rayos de luz que dirigía a través de cristal. Ha observado que la luz viaja a menor velocidad en medios más densos, como son el agua o el cristal. De esa forma daba soporte a la teoría ondulatoria de la luz que creía cierta. De donde, como entendía la luz constituida por ondas, asumía que esas ondas tendrían velocidad uniforme en el ether que llenaba todo el espacio. Pero si la Tierra se mueve en contra del ether (como ocurriría en el caso de que la Tierra se moviera alrededor del sol), la velocidad de la luz sería afectada por el mismo, tal y como ocurre con el cristal o el agua. Efectivamente, en esta circunstancia el ether, a través del cual avanzaría la Tierra, supondría un medio más denso.

Sin embargo, Arago mostró que sea cual sea el sentido y la dirección del rayo de la luz que atravesaba el cristal, es decir independientemente si el rayo iba en la misma dirección u opuesta de la Tierra, no aparecía efecto alguno en su velocidad. Más todavía, él mostró que el rayo de luz apuntado en el sentido del supuesto movimiento de la Tierra, y en el sentido contrario, **siempre tiene la misma refracción en cristal** como el rayo de la luz estelar.

La explicación más sencilla es que la Tierra no se mueve, con lo cual el rayo disparado en cualquier dirección tendrá el mismo efecto en el medio observado, *ya que no existe ningún movimiento de la Tierra*. Naturalmente, eso es una alternativa impensable para los heliocentristas. Se tenía que dar una explicación acorde con el supuesto movimiento de la Tierra, un movimiento sencillamente *asumido* como cierto. De eso se ocupará *Augustin Fresnel*.

Los experimentos de Augustin Fresnel

Augustin Jean Fresnel (1788-1827) colaboró con Arago en varias ocasiones y fue él quien tuvo que dar una explicación de los experimentos de Arago acorde con el modelo de la Tierra móvil. Tanto Arago como Fresnel eran defensores de la teoría ondulatoria de la luz, y fue Arago el que solicitó a Fresnel la explicación de sus experimentos de acuerdo con la teoría de la luz defendida por ellos. La explicación de Fresnel fue sin duda tan ingeniosa, como chapucera. Pero en fin, todo vale con tal de conciliar puntos de vista preconcebidos, tomados como axiomas inamovibles. Contesta a Arago por carta en 1818, en los términos que vamos a presentar. En concreto, Fresnel postula que no es posible observar efecto alguno en la incidencia de la luz estelar porque el ether, por medio del cual viajaba la luz, era al menos parcialmente, *"arrastrado"* por el cristal del telescopio. Como se suponía que ether permeabilizaba todas las sustancias, Fresnel establecía la hipótesis de que existía cierta cantidad de ether atrapada dentro del cristal, de forma que esta cantidad de ether sería más densa, e independiente, que el ether de aire del entorno.

Al margen de la credibilidad de esta explicación, debido a que ni Fresnel ni Arago podían saber nada de ether ni de su naturaleza ni de sus comportamientos, la clave de la comprensión de la idea de Fresnel radica en el hecho de su consideración de un ether *inmóvil* alrededor de la Tierra que avanza a través de este medio. La misma explicación se podría dar para el caso de un ether *móvil* y la Tierra inmóvil, pero esta posibilidad se descartaba *per se* de forma automática. Es decir, las conclusiones de Fresnel se deben a la necesidad de explicar un fenómeno *según el modelo preconcebido y buscado*. En resumen, es la realidad la que se debe adaptar a sus ideas, y no al revés.

Sigue pues la explicación de Fresnel. Como el cristal se mueve junto con el supuesto movimiento de la Tierra, y en contra del ether inmóvil circundante, el cristal *"arrastraría"* el ether contenido dentro del mismo. Pero no de cualquier manera. Sino precisamente de forma que se neutralice la velocidad de la Tierra de 30 km/s en medio del inmóvil ether[97]. Veamos cómo Fresnel aplica su razonamiento en un caso concreto.

Supongamos que tenemos dos telescopios, uno vacío y otro lleno de agua. Los dos apuntan en la misma dirección a una determinada estrella. ¿Se va a producir en los dos la misma aberración (desviación) de la luz estelar? Intuitivamente uno puede pensar, como la luz se desvía apreciablemente más en cristal, que el telescopio lleno de agua va a tener mayor desviación de la luz estelar que el telescopio vacío. (Tal y como ocurre cuando observamos un lápiz sumergido en el agua que aparenta quebrado.) Pero en la realidad ocurre que los dos telescopios muestran la misma desviación de la luz estelar. Eso es algo propio de la luz estelar que produce este extraño fenómeno. Por supuesto, existe una explicación natural muy sencilla y compatible con el geocentrismo, a saber, la Tierra es inmóvil y las estrellas aunque moviéndose, están a una distancia tan grande que el ángulo de la incidencia de su luz es el mismo en cualquier parte de la Tierra, es decir no va a haber ningún ángulo de refracción ni difracción, la luz entrará en línea recta se trate de un telescopio vacío o lleno de agua.

Una vez más, ¿cómo explica Fresnel este hecho suponiendo que el telescopio se mueve junto con la Tierra a una velocidad de 30 km/seg alrededor del sol y en contra de la incidencia de la luz? Como dijimos más arriba, él daba por hecho que el cristal tenía una cantidad extra de ether, de forma que la densidad del mismo dentro del cristal (y del agua) sería mayor que en el aire. "Por eso", al incidir la luz en el cristal, esta quedaría arrastrada por el ether contenido en el cristal. En

---

[97] Según van del Kamp en *De Labore Solis*, pág. 35: "...el omnipresente arrastre de Fresnel causado por la velocidad de viento de ether de al menos 30 km/seg en todas las substancias transparentes, sea agua, cristal, champán o el aceite de máquina. Sin embargo ningún observador inmóvil en la Tierra lo puede observar como tal.

concreto, el cristal tiene capacidad para este cometido, según Fresnel, debido a la naturaleza ondulatoria de la luz. Por lo tanto, si la luz está compuesta por partículas esta teoría sencillamente no puede ser ni enunciada.

Sin embargo, lo más importante a subrayar en el intento de Fresnel es lo artificial de su teoría que construye sin ninguna referencia física a algo que desconoce completamente, a saber el *ether* y sus propiedades. Fresnel construye su teoría, con fórmulas matemáticas incluidas, simplemente para dar una explicación a lo que él cree. Una prueba de lo que acabamos de decir es su hipótesis respecto a la relación entre la velocidad de la luz c, de la Tierra v, y r el índice de refracción del medio, de forma que[98] *$c = (1-1/r^2)v$*.

Pero el hecho de que construyamos una ecuación matemática no quiere decir que la misma represente la realidad. La validez de una teoría depende en buena medida de su correspondencia empírica con la realidad; en el caso de teoría de *"arrastre de ether"* de Fresnel es la realidad que debe adaptarse a la teoría. De este maquillaje se da perfectamente cuenta **Armand Fizeau** que intentará dar un soporte experimental a las hipótesis de Fresnel.

Los experimentos de Armand Fizeau

Einstein reconoció que Fizeu (1821-1896) fue la persona que más aportó a su invención de la teoría de la Relatividad. No es de extrañar que Fizeu conociera a la perfección verdadera implicación de los experimentos de Arago y Fresnel, a saber, la inmovilidad de la Tierra. Trabajaba junto a Jean Foucault (1819-1868) en la elaboración del Péndulo de Foucault que sigue exponiéndose en muchos museos de ciencia a lo largo y ancho del mundo como supuesta prueba de la rotación terrestre. También han trabajado conjuntamente pocos años antes de 1851 en la demostración experimental de la velocidad de la luz mediante pruebas en laboratorio; no solamente astronómicas. Fizeau se

---

[98] A., J., Fresnel, *Ann. De Chimie*, 17:180 (1821)

hizo famoso por su experimento de la "rueda dentada" para medir la velocidad de la luz.

El reto de Fizeau era encontrar soporte físico y experimental de las observaciones hechas por Arago y por lo tanto no construir solamente una reflexión teórica tal y como lo hizo Fresnel. Sin embargo, el verdadero reto era obtener una prueba física coherente con el movimiento de la Tierra. Los científicos del siglo XIX sabían perfectamente que **esa** era la cuestión esencial; sin embargo, o la escondían, o sencillamente no se atrevían plantearla en voz alta. De allí que planteaban su investigación como búsqueda del ether luminífero y averiguación de sus propiedades. Plantear estos experimentos en términos de la determinación experimental del movimiento de la Tierra, era exponerse demasiado. ¿Es que esa cuestión ya no era zanjada por Copérnico y Galileo? ¿No dieron Newton y Kepler herramientas físicas más que suficientes como para tener total seguridad en la veracidad del modelo heliocéntrico? Tan solamente cuestionar la posibilidad de que la visión copernicana era incorrecta, parecía una anatema. En el siglo XX el *establishment* científico utilizaba el lenguaje de "abandono total de la idea y realidad del ether". Edwin Hubble lo resumió mejor que nadie: admitir tan sólo la posibilidad de que la Tierra estuviera en el centro del universo era "intolerable", un "horror" que "tiene que ser rechazado".

Es importante, empero, conocer la investigación de Fizeau que tenía tal alcance en los trabajos de Einstein. Sus primeros experimentos relacionados con la búsqueda de las propiedades del ether detectaron que distintos colores de la luz se propagan a distintas velocidades en el cristal, algo que no habían detectado ni Arago ni Fresnel. Esto implica que, o el ether reacciona de manera diferente para cada color de la luz o, existen distintas cantidades de ether "atrapadas" en el cristal para cada color en particular. Esta última opción parecía menos creíble, por lo que Fizeau formuló la hipótesis de un ether con distinto grado de elasticidad, de forma que variación en la propiedad elástica de ether provoca distintas reacciones en la luz.

Por todo ello en 1851 Fizeau diseñó un experimento con el fin de obtener resultados que esclarezcan más las propiedades del ether. Consistía en disparar dos rayos de luz paralelos y en sentido contrario a través de tubos llenos de agua que circulaba a gran velocidad. De esta manera, un rayo viajaba en sentido de la corriente y otro en sentido contrario. Los dos rayos eran disparados al mismo tiempo y se podía averiguar la franja de tiempo que trascurre entre la llegada de un rayo y otro.

Efectivamente, así ocurre. De manera análoga a cuando un barco navegando en sentido contrario de la corriente avanza a menor velocidad que aquel que sigue la corriente, la luz viaja a menor velocidad si su sentido es contrario al de la corriente de agua. De allí que aquel rayo que viaja en el sentido de la corriente de agua llega antes al detector.

Hasta aquí, todo perfecto, así es y así se puede observar en el experimento de Fizeau. Pero eso, ¿qué quiere decir? Fizeau utiliza este resultado para dar soporte a la teoría de arrastre de Fresnel[99]. Sin embargo, se trata de una simple especulación teórica expresada mediante una fórmula cuyos términos se ajustan a la necesidad planteada. De hecho, una vez eliminada la necesidad, o mejor dicho una vez rechazada la existencia de ether por el *establishment* científico, la fórmula de Fresnel no tiene sentido.

¿Qué es lo que realmente ocurre en este experimento? **La velocidad de la luz queda afectada por la velocidad del agua, pero no del supuesto ether**. Luego, si suponemos el movimiento orbital de la Tierra, ese movimiento **no queda registrado** en el plato receptor del instrumento de observación. Porque la velocidad de la luz en el agua queda aumentada **solamente** por la velocidad de la corriente de agua, no por la supuesta velocidad orbital de la Tierra. De allí, este experimento tiene una explicación geocéntrica totalmente coherente: como la Tierra no se mueve, no queda registrado su movimiento. El hecho de que la solución sea más simple, no quiere decir que no sea correcta.

Entonces, uno se puede preguntar, si este experimento se repite en un astro que sí se mueve, como la luna por ejemplo, ¿quedará registrado su movimiento? Nosotros afirmamos que sí y retamos a la comunidad científica que realice tal experimento; igual que el de Michelson – Morley (nos referimos también a la luna). Tal proyecto sería mucho menos costoso que la investigación de la existencia de vida en Marte u otros proyectos en el sistema solar. Aunque, suponemos que habría que pagar otro precio mucho más grande – el de reconocer que durante siglos se mantuvo casi toda la humanidad en una creencia

---

[99] En términos matemáticos la fórmula de Fizeau para determinar la desviación registrada en el interferómetro es $\partial = 4\eta^2 fvL / \lambda c$ donde λ es la longitud de onda de la luz; v es la velocidad de la luz; L es la longitud de tubo; f es el factor de arrastre de Fresnel; η es el índice de refracción de agua y c la velocidad de la luz.

infundada. Reconocer que todo el edificio científico está hecho con una estructura y material falso, es algo difícil de asumir. No obstante, creemos que se asumirá a fuerza de hechos y de la verdad por la que todos debemos luchar en conseguir y defender.

En cuanto al experimento en cuestión, los dos investigadores, Fresnel y Fizeau, descontaron de plano la solución de la Tierra inmóvil a sus resultados experimentales; tal solución ni se mencionaba – era un horror para ellos, como ya lo habíamos subrayado antes[100].

El sorprendente experimento de Airy

Veinte años después de experimento de Fizeau, George Biddel Airy realizará su propio experimento con un telescopio lleno de agua, el cual, para su sorpresa, confirmará el resultado de Arago – en definitiva no contradictorio con la inmovilidad de la Tierra, o, el que sencillamente confirma la inmovilidad de la Tierra. Como veremos, el experimento no dejará otra opción a Einstein que dar sus postulados fantásticos de la teoría de la Relatividad con el fin de contestar a los resultados de Airy desde la perspectiva heliocentrista.

George Airy pertenecía a la selecta Real Sociedad Astronómica de Londres. Era un renombrado científico de la época, algo que no se cuestiona aquí. Al contrario, al disponer de esa preparación remarcamos precisamente lo que él esperaba de este experimento, a saber: la confirmación experimental de que la Tierra orbita alrededor del sol. Pero tal confirmación no llegó; Airy quedó inesperadamente sorprendido por este "fallo".

Señalamos las claves del experimento fallido de Airy. De los experimentos anteriores de Airy y Fresnel, Airy sabía que:

- la velocidad de la luz era inferior en un medio transparente y sólido que en el aire;

- ningún movimiento atribuido a la Tierra afectaba a la velocidad de la luz y,

---

[100] Repitiendo el experimento de Fizeau en 1884, Michelson y Morley corroboraron los resultados de Fizeau, lo cual publicaron en 1886. Escribieron: "...el resultado de este experimento es que el resultado enunciado por Fizeau es esencialmente correcto; el ether luminífero no está afectado por el movimiento del cuerpo en el mismo" ("Influence of Motion of the Médium on the Velocity of Light", *American Journal of Science*, 31, p. 386, 1886). Sin embargo, retiraron su soporte después de su experimento con el interferómetro en 1887.

- la expliación de Fresnel del experimento de Arago, atribuyendo al dico de cristal la capacidad de "arrastrar" el ether, actuando de una manera diferente que con el ether de aire.

Suponiendo pues que la Tierra se mueve con respecto a la luz proviniente de una determinada estrella, Airy esperaba que esa circunstancia quede reflejada en los distintos medios transparentes por los cuales tenía que pasar un rayo de luz estelar. De allí su ingeniosa idea de utilizar el tubo de telescopio lleno de agua, además de otro vacío. Pero primero tenemos que decir algunas palabras respecto a las observaciones astronómicas de la estrella *Gamma Draconis* realizadas por **James Bradley** (ver abajo).

Ya en 1640 el astrónomo Giovanni Pieroni observó que varias estrellas alteraban su posición en el cielo en el transcurso de un año. En 1641 Francesco Rinuccini llamó la atención a Galileo sobre este hecho, pero este último no daba ya importancia a este hallazgo. Robert Hooke en 1669 observó el mismo tipo de desplazamiento para una estrella en particular, *Gamma Draconis*. Desde la época de Copérinico se inició una búsqueda anisiosa de la primera evidencia física del movimiento de la Tierra, de forma que Hooke pensaba que había encontrado la primera evidencia esperada, en concreto la de un paralelaje. Unos treinta años más tarde (1694), John Flamsteed observaba la misma clase de desplazamiento en la estrella *Polaris*. Finalmente James Bradley, en el periodo entre 1725 y 1728 realizó las mediciones con el fin de comprobar si la conjetura de Hook respecto al paralelaje de *Gamma Draconis* era cierta. En efecto, él Bradley anotó que durante el transcurso del año la estrella traza una pequeña elipse en su recorrido, casi la misma que el requerrido por el paralelaje. En el sistema heliocéntrico, el paralelaje es entendido como la correspondencia biunívoca entre la órbita anual terrestre y la elipse estelar anual, pero Bradley comprobó que esta elipse no cumple con este requisito[101].

---

[101] Todavía hoy hay libros de Física, Astronomía, Relatividad, etc. que aseguran que la primera prueba del movimiento de la tierra es ¡la aberración de Bradley!, y ¡la segunda es el experimento de Airy! Es uno de tantos ejemplos de manipulación de masas mediante tergiversación de interpretaciones de datos científicos.

Por esa época los astrónomos todavía no habían confirmado paralelaje de ninguna estrella. Ese hecho tendrá que esperar unos cien años más, hasta que fue realizado por Friedrich Bessel en 1838. De allí que Bradley dió otra ingeniosa explicación. Él razonaba que la elipse estelar observada se debe a la velocidad finita de la luz. Es decir, la estrella no se mueve en el cielo; es la luz, que moviendose a una velocidad finita alcanza la Tierra móvil – durante seis meses se mueve hacia la estrella y durante otros seis meses se aleja de la misma – produce ese efecto. Esta explicación fue recibida con gran entusiasmo por los heliocentristas, ya que hasta Bradley nadie había expuesto ninguna evidencia (como veremos, ni Bradley tampoco) de que la Tierra gira alrededor del sol. La úica *evidencia* que aportó Galileo fue a base de analogía, es decir, *como los satélites de Júpiter giran* alrededor del mismo, así la Tierra (como un cuerpo pequeño) *debe girar* alrededor de otro cuerpo más grande (como el sol). Como señala Tomas Kuhn en *La Revolución de Copernicana (The Copernican Revolution*, 1959*)*, "en le época de Galileo el telescopio no había probado la validez del esquema conceptual copernicano. Pero proveyó un arma inmensamente efectiva para la batalla. Esa arma no era ninguna prueba, era propaganda".

Pues bien, ahora aparecía un reto: demostrar que la observación de Bradley era una prueba efectiva del movimiento de la Tierra. Toda la comunidad científica era expectante de tal resultado. Desde que el modelo de Copérnico recuperó otra vez el sistema heliocéntrico (fue ya postulado por primera vez en antigua Grecia) y Galileo presentó sus "pruebas" basadas más bien en intuiciones y analogías, cada nueva teoría despertaba sumo interés en los heliocentristas. Tal y como señalamos antes, Airy esperaba que la luz procedente de una estrella reaccionará diferente al pasar por *distintos* medios transparentes en los cuales la velocidad de la luz es inferior que en el aire. De allí que esperaba que tendrá que inclinar el telescopio relleno con agua un poco más que el telescopio vacío. Esta conjetura tenía su explicación lógica. La velocidad de la luz, aunque sea muy grande, es finita y la supuesta volocidad de la Tierra alrededor del sol no es despreciable; por otro lado, la velocidad de la luz en distintos medios transparentes como cristal o agua era lo suficiente significativa para producir un efecto observable para la medición. La expectativa de Airy se basaba en los hechos observables de la física clásica. Consideremos por ejemplo a una persona que se desplaza corriendo bajo la lluvia con un vaso en la mano. Con el fin de conseguir que las gotas de lluvia choquen con el fondo del vaso, este debe estar inclinado ligeramente para suplir el efecto de desplazamiento a una determinada velocidad. Otro ejemplo lo tenemos en un disco rotatorio al cual está fijado un tubo que va dejando caer un líquido gota a gota. Si en el centro colocamos una probeta fija, las gotas no chocarán con las paredes de la probeta sino con fondo únicamente si la probeta está inclinada en un ángulo adecuado.

Debido a que la luz reacciona también como si fuera compuesta por sustancia (naturaleza ondulatoria-corpuscular de la luz), tendría que reaccionar igual (salvando las distancias de velocidad) que las gotas de lluvia o de gotero en el disco giratorio. Así es, y con razón, como pensaba Airy. Sin embargo su experimento demostró que el telescopio lleno de agua no tenía que ser movido ningún ángulo adicional con respecto al telescopio vacío. ¿Qué significa esto? Sencillamente, que la Tierra no se mueve. Porque, en el sistema heliocéntrico, la Tierra se mueve lo suficientemente como para que el telescopio lleno de agua tenga que ser inclinado con el fin de permitir que los rayos de la luz procedentes de la estrella y que atraviesan un medio en el cual la luz se propaga a menor velocidad, alcancen el fondo del telescopio es decir, la lente del ocular tal y como lo explicamos en el caso del disco rotatorio.

Hurga decir que el resultado de este experimento es totalmente compatible con el modelo geocéntrico. La luz que proviene de una estrella, debido a que la Tierra está fija, entra en ángulo recto (una vez enfocado el telescopio debido a la aberración de la luz estelar al atravesar el éter luminífero entre la Tierra y la estrella) al telescopio y por ende alcanza el ocular independiente si el telescopio está vacío o lleno de agua.

Para evitar estas conclusiones, Einstein tuvo que recurrir a una nueva teoría que rompería con la física clásica y permitiría eludir la conclusión inevitable de estos experimentos. Pero la puntilla final provendrá de los experimentos de Michelson-Morley.

El experimento nulo de Michelson

Tras el sorprendente resultado del experimento de Airy, el físico Albert Michelson ideó un ingenioso aparato con el objetivo de evidenciar de manera definitiva el presunto movimiento de la Tierra a través del éter. La idea subyacente fundamental del experimento era esta: se disparan rayos de luz en direcciones perpendiculares y sentidos opuestos. Un rayo se desplaza en el sentido del supuesto movimiento de la Tierra, otro en el sentido contrario. Otros dos en las direcciones perpendiculares a la anterior. Se esperaba que el esperado movimiento de la Tierra en su órbita alrededor del sol haga constar diferentes velocidades de los rayos disparados en sentidos opuestos. El aparato estaba construido para ese fin y era capaz de detectarlo.

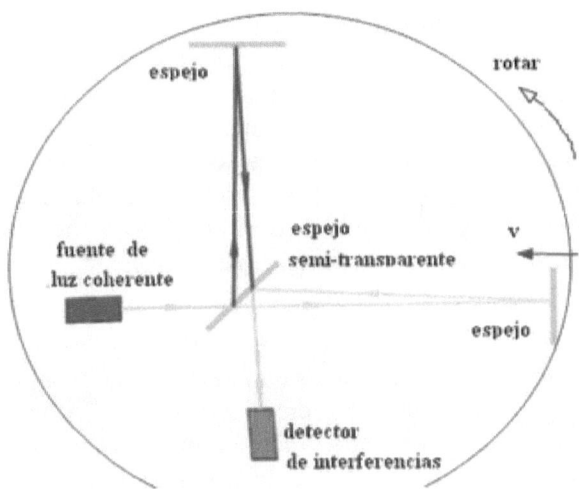

En el diagrama de arriba podemos ver de manera esquemática los principios del llamado "Interferómetro de Michelson". Se emite luz coherente amarilla desde un foco hacia un espejo semitransparente, parte de ella se desvía hacia un espejo (trazo azul), y parte sigue hasta el otro espejo (trazo verde) situado a igual distancia. Los haces de luz procedentes de ambos espejos convergen en el detector, pero las distancias recorridas no son las mismas (el espejo de la derecha se mueve, con la totalidad de la Tierra, a velocidad[102] v = 30 km/s, y acorta la distancia), por tanto, al no estar sincronizados producirán franjas de interferencia. Evidentemente, para medir variaciones tan pequeñas, los espejos deberían estar situados a distancias invariables, algo casi imposible de lograr pues una levísima vibración del suelo perturba estas distancias. Sin embargo, al hacer rotar un cierto ángulo α toda la plataforma se podría contrarrestar los retardos por errores instrumentales o por perturbaciones externas. No se trataba, entonces, tanto de detectar franjas de interferencia, como de observar el desplazamiento de estas franjas al hacer girar el aparato. Si la tierra se

---

[102] Si la Tierra arrastrara en su presunto movimiento al éter, como es el caso de un vehículo que arrastra con él el aire de su interior, la v sería la velocidad del "viento del éter lumínífero", que es como era costumbre hablar en aquel tiempo.

movía respecto al éter el aparato estaba ciertamente capacitado para detectarlo.

En 1881, Michelson llevó a cabo el primer experimento, lo hizo él solo. Alexander Graham Bell, famoso inventor del teléfono, fue quien le financió los costes de la construcción del interferómetro. Usando luz de $\lambda = 600$ nm, y suponiendo v= 30 km/s, Michelson esperaba encontrar un desplazamiento de las bandas de 0.04 de la anchura de una franja, incluso si a esa velocidad v se le asociaba la velocidad del sol en su movimiento hacia la constelación Hércules –tal como se pensaba en aquel tiempo-, el desplazamiento podría llegar hasta 0.10 de franja. Michelson realizó el experimento, y rotó una y otra vez el aparato, pero no encontró el desplazamiento que esperaba. Con cierta amargura dejó escritas sus conclusiones:

> «La interpretación de estos resultados es que no hay desplazamiento de las bandas de interferencia. El resultado de la hipótesis de un éter estacionario queda así demostrado ser errónea. Esta conclusión contradice directamente la hipótesis de la aberración que ha sido generalmente aceptada hasta ahora, y que presupone que la tierra se mueve a través del éter, permaneciendo éste último en reposo[103].»

Así pues, para la sorpresa bien disimulada de los heliocentristas, Michelson confirmaba el resultado de Airy, y por el contrario, rechazaba la hipótesis de Fresnel y Fizeau que suponía a la Tierra desplazándose a través del éter a v = 30 km/s. Decimos sorpresa "bien disimulada" porque aunque este experimento, y otros de su índole, estaban calificados como "experimentos diseñados para determinar el ether lumínífero", en realidad se trataba de confirmar experimentalmente el supuesto movimiento de la Tierra en su órbita. Los científicos de la época entendían perfectamente el quid de la cuestión, pero los resultados sencillamente le producían la consternación. ¿Pero esto es posible? De allí que los experimentos se irán repitiendo una y otra vez hasta que se vean obligados a tomar una dirección de tintes fantásticos: la teoría de la relatividad.

---

[103] Albert A, Michelson. "The relative motion of the Earth at the Luminiferous ether", The American Journal of Sciences. 1881, N. 22, vol. 3, p. 128.

El experimento de Michelson - Morley

Aún así Michelson no se quedó satisfecho con ese resultado de 1881, y decidió repetirlo en 1887, esta vez junto a Edward Morley. Para ello mejoraron el interferómetro, incrementando considerablemente la distancia a recorrer por la luz, y colocando la plataforma sobre una balsa de mercurio para minimizar las perturbaciones exteriores. Está vez el interferómetro era mucho más preciso, con ello esperaban ver un desplazamiento de 0.40 de franja, frente al máximo de 0.1 del caso anterior. La financiación del aparato les llegó de la N.A.S (National Academy of Sciences)[104]. Pero el resultado del experimento volvió a ser tan negativo como el anterior. Incluso repitieron el experimento un sinnúmero de veces, a diversas altitudes, orientaciones del instrumento, hora del día o estación del año. No encontraron el desplazamiento de bandas esperado. Definitivamente el experimento pasó a llamarse "el experimento fallido" de Michelson y Morley. Las conclusiones fueron:

> «El experimento sobre el movimiento relativo de la tierra y el éter ha sido completado, y el resultado es manifiestamente negativo. La desviación esperada de las franjas debería haber sido de 0.40 de franja – el máximo desplazamiento observado fue de 0.02 y la media menor a 0.01, y no en el lugar correcto[105] - Como el desplazamiento es proporcional a los cuadrados de las velocidades relativas, se sigue que si el éter se desliza (parcialmente) al paso de la tierra, la velocidad relativa es menor que un sexto de la velocidad de la tierra[106].»

Como podemos observar, los resultados del experimento de Michelson-Morley eran coherentes con la Tierra inmóvil. Un experimento científico diseñado y financiado específicamente para confirmar la hipótesis de Copérnico, Galileo, Kepler y Newton había fallado clamorosamente. Ahora los científicos –si eran honestos- tenían que escoger prudentemente entre una de estas cuatro posibilidades: 1) la Tierra pasa a través del éter sin una influencia

---

[104] La N.A.S. ha sido históricamente un organismo americano netamente antirreligioso y proevolucionista, su patrocinio al experimento revela que había gente influyente interesada en que el resultado tuviera un determinado signo.
[105] Atención a este dato, porque, como explicaremos más adelante, aquí está la clave de la Tierra fija en el espacio y el firmamento girando a $2\pi/86400$ s^{-1}.
[106] Carta de Michelson fechada el 17 de agosto de 1887, de los archivos de Lord Rayleigh.

apreciable; 2) la longitud de todos los cuerpos se ve alterada al moverse a través del éter; 3) la Tierra en su movimiento arrastra consigo al éter; 4) el sistema geocéntrico es correcto[107].

Ante la aversión general a la opción 4, sólo un científico del siglo XX la defendió abiertamente, el filósofo holandés Walter Van der Kamp[108], quien afirmó lo siguiente:

> «Michelson aparece como un creyente Copernicano fundamentalista... en su estrecha visión de agnóstico no hay lugar para la posibilidad número cuatro,... sin embargo una visión geocentrista para cualquier científico con los pies en el suelo, le hubiera servido como explicación viable a todos los enigmas encontrados,... pero en la mente condicionada de Michelson, el corolario obvio, la simple hipótesis del geocentrismo, no tenía cabida ni en el último rincón de su cabeza...»

Efectivamente la posibilidad "número 4" era tabú, no sólo para Michelson sino para todo el conjunto de científicos heliocentristas que ya entonces acaparaban las cátedras universitarias. El matemático y filósofo Henry Poincaré denominó la situación en que quedaba la ciencia tras el experimento fallido de Michelson-Morley como "segunda crisis", teniendo en mente la "primera crisis" que había sido la aceptación del sistema de Copérnico, pero irónicamente esta "segunda crisis" no sirvió a la Ciencia para dar un giro de 180 grados y admitir que estaba equivocada, como había sucedido en la "primera crisis" con la revolución copernicana. Porque se hizo de todo, con tal de no admitir la equivocación. Se escogió, prácticamente al azar, la posibilidad número 2, a la cual se le llamó "la hipótesis de la contracción de Fitzgerald-Lorentz", que más tarde permitiría a Albert Einstein establecer en 1905 los principios de la Relatividad Especial, una teoría que ni el propio Einstein creía en ella, pero que servía al heliocentrismo de hacer el retrogiro de 180 grados. Podríamos decir que se trata de la "respuesta nº 5" al experimento de Michelson-

---

[107] Las tres primeras habían sido resumidas por Loyd Swenson. La 'número 4', la popularizó Van der Kamp en "De Labore Solis".

[108] W. Van der Kamp nació en Holanda, pero vivió gran parte de su tiempo en Canadá. Fue el fundador de la Tychonian Society. Durante toda su vida fue un gran defensor del geocentrismo, su obra más célebre sobre el tema es "De Labore Solis"

Morley.: el éter no existe y la velocidad de la luz es constante en cualquier sistema de referencia.

De allí que el debate heliocentrismo vs geocentrismo tiene que pasar necesariamente por la cuestión de la existencia del éter, sus propiedades y la validez de la teoría de la relatividad, cuestiones a las que dedicaremos un apartado específico. Cómo de importante y trascendente es este experimento lo atestiguó el mismo Einstein, comentando a Sir Herbert Samuel *"If Michelson-Morley is wrong, then Relativity is wrong"* (citado en *Einstein: The Life and* Times). Sin embargo, existe un reclamo para el experimento de Michelson-Morley: realizarlo a bordo de un satélite artificial, o incluso en la luna. Algunos relativistas, creemos ingenuos, así lo afirman de forma explícita[109]. Nosotros creemos que no se realiza porque la respuesta se sabe: no va a ser nula, se corresponderá con la velocidad orbital de satélite en cuestión. Pero sería una respuesta demoledora, mucho más fuerte que la de Galileo. Supondría deshacer la visión copernicana y tantos falsos fundamentos en los que se basaba la ciencia en los últimos cuatro siglos y que de hecho perjudicaba también esa misma ciencia y la razón humana que tanto dicen defender. Por supuesto que nosotros nos adherimos a tal petición; materialmente no es mucho lo que se pide – cuesta muchísimo menos que mandar satélites a Júpiter y llevar a cabo otros ensayos astronómicos, pero lo que se ganaría sería enorme. Supondría sentar las bases verídicas para el desarrollo de la ciencia, de la filosofía, y por ende, de la comprensión del mundo en el que vivimos.

Es más, lo mismo pero de forma mucho más sencilla es válido para el experimento de Airy. ¿Es tan difícil realizar el experimento de Airy en un satélite no geoestacionario? Que nosotros sepamos tal experimento no se ha realizado. En esta situación el satélite se comporta de forma esencialmente diferente a la Tierra (del tema de los satélites nos ocupamos en un capítulo específico, pero aclaramos brevemente la diferencia: para un heliocentrista el satélite geoestacionario se mueve ya que rota con la misma velocidad angular que la Tierra, mientras que para geocentrismo tales satélites están realmente fijos, moviéndose los no geoestacionarios), por lo que el resultado debe ser, entendemos nosotros y defendemos que es así, diferente que en el caso del mismo experimento realizado en la tierra, es decir, inclinando un determinado ángulo el telescopio con agua en

---

[109] Así consta en esta página relativista, en el número 10.

función de la velocidad del satélite artificial o natural (la luna). Mientras, la Tierra seguirá real y figurativamente allí dónde está.

Naturalmente, saber que la Tierra efectivamente está en el centro del universo, no solamente de forma aparente sino real, lleva consigo otras consecuencias importantísimas que algunos quieren evitar a toda costa. En efecto, si está allí, no es por casualidad. El razonamiento más elemental nos lo dice. De allí a pensar que Alguien la ha colocado allí, hay un paso. La razón misma vuela espontáneamente hacia esa conclusión. Por otra parte, en el campo de la teología, las aplicaciones son tremendas. Resultará que la Escritura está en lo cierto. Que la Iglesia en su condena a Galileo tenía razón en cuanto a la interpretación de la Escritura. O sea, sin una prueba fehaciente no podemos abandonar lo dicho por la Escritura ni apartarnos del sentir común de los Padres. Cuidado, no es que condicionamos nuestra fe a este hecho, ni mucho menos. Lo que afirmamos es que es de suma importancia saber si el lenguaje de la Escritura referente a que la Tierra está en el centro del universo, es simbólico o no. Si se refiere a la interpretación de una apariencia o a la realidad misma. Lamentablemente, todas esas razones pesan mucho para que no se proceda a la realización de estos experimentos de la forma señalada.

No obstante, razones de sobra tenemos, como seguiremos exponiendo en este trabajo, para defender la postura, más bien evidencia, de que la Tierra está en el centro del universo. Hacemos nuestra la siguiente sentencia de Robert Sungenis:

> «Si ustedes quieren creer que al moverse un objeto, las longitudes encogen, su masa se incrementa, y la duración del tiempo cambia, con tal de poder explicar las anomalías del experimento de Michelson-Morley..., es vuestra responsabilidad el hacerlo, pero yo considero para mí, que la longitud, masa y tiempo permanecen invariables y la Tierra se encuentra inmóvil, con velocidad nula, y el decir esto es tan científico como lo que ustedes dicen.»

Interpretación geocéntrica de los resultados del experimento de Michelson-Morley

En la mayor parte de la literatura científica, el experimento de Michelson-Morley es señalado como "nulo" o "fallido", ya que los desplazamientos de las franjas de interferencia eran mucho más pequeños de lo esperado. Sin embargo, no eran realmente nulos: siempre constaba un pequeño desplazamiento de las mismas. Ya en 1902, W. M. Hicks[110], realizó un estudio crítico de los resultados de estos experimentos (realizados a distintas latitudes, altitudes, de día o de noche, más de 10.000 veces), subrayando claramente que sus resultados no pueden ser considerados nulos: detectan siempre un desplazamiento medible y constatable en las franjas de referencia (efectivamente, para que se pueda afirmar que el desplazamiento de las franjas es igual a cero, la media de los valores observados tendría que ser cero, por lo que sería necesario disponer de datos observados negativos; algo que no ocurre ya que estos siempre son pequeños, pero positivos). Sin embargo, la comunidad científica de entonces ignoró por completo este trabajo. No obstante, en las últimas décadas se están reconsiderando estos resultados, llamativos de por si. Múnera (1998) por ejemplo indica en el trabajo "Los experimentos de Michelson-Morley revisados: Errores Sistemáticos, Consistencia Entre Experimentos de Interferómetros, y Compatibilidad con el Espacio Absoluto" (*Apeiron*, Vol. 5. No 1-2, p. 37 January-April 1998), lo siguiente: "A pesar de calificado como un experimento nulo... es cuantitativamente mostrado que los resultados del experimento original, y de las demás repeticiones, nunca han sido nulos. Además, debido a un promediar erróneo, los así llamados resultados nulos son más grandes que los aportados".

¿Y cuáles son estos resultados exactamente? La mayor parte de las observaciones señala un desplazamiento de las franjas correspondiente a las velocidades de 1 a 4 km/s (cabe recordar que los experimentos con los interferómetros fueron realizados por otros científicos antes y después de 1905 - año de publicación del famoso trabajo de Einstein, Zur Electrodynamik Bewegter Körper[111], *Sobre la Electrodinámica de los Cuerpos en Movimiento* - por ejemplo el de Martinus Hoek en 1868, Eleuthère Mascart en 1872, Roy Kennedy en

---

[110] W. M. Hicks, "On the Michelson-Morley Experiment Relating to the Drift of the Ether", *Philosophical Magazine*, Series 6, vol. 3, 1902, p. 34.
[111] Annalen der Physik, Vol. 17, 1905, p.37.

1926, Dayton Miller en 1930 después de dos décadas de experimentación, etc). Arthur Lynch en *The Case Against Einstein* recuerda que "Dayton Miller, en su carta de 4 de octubre de 1930, subraya que 'Es verdad que casi todos los autores hasta el presente dan por hecho el resultado nulo para los citados experimentos; de forma que la mayor parte de ellos consideran esos resultados como finales y definitivos. La verdad en este caso es que el experimento **nunca** dio un efecto nulo. Mis investigaciones actuales están totalmente en sintonía con los resultados de Michelson y Morley de 1887. Estos resultados han sido ampliamente anunciados especialmente en Inglaterra, pero parece que la teoría de relatividad está tan aceptada para muchas personas que sencillamente miran por encima de las aparentes discrepancias.'"

En concreto, las observaciones de Michelson-Morley respecto a su experimento son[112]: "Respecto al Movimiento Relativo de la Tierra en el Éter Luminífero: El desplazamiento real era ciertamente menor que la vigésima parte de este... Aparece, de todo lo indicado, razonablemente cierto que si existe cualquier movimiento relativo entre la Tierra y el éter luminífero, este tiene que ser pequeño; lo suficientemente pequeño para que pueda refutar por completo la explicación de Fresnel de aberración, y que la velocidad de la Tierra con respecto al éter es probablemente menor que una sexta parte de la velocidad orbital de la Tierra, y ciertamente menor que una cuarta parte de la misma."

Pensemos ahora de forma diferente a lo procedido por Michelson-Morley y todos los científicos que, a priori, toman la hipótesis heliocentrista por cierta. En efecto, la razón principal de considerar este experimento como fallido o nulo por parte de todos ellos estriba en que ellos esperaban detectar un desplazamiento de las franjas correspondiente a la supuesta velocidad orbital de la Tierra, es decir, a una velocidad de 30 km/s. Como los resultados han sido muy inferiores a tal expectación, el experimento ha sido proclamado como nulo. Pensemos pues, que dicho experimento **no ha sido nulo**, e intentemos dar una explicación a la velocidad detectada por el interferómetro. Tengamos en cuenta un dato cierto: la velocidad lineal de un punto de la superficie terrestre en ecuador, en la hipótesis

---

[112] "On the Relative Motion of the Earth and the Luminiferous Ehter", Art. Xxxi, *The American Journal of Science*, editores James D. and Edward S. Dana, Nº 203, vol. xxxiv, Noviembre 1887, pág. 341.

heliocentrista, es aproximadamente 0,45 km/s. Para el geocentrismo todo el universo gira (y su éter) con un movimiento diario alrededor de la Tierra, con lo cual la velocidad lineal de ese giro sobre la superficie terrestre en ecuador es exactamente la misma.

Ahora bien, "ciertamente menor que la vigésima parte" (de la supuesta velocidad orbital) de la que hablan Michelson-Morley se corresponde con 1,5 km/s, y "la cuadragésima parte" es 0,75 km/s. Menor que "la cuadragésima parte", es decir la quincuagésima o sexagésima parte nos llevan a las velocidades de 0,50 o 0,43 km/s, muy próximas a la velocidad rotacional de 0,45 km/s, mencionada antes. En cuanto a la gran cantidad de datos observados en los experimentos con los interferómetros que oscilan entre 1y 4 km/s, se corresponden con la conclusión de Michelson-Morley de que "la velocidad de la Tierra con respecto al éter es probablemente menor que una sexta parte de la velocidad orbital de la Tierra, y ciertamente menor que una cuarta parte de la misma." Efectivamente, una sexta parte (de la supuesta velocidad orbital de 30 km/s) es 4,8 km/s, entra dentro del rango de la mayoría de los datos observados (1-4 km/s). Tampoco podemos pasar por alto de otro análisis importante de las observaciones experimentales: conforme el experimento se realizaba en latitudes más próximas a los polos, la velocidad observada era menor e inversamente, en las proximidades del ecuador se obtenían valores mayores. Lo mismo ocurría con respecto a la altitud: a mayor altitud velocidad observada era mayor, y viceversa.

Sencillamente pues, los datos observados por el experimento de Michelson-Morley **se corresponden con el modelo geocéntrico**, a saber, la Tierra es inmóvil y es el universo entero, con su éter, el que gira alrededor de la Tierra una vez al día. Eso es lo que el experimento había observado: un leve viento de éter sobre la superficie de la Tierra, un viento que procede de giro del universo con respecto a la Tierra. Un giro que tiene más velocidad lineal en la superficie terrestre en ecuador que en los polos (donde es nula); asimismo la velocidad lineal aumenta con altitud, de acuerdo con las observaciones experimentales.

Desde la perspectiva científica, es decir, **considerando este experimento como no nulo**, en rigor se pueden sacar dos conclusiones: 1) la Tierra rota alrededor de su eje pero no orbita alrededor del sol, y 2) es el universo el que rota alrededor de la Tierra. Para proceder con el método científico con todo rigor, sería necesario realizar, como ya lo indicamos, el experimento de Michelson-Morley en un objeto que *realmente* se mueve, como puede ser un satélite artificial o la luna. Con los avances técnicos disponibles hoy en día, tal experimento no sería difícil de realizar en absoluto; pero creemos que *el precio ideológico* a pagar sería muy grande, inadmisiblemente grande para aquellos que utilizan deshonestamente la ciencia con fines opacos.

En cuanto al tema de nuestro estudio, indicaremos más adelante otros experimentos que señalan de forma razonable que la Tierra es inmóvil tal y como lo defiende geocentrismo, es decir, ni rota ni orbita. Aquí sin embargo, tenemos que parar un momento y reflexionar sobre la importancia fundamental de la perspectiva desde la cual se sacan las conclusiones a base de los resultados de un experimento. Pensemos por un instante que este experimento se hubiese realizado en el siglo XVI o XVII; las conclusiones serían irrefutablemente geocentristas **porque se partiría de la suposición que admitía tal posibilidad**, tal y como lo señala G. J. Whitrow en su obra *La Estructura y la Evolución del Universo* (1959): "Es al mismo tiempo llamativo e instructivo especular sobre las implicaciones de este experimento si el mismo se hubiese realizado en el siglo dieciséis o diecisiete, en el momento en el que la humanidad debatía sobre los sistemas rivales de Copérnico y Ptolomeo. Los resultados seguramente serían interpretados como evidencias conclusivas a favor de la inmovilidad de la Tierra, y por consiguiente como triunfal victoria del sistema ptolemaico e irrefutable prueba de falsificación de la hipótesis de Copérnico. La enseñanza de esta imaginación histórica es que a menudo es peligroso creer en la verificación o falsificación absolutas de las hipótesis científicas. Todos los juicios de este tipo están realizados en sendos contextos históricos los cuales a su vez pueden ser drásticamente modificados por el cambio de la perspectiva en el conocimiento humano."

En la Encíclica *Inmortale Dei* (1885), Leon XIII habla sobre una perspectiva, mejor dicho sobre la **única** perspectiva que nos interesa, la perspectiva de la verdad que está por encima de toda ideología y que jamás será condicionada ni comprada por ningún interés: "…pero como todo lo que es verdad es necesario que provenga de Dios, toda verdad que se alcanza por indagación del entendimiento la Iglesia la reconoce como el destello de la mente divina: *y no habiendo ninguna verdad de orden natural que se oponga a la fe de las enseñanzas reveladas, antes siendo muchas las que comprueban esta misma fe, y pudiendo, además, cualquier descubrimiento de la verdad llevar, ya a conocer, ya a glorificar a Dios, de aquí resulta que cualquier cosa que pueda contribuir a ensanchar el dominio de las ciencias la verá la Iglesia con agrado y alegría, fomentando y* *adelantando, según su costumbre, todos aquellos estudios que tratan del conocimiento de la naturaleza*; acerca de los cuales estudios, *si el entendimiento alcanza algo nuevo, la Iglesia no lo rechaza,...*" Compartimos plenamente esta convicción; ergo es necesario desde toda honestidad humana y científica ir al fondo de la cuestión, no dar alguna posible solución por descartada simplemente porque no conviene al pensamiento dominante del momento. Como vamos a mostrar, en este asunto hay tanto en juego, todo un cambio de paradigma científico forjador de la mentalidad moderna durante cuatro siglos, que cambiarlo, admitir la "impensable alternativa de la centralidad de la Tierra en el universo" según Hubble, supone un salto de tal magnitud que su altura asusta y la posibilidad de admitirlo se rechaza *a priori*.

Y allí están las mediciones realizadas, de 1 a 4 km/s en la mayoría de ellas, indicando que hay *algo* en el espacio que provoca una *resistencia* para la velocidad de la luz, una resistencia que no puede ser provocada por el vacío absoluto en el espacio que daba Einstein por sentado. Deslumbrados y confundidos por estos resultados, muchos científicos optaron por pensar en que estas mediciones se debían a la incorrecta calibración de los instrumentos de la medida. Aunque eso suponía exponerse a incómoda conclusión de que todos los experimentos con los interferómetros realizados hasta los años 1930, tendrían la misma clase de errores. El físico Héctor Múnera puntualiza: "... ¿qué es lo que está en el origen de las pequeñas amplitudes (es decir, pequeñas velocidades observadas) observadas por Michelson-Morley? ...Esto es el puzzle que falta en toda la historia."[113] No podemos omitir que se trataba de aparatos capaces de detectar las pequeñísimas desviaciones en la velocidad de la luz.

¿Qué es lo que está en cuestión?

En cuestión está la misma teoría de relatividad. Para la misma el resultado deseado es de 0 km/s, ya que de esta manera fácilmente podrían afirmar que el éter no existe y que la velocidad de la luz es la misma independientemente del sentido del movimiento de la Tierra. De hecho, toda la teoría de relatividad descansa en la suposición de que no hay *nada* en el espacio exterior, por lo que la teoría requiere que no

---

[113] Héctor Múnera, "The Evidence for Lenght Contraction at the Turn of the 20th Century: Non-existent" (Las Evidencias para la Contracción de Longitud a finales del siglo XX: Inexistentes), en *Einstein and Poncaré: The Physical Vacuum, p. 89.*

haya corrimiento de las franjas de referencia de interferómetro, es decir, que la velocidad detectada sea igual a cero. Si la Tierra no se mueve y si los interferómetros *realmente* muestran la verdadera velocidad de éter en la superficie terrestre, toda la teoría de relatividad se cae como un castillo de naipes. Es más, la Tierra *no debe* moverse con el fin de que la teoría de relatividad sea cierta. En otras palabras, la teoría de relatividad es el escape heliocentrista a los experimentos de Michelson-Morley.

Mediante el siguiente esquema resumiremos la forma de pensar del *establishment* científico actual, más extraña de decirse, que de creerse:

Premisa mayor: Es evidente que la Tierra se mueve alrededor del sol.
Premisa menor: Ningún interferómetro jamás ha medido tal movimiento.
Conclusión: La Tierra se mueve, cuerpos se contraen, tiempo se dilata, no existe ni el éter ni el movimiento absoluto. Todo es relativo. Caso cerrado.

Sin embargo, por espantoso que sea razonar así, existe la base teórica para este proceder. Arthur Eddington admitió en una ocasión: "No existen hechos puramente observables sobre los cuerpos celestes... *es únicamente por la teoría* cómo se trasladan al conocimiento del universo exterior". Si algún experimento en la historia cumple con esta suposición, entonces ese es el experimento de Michelson-Morley. En breve, primero formulamos la teoría, luego ajustamos los hechos a la misma. Clark revela: "Michelson-Morley sugirió, sin embargo, que el mejor camino para seguir no es aquel que parte de la observación para concluir leyes generales; sino un proceso de postulación totalmente diferente; primero construir la teoría y luego descubrir si los hechos la satisfacen, o no. De forma que ahora a las teorías se las permite arrancar con hipótesis científicas preestablecidas sin haber sido nunca observadas, ni habiendo sido observado o analizado el hecho contrario. Décadas después el método proveyó los resultados de partida para la teoría general (de relatividad)."[114] En definitiva, cegados por la no probada hipótesis heliocentrista, asumida como verdad absoluta, el mundo científico ajustaba los datos de todos los experimentos que no concordaban con tal planteamiento a unas teorías extravagantes y estrafalarias que rayaban incluso la locura. Lorentz y Fitzgerald intentaron resolver este problema afirmando que ¡los aparatos de interferometría se contraían con la velocidad y de esa forma no eran

---

[114] *Einstein: La Vida y los Tiempos*

capaces detectar ninguna diferencia en la velocidad de la luz disparada en distintas direcciones! La solución de Einstein fue descartar el éter y decir que no existe la diferencia en la velocidad de la luz. Amén que tanto los primeros como Einstein consideraban los resultados positivos obtenidos como *errores de medida*. Curiosamente, estos "errores" se mantienen hasta nuestros días. Mencionaremos solamente algunos de los experimentos con los interferómetros realizados desde 1905. Todos nacidos con el único destino de ser "nulos", porque *no podían ser* positivos ya que romperían en añicos la teoría de relatividad. Sin embargo, *no* eran nulos. Veámoslo.

En 1926, Roy Kennedy realizó un experimento con el interferómetro colocado dentro de un habitáculo metálico en gran altitud y sometido a presión. Los resultados fueron calificados como "nulos". En 1932 escribió el artículo[115] con Edward Thorndike titulado *Experimental Establishment of the Relativity of Time*[116] comentando estos resultados, calificados como "nulos". Sin embargo, se les escapa inevitablemente un comentario que la mínima honestidad científica obligaba hacer constar: *"existen pequeñas dudas de que el experimento realmente conduce a un resultado nulo"*. Para el colmo, ellos indican las mediciones de "10±10 km/s" que para nada puede ser considerado un resultado "nulo". También en 1926, los experimentos llevados a cabo por A. Piccard and E. Stahel en Mt. Rigni fueron calificados como nulos. Respecto a este experimento, Lynch en *The Case Against Einstein* escribe: "...serie de experimentos de profesor Piccard de Bruselas - sobre la cual al principio se mostraba reticente realizar publicaciones incluso en la congreso de Rigi - realizados a más de seis mil píes de altitud, evidenciaron un viento de éter de más de un kilómetro y medio por segundo. Experimentos con el globo ofrecieron un resultado bien diferente, el viento de éter a una altitud de ocho mil píes fue de nueve kilómetros por segundo". Otra vez en 1926, K. K. Illingworth[117] obtiene un resultado "nulo". Sobre el particular,

---

[115] Trabajos anteriores de Kennedy sobre el particular fueron: "A Refinement of the Michelson-Morley experiment", Proc. Nacional Academy of Science, 12, 621-629, 1926; R. J. Kennedy at the Conference on the Michelson-Morley Experiment held at Mount Wilson Observatory, Feb. 4-5, 1927, en *The Astrophysical Journal* 68, 1928, 367-373.
[116] *Physical Review* 42, 1932, 400-418.
[117] K. K. Illingworth, "A repetition of the Michelson-Morley experiment using Kennedys refinement", *Physical Review*, 30, 692-696, 1926.

Múnera[118] escribe: *"... muchos trabajos exhiben la inconsistencia entre la observación (la velocidad no nula) y la interpretación (resultado nulo). Este trabajo no es excepción... En concreto, para la sesión...el promedio de las velocidades es de 2,12 km/s, lo cual quiere decir que la velocidad real puede tomar valores entre 0,89 y 3,35 km/s con un límite de confianza de 50%. Por supuesto, para mayor confianza la amplitud es mayor... Claramente, los resultados de Illingworth **no han sido nulos**."*

Suma y sigue: en 1927 el trabajo de Pieter Zeman[119] ha sido calificado nulo. En 1930, Von Georg Joos[120] desarrolla un test con un interferómetro óptico y encuentra el mismo resultado "nulo". Múnera[121] comenta: "...Joos obviamente obtiene una pequeña velocidad que comunicó como 'un viento de éter con una velocidad inferior a 1,5 km/s'. Incluso entonces, esto *no es* velocidad nula" (cursiva es nuestra). El equipo de científicos guiados por T. S. Jaseja[122] (1964) hizo la revisión del experimento de Michelson-Morley utilizando rayos láser en las dos fuentes de la luz, permitiendo más exactitud en la medición. Otra vez los resultados han sido interpretados como nulos. Jacob Shamir y R. Fox[123] realizaron un experimento similar al de Michelson-Morley utilizando un láser sistema óptico con sensibilidad para detectar el desplazamiento de las franjas de 0,00003 de la anchura de franja. Comunicaron un resultado "nulo" *pero* con el límite superior para la velocidad de éter en contra de la Tierra de 6,64 km/s. R. Latham y J. Last[124] en 1970 llevaron a cabo una cantidad similar de experimentos asegurando haber obtenido un resultado "nulo". En 1979, Alain Brillet y J. L. Hall[125] repitieron el experimento de Jaseja con aún más exactitud y refirieron otra vez un resultado "nulo". Curiosamente, Aspden en *Physical Letters* 8, No. 9, 1981, p. 411 interpretan sus resultados como

---

[118] Héctor Múnera, "Michelson-Morley Experiments Revisited: Systematic Errors, Consistency Among Difference Experiments, and Compatibility with Absolute Space", *Apeiron*, Vol. 5, Nr. 1-2, January-April 1998, p. 46).
[119] El experimento de Pieter Zeeman aparece en *Arkhs. Nederl. Sci.* 10, p. 131- 220.
[120] G. Joos, "Die Jenaer Wiederholung des Michelsonversuchs, *"Annalen der Physik S.* 5, vol. 7, N° 4 (1930), 385-407.
[121] Héctor Múnera, "Michelson-Morley Experiments Revisited: Systematic Errors, Consistency Among Difference Experiments, and Compatibility with Absolute Space", *Apeiron*, Vol. 5, Nr. 1-2, January-April 1998, p. 48-49).
[122] T. S. Jaseja, A. Javan, J. Murria and C. H. Tornes, "Test of Special Relativity or of the Isotropy of Space by use of Infrared Masers", *Physical Review* 1, 133a: 1221-1225, 1964.
[123] J. Shamir and R. Fox, *Il Nuovo Cimento* 62B, N°. 2, 1969, p. 258.
[124] R. Latham and J. Last, *Proceedings of the Royal Society of London*, A320, 131, 1970.
[125] A. Brillet and J. L. Hall, *Physical Review Letters* 42, 549-552, 1979.

'debidos a la rotación terrestre'. Naturalmente, resulta que no podemos confirmar el orbitar de la Tierra (lógico, porque no existe), pero ahora resulta que "por lo menos" podemos afirmar que la Tierra rota, ya que para eso sí tenemos la confirmación. Como hemos dicho antes, señores nuestros, si la Tierra orbitara a una determinada velocidad, esa sería detectada ya por Michelson-Morley en 1887. Su aparato tenía capacidad para ello, pero no lo detectó. Entonces también, como en todos estos experimentos que acabamos de mencionar, teníamos la constancia de un leve viento de *algo que impide que la luz viaje a la misma velocidad en un u otro sentido de la rotación.* Ese "algo" llamamos éter que los geocentristas afirmamos, con todo rigor y en derecho también científico, se desplaza por la superficie terrestre siguiendo la rotación de todo el firmamento. Ese éter del que Einstein afirmó que no existe. Su teoría lo requería. Como requería que todos los experimentos que buscaban detectar la evidencia de la existencia del éter, *en cuanto afectaba al supuesto movimiento de la Tierra*, sean proclamados nulos. Einstein lo sabía muy bien que *"si Michelson-Morley está mal, entonces la relatividad está mal"*[126].

Volvemos a las premisas de la falsa argumentación descrita antes, basada en recurrencia cíclica a algo tomado *a priori* como verdadero, cuando *eso mismo es lo que hay que demostrar*. No ocurrió únicamente en el caso de los experimentos con interferómetros en busca del éter luminífero. Cualquier experimento cuyo resultado de alguna manera está relacionado con el supuesto movimiento de la Tierra está destinado a ser "nulo" o "inválido" si no detecta tal movimiento. Antes se renegará de los principios básicos de la física que admitir "la alternativa inadmisible" de Hubble, la inmovilidad de la Tierra. Lo podemos ver incluso entre algunos críticos de Einstein, como por ejemplo Max von Laue, que habiendo criticado el uso de la fórmula $E=mc^2$ al hacer notar que Einstein arbitrariamente elimina la energía cinética, seguía siendo un incondicional de la teoría de la relatividad. Lo mismo que Einstein, nunca admitió la Tierra inmóvil como una posible solución a los perplejos resultados de varios experimentos. Por ejemplo, refiriéndose al experimento de Trouton-Noble, que pretendía mostrar que las placas cargadas eléctricamente tomarían la posición de menor resistencia debido al movimiento de la Tierra, von Laue[127] escribe: "Parecía razonable que en el condensador

---

[126] Afirmado a Sir Herbert Samuel en los bajos de la Palacio Presidencial, Jerusalén (*Einstein: The Life and Times, p. 107*)
[127] *Albert Einstein: Philosopher-Scientist*, pág. 522-523.

eléctricamente cargado... asumiría una orientación particular con respecto a la velocidad de la Tierra, aquella en la que desaparece el momento angular. Esta conclusión es ineludible en la mecánica de Newton. Sin embargo, en 1903 Fr. T. Noble y H. R. Trouton buscaban en vano este efecto. Incluso una más precisa repetición de su experimento realizada por R. Tomaschek (1925-26) no encontró rastro alguno de este efecto. Su resultado es una prueba del principio de relatividad como lo es el experimento con interferómetro de Michelson. Los dos experimentos proveyeron lo necesario para la nueva mecánica; el experimento de Michelson porque muestra la contracción de los cuerpos en la dirección del movimiento, y el experimento de Trouton y Noble porque muestra que el momento angular no necesariamente conduce a la rotación de los cuerpos implicados... De forma que, una nueva época en la física ha creado una nueva mecánica... eso empezó, podemos decir, con la cuestión qué efectos tiene el movimiento de la Tierra sobre los procesos físicos que toman lugar en la Tierra.... Podemos asignar una línea divisoria entre esas épocas mediante una fecha concreta: Tuvo lugar el 26 de Septiembre de 1905, con la publicación de Albert Einstein titulada 'Sobre la Electrodinámica de los Cuerpos en Movimiento', aparecida en *Annalen der Physik*."

Uno con toda legitimidad puede pensar que si las placas "no muestran rastro alguno de este efecto", que lo razonable es sacar la conclusión que allí no existe momento angular porque no está causado por la Tierra móvil, sencillamente. Pero aceptando el copernicanismo como verdad absoluta e indiscutible, von Laue es conducido a la increíble conclusión de que "el momento angular no necesariamente conduce a la rotación de los cuerpos implicados". Antes que cuestionar el copernicanismo, von Laue prefiere modificar (¡?) uno de los sacrosantos principios de física, uno que jamás ha sido demostrado por nadie como no válido – la ley del momento angular. Todo por no cometer la "herejía científica" de considerar la Tierra inmóvil. Por enésima vez, heliocentrismo, como una hipótesis no probada pero asumida *a priori* como verdadera, demuestra ejercer un dominio sobre la libertad de pensamiento científico, tan vulnerable porque sigue siendo... tan humano con todas las implicaciones. Heliocentrismo que en su momento se presentó como la liberación del hombre frente a la cohibición de pensamiento por la retrógrada Iglesia, resulta ser un anillo de Mordor que esclaviza la mente y la razón.

Un anillo que debe ser destruido con el fuego de la verdad que facilita tanto la vuelta del hombre al hombre. Mientras, los problemas para la teoría de la relatividad y sus presupuestos, no paran de aparecer. Al mismo tiempo otros experimentos demuestran que la Tierra inmóvil sigue estando inmóvil en el sentido científico y real. Seguimos con el experimento de Sagnac que, contra todo pronóstico, demostró la existencia del movimiento absoluto y la no constancia de la velocidad de la luz.

El experimento de Sagnac

Todos los libros que explican la teoría de la Relatividad de Eintein suelen comenzar con un análisis de los experimentos de Arago, Fresnel, Airy, Bradley, Michelson-Morley, etc. con sus presuntos intentos fallidos por detectar el éter luminífero. A continuación dan paso al salvador del heliocentrismo, Albert Einstein, con sus postulados: No hay éter, la luz viaja siempre a velocidad c en todo sistema inercial, no hay movimiento absoluto, las longitudes de los cuerpos encogen, su masa se incrementa, la duración del tiempo cambia... Pero muy pocos libros enseña el experimento que en 1913 realizó el físico francés George Sagnac. Evidentemente no quieren perturbar a los estudiantes con dudas hacia el dogma de la Relatividad[128]. ¿Por qué? Pues porque tan solamente ocho años después de haber sido postulada la teoría de la relatividad, aparece un experimento que con toda claridad demuestra que la velocidad de la luz no es constante, "redescubriendo" además el movimiento absoluto. Razones de sobra para ser tratado tan poco y mal. Einstein sencillamente prefirió obviarlo. Con razón, su biógrafo Ronald Clark, en todo el libro de 878 páginas *no hace referencia alguna a los experimentos de Sagnac y de Michelson-Gale*. Mencionaremos sin embargo notables excepciones: E. J. Post en *Reviews of Modern Physics* 39, 1967, págs. 475-493; Herbert Goldstein, *Classical Mechanics*, 1980 y Stefan Marinov *Foundations of Physics* 8, 1978, págs. 137-156.

---

[128] Es muy difícil encontrar hoy los experimentos de Sagnac y Michelson-Gale en los libros, por ejemplo en el A.P French del MIT "Curso de Relatividad Especial", que se utilizaba en la universidad, no mencionan ni una palabra de ellos.

En cualquier caso lo más común es encontrar ensayos que intenten conciliar el resultado de este experimento con la teoría de la relatividad. Una conciliación no convincente e hipotética, que no descansa en ningún resultado concreto. Es más, la "losa" de experimento de Sagnac, que posteriormente pasará a ser denominado como *efecto Sagnac*, está allí aplastando los mismos cimientos de la Relatividad. De allí la explicación de por qué el *establishment* científico tenía aversión a este experimento, una vez empezando a difundirse la teoría de la relatividad. Vamos a adentrarnos en los detalles de este experimento. Recordemos que Sagnac era un científico de renombre; era profesor de la física teórica de la Universidad de París y entre sus resultados previos debemos mencionar su asistencia a Pierre Curie en descubrimiento de propiedades de radium, así como el descubrimiento de los rayos-X secundarios y otros varios efectos ópticos.

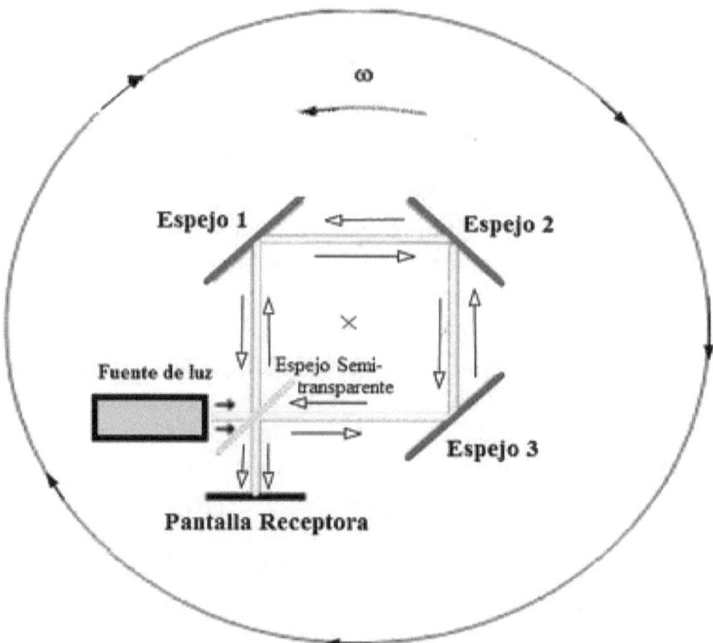

En la imagen de arriba está el esquema del interferómetro que ideó Sagnac. La luz que sale de una lámpara pasa a través de un espejo semi-transparente, se divide, y los dos rayos pasan –en direcciones opuestas- por otros 3 espejos, para finalmente converger nuevamente en el semi-transparente, y finalmente la luz no coherente ser recogida en la pantalla de interferencias. Todo el conjunto está situado en una plataforma que rota a 2 revoluciones por segundo sh (sentido horario), para cambiar después a 2 rps sch (sentido contra-horario). Se trata de observar si hay desplazamiento de las franjas de interferencia.

Básicamente, la diferencia con el experimento de Michelson-Morley es que en el de éstos los rayos recorrían en uno y otro sentido un diámetro de la plataforma fija, para detectar la velocidad lineal de la tierra (o la del viento de éter). Ahora en el de Sagnac los rayos que convergen en la placa recorren un circuito (circular), y pretende detectar la velocidad angular ω de la tierra (o del firmamento en torno a la tierra en la perspectiva geocéntrica). Pues uno de los rayos estará girando a favor de ω y tardará menos tiempo en alcanzar la placa. Sagnac esperaba que con el sistema rotando como un todo con respecto al éter, el tiempo que tardase la luz en recorrer dos puntos debiera ser alterado de igual manera que si el aparato estuviera inmóvil y sometido a la acción del viento de éter. Con lo cual, su experimento era diseñado correctamente para manifestar la existencia del éter y su efecto sobre la velocidad de la luz. En su trabajo en *Comptes Rendus de l' Académie des Sciences* (París) 157, 1913, Sagnac explica sus observaciones: "Claramente, el experimento debe ser considerado como directa manifestación del éter luminífero. En el sistema movido como un todo con respecto a éter, el tiempo transcurrido en la propagación de la luz entre dos puntos del sistema sería el mismo para el caso del sistema inmóvil y sujeto a la acción del *viento de éter* que sirve de soporte para las ondas de la luz análogamente a como sirve la atmósfera para las ondas acústicas. La observación de los efectos ópticos del viento relativo de éter constituirá *evidencia para el éter*, de la misma forma[129] que la observación de la influencia del viento relativo de la atmósfera sobre la velocidad del sonido en el sistema en movimiento (en la ausencia de una explicación mejor) constituye la evidencia de la existencia de la atmósfera alrededor del sistema en movimiento".

Al analizar su experimento, Sagnac no aprecia en los resultados, una velocidad de giro para la tierra, contrariamente de lo que también esperaba, por lo que cataloga a su propio experimento como "nulo" al igual que el de Michelson-Morley. Sin embargo, al realizar su experimento encuentra, en efecto, que el rayo que viaja

---

[129] El efecto Sagnac ha sido medido no únicamente para las ondas de luz; también en el caso de las ondas materiales (J. E. Zimmermann and J.E. Mercerau, *Physical Review Letters*, 14, 887, 1965); neutrones (D. K. Attwood et al., *Physical Review Letters*, 52, 1673, 1984; S. A. Werner et al., *Physical Review Letters*, 67, 177, 1991); y con electrones (F. Hasselbach and M. Nicklaus, *Physical Review A*, 48, 143, 1993).

hacia los espejos que se 'alejan' tarda más en llegar que el rayo que viaja hacia los espejos que se 'acercan'. Acababa de encontrar un resultado que contradecía al postulado de la Relatividad Especial (que afirma que *la velocidad de la luz es la misma para todos los observadores*), es decir, un rayo de luz viaja a más velocidad que otro rayo, medidos ambos en un mismo sistema[130]. Pero además, este resultado –ahora llamado "efecto Sagnac"- es una prueba de la existencia del movimiento absoluto (la luz no tiene la velocidad constante a menos que se mida en un sistema en reposo absoluto). Sagnac interpretó que su resultado, como lo hicieron otros[131] en la comunidad científica, anula la teoría de la Relatividad Especial. Efectivamente, él demuestra algo tan irrefutable como sencillo en su veracidad: **dos diferentes velocidades para dos rayos de luz que recorren la misma distancia**. Entonces, se pregunta Sagnac, ¿qué es eso lo que hace que uno de los rayos de luz viaje más despacio? Da una respuesta lógica, coherente con la observación del experimento: es debido al éter que disminuía su velocidad, lo cual es fácilmente generado por la rotación de la plataforma giratoria. Estos resultados son tan predecibles y precisos que el "efecto Sagnac" está de hecho utilizado en la tecnología actual con el fin de detectar la rotación, lo mismo que en los giróscopos mecánicos.

¿Y cómo se las arreglan los relativistas actuales para explicar el resultado de este experimento? Ya sabemos que Einstein le hacía caso omiso. ¿Pero y qué dicen hoy, cuando ya hay que hablar un poquito aunque sea por cortesía? Hoy en día los relativistas, por su cara, evitan la evidencia. Eso es lo que hacen, no nos cansemos. Acto seguido, dicen por ejemplo que la Relatividad Especial *no funciona en los sistemas rotatorios*. O sea, han dicho bien hasta una parte al menos: *no*

---

[130] Para defender la Relatividad, Einstein et al dieron explicaciones ad hoc como que ésta no puede aplicarse a sistemas en rotación. Pero el resultado del experimento de Sagnac aceleró la decisión de Einstein de ampliar la Relatividad (RE) a la Relatividad General (RG). Lamentablemente para Einstein, cuando su RG estaba completada matemáticamente, resultó que fallaba también para explicar este efecto. La reacción de Einstein fue ignorar el experimento de Sagnac y continuar con lo suyo como si no pasará nada.

[131] Ver por ejemplo: John Chapell, "George Sagnac and the Discovery of the Ether", *Arch. Internat. D'Histoir des Sciences,* 18: 175-190, 1965; F. Selleri, *Foundations of Physics,* 26, 641, 1996; *Foundations of Physics Letters* 10, 73, 1997; J. Croca, *Nuevo Cimento B,* 114, 447, 1999; F. Goy, *Foundationes of Physics Letters* 10, 17, 1997; J. P. Vigier, *Physical Letters A,* 234, 75, 1997; P. K. Anastasowski et al., *Foundations of Physics Letters,* 12, 579, 1999.

funciona. Porque si dijeran que funciona, es que estamos locos. No hay escapatoria posible: un rayo llega antes que el otro recorriendo la misma distancia. Con lo cual, hay que cambiar la teoría, o sea, su coletilla. Ya no será más "Relatividad Especial", sino "Relatividad General". Porque hasta que no recurran a los "tensores métricos" de la Relatividad General, no "arreglan" el asunto. Note el lector que el "arreglo" está sencillamente en la "pintura". O sea, la realidad se describe mediante una teoría llena de ecuaciones matemáticas sofisticadas. En esa teoría aparecen elementos no comprobables empíricamente (todavía no existen ni evidencias ni pruebas[132] de que las longitudes de los cuerpos encogen con la velocidad), de forma que la teoría funciona – que es mucho decir, como una abstracción que en absoluto representa la realidad. Desde luego, *no es* la realidad; es sencillamente lo que sostenedores de esa teoría *piensan* sobre la realidad. Este matiz sobre la veracidad y representatividad de las teorías científicas es tenido en cuenta por muy pocos; en la práctica una teoría científica se presenta como una verdad absoluta y en cierto sentido para la misma se pide desde las instancias informativas un asentimiento casi religioso.

Sin embargo, en nuestro proceso de recopilación y análisis de datos referentes al debate geocentrismo vs. heliocentrismo, debemos ahora reflexionar sobre el conjunto de la información aportada por los experimentos desde Arago hasta Sagnac. Los científicos no relativistas interpretan al experimento de Sagnac como una prueba de la revolución de la Tierra sobre su eje (que dan por hecho). Ciertamente, se detecta un leve viento de éter como en el caso del experimento Michelson-Morley, pero sabemos que este hecho se puede explicar perfectamente desde la perspectiva geocéntrica. Sin embargo, detectando este viento de éter para la rotación, no lo detectan para el movimiento orbital de la Tierra. Si detecta uno, ¿por qué no detecta otro? Por otra parte, los experimentos de Arago y Airy indican fuertemente que la Tierra no se mueve. Por lo tanto, una mente científica *debería* estar abierta a *todas* las soluciones posibles para la respuesta a un experimento, especialmente a las que de forma más sencilla responden al mismo. Pero en este caso la ciencia está cegada por la aceptación *a priori* de heliocentrismo; de allí que se da con bruces a toda posible indicación de que la realidad *no es así*. No son capaces de acoger una solución que le salta a la vista delante de sus narices: la Tierra está en el centro del

---

[132] Héctor Múnera, "The Evidence for Lenght Contraction at the Turn of the 20th Century: Non-existent"

universo. Hay una proposición de *Syllabus* (1864) de Pío IX que en su punto 6 condena el siguiente error: *"La fe cristiana se opone a la humana razón; y la revelación divina no sólo no aprovecha, sino que perjudica a la perfección del hombre."* Pues bien, creemos que en este caso estamos afortunados por fiarnos de la posibilidad de veracidad de lo afirmado en la Escritura en cuanto a la inmovilidad de la Tierra; gracias a Dios, *nos abre la mente*. Lo admitimos como algo totalmente real, y creemos firmemente que es así, apoyados en la evidencia y los experimentos científicos. Si se demuestra lo contrario, como decía el cardenal San Bellarmino, diremos que no hemos entendido bien y buscaremos otra interpretación. Pero mientras tanto, ni un ápice nos apartamos de lo dicho por la Escritura y comúnmente defendido por los Padres. Además, no estamos hablando en contra de lo que vemos en el cielo: son precisamente los heliocentristas que le dan vuelta al asunto y dicen que somos nosotros los que damos vueltas de aquí para allá. Ergo pues, ni hablamos en contra de la evidencia, ni en contra de los resultados de los experimentos científicos, ni, por supuesto, en contra de lo narrado por la Escritura, ni en contra de la enseñanza de los Padres.

Defendemos pues, lo dicho como un múltiple testimonio. Para los católicos, en cuanto a la interpretación de la Escritura. Para todos los que se identifican con el nombre cristiano, desde la perspectiva ecuménica mostrando la justa defensa del tribunal dirigido por San Bellarmino; mostrando su inquebrantable adhesión a la Escritura y enseñanza de los Padres, en unión con lo defendido por la Tradición y el Magisterio vivo de la Iglesia; por último y por ahora resaltamos este punto, para los científicos; para que *no se cierren solamente a lo que ellos por su entender puedan captar*. Dios no contradice nuestra razón – es su don, eso sería un absurdo, pero siendo Él único la Verdad, debemos abrir nuestra mente a lo que Él nos pueda decir. Efectivamente, lejos de perder, ganaremos porque *"la revelación divina no sólo no aprovecha, sino que perjudica a la perfección del hombre"*.

Esto es lo que les ha pasado a tantos científicos en esta materia en los últimos dos siglos. Expulsado Dios, separado Dios de la razón, la razón, perdida, se quedó ciega para ver lo que estaba delante de sus ojos. Y las evidencias siguen golpeando.

El resultado de Sagnac, que paró los pies en seco a la excursión imaginativa de la Relatividad y devolvió, objetivamente, la ciencia al éter de Maxwell, Fresnel, Fizeau, Arago e Airy, es tan fuerte, robusto, comprobado e irrefutable que los científicos actuales se ven en la obligación ineludible de incluir el efecto Sagnac en sus fórmulas funcionales de la Relatividad. Una muestra de las más populares: el GPS (Global Positioning System) no puede funcionar correctamente sin incluir ajustes basados en los resultados experimentales de Sagnac. Así lo demostró en 1984 el equipo de D. W. Allan y otros científicos internacionales que midieron en los satélites GPS el mismo efecto en la luz que el efecto Sagnac de 1913[133]. No es por eso ninguna sorpresa que siempre que surja la necesidad para la navegación inercial – es decir un sistema de referencia absoluto desde el cual se calculan las demás coordenadas, el efecto Sagnac siempre está incluido[134]. Por lo demás, es un principio universal para todas las señales electromagnéticas propagadas en sentidos inversos, señales de neutrones, ondas de Broglie e incluso ondas de sonido, es decir, para todas las ondas que viajan en direcciones opuestas dentro del marco de un sistema rotatorio.

Todas esas señales y ondas muestran la misma diferencia, tanto para las señales materias como para la luz, independientemente de la naturaleza física de la interferencia. Todos estos experimentos, verificados y tenidos en cuenta en nuestros días dentro de procedimientos y mecanismos sofisticados muestran que el efecto Sagnac no depende de la naturaleza de la luz, por sí sola, sino solamente del principio del movimiento absoluto. Los experimentos con los láser circulares han confirmado el efecto Sagnac con una precisión de orden de 10^{20}, una verificación asombrosa.

¿Cómo escapan los relativistas de lo embarazado (para ellos) del efecto Sagnac? Negar, no pueden negarlo, y si lo aceptan, lo hacen de tal forma que "funcione" la Relatividad. Pero ese funcionar, si es que funciona incluso así, es puramente matemático, basado en las

---

[133] D. W. Allan, D. D. Davis, M. Weiss, A. Clements, B. Guinot, M. Granveaud, K. Dorenwendt, B. Fischer, P. Hetzel, S. Aoki, M. K. Fujimoto, L. Charron, and N. Ashby, "Accuracy of International Time and Frequency Comparisons Via Global Positioning System Satellites in Common-View," *IEEE Transactions on Instrumentation and Measurement*, IM-34, No. 2, 118-125, 1985. (BIN: 689); Citado también en in *Science*, 228: 69-70, 1985.
[134] *Laser Applications*, ed. Monte Ross, F. Aronowitz, New York, Academic Press, 1971, vol. 1, págs. 133-200; E. J. Post, *Review of Modern Physics*, 39, 2, 475, 1967; W. W. Chow et al., *Review of Modern Physics*, 57, 61, 1985; V. Vali and R. W. Shorthill, *Applied Optics*, 15, 1099, 1976; G. E. Stedman, *Rep. Prog. Phys.* 60, 615, 1997.

hipótesis que *tal vez* se verifican. Tomemos por ejemplo al físico francés Paul Langevin[135]. En su trabajo de 1921 (en 1938 Herbert Ives[136] demostró su invalidez) sostenía que el efecto es debido al principio relativista de covarianza, es decir, el universo puede ser pensado como rotatorio alrededor de la plataforma estacionaria de Sagnac, y de esa forma la "energía radiante" del universo arrastra la luz del alrededor del interferómetro. Este movimiento circular del universo crea la aceleración centrípeta hacia el centro de la rotación. Más tarde fue admitido que esta solución llevaría a cambio de la velocidad de la luz, sin mencionar que por otra parte permitiría a la Tierra estar en el centro del universo rotante. Ciertamente, no es esta una solución geocéntrica al efecto Sagnac, la mencionamos como una muestra más del horror que supone admitir en el pensamiento siquiera que la Tierra pudiera estar en el centro del universo, para el cual encima se admite la posibilidad de ser rotante.

Sin embargo, tenemos que remarcar un aspecto de esta "solución" ¿Qué es eso de la "energía radiante" del universo? ¿Estamos con la ciencia o propuestas esotéricas de la *New Age*? La ciencia se debe basar en algo medible, observable, a partir de lo cual construir una teoría que mantenga todo lo observado de forma coherente. Y ahora vemos, en cambio, que la situación no es así, en absoluto. Se construyen las teorías a partir de expectativas y casi intuiciones. Sin ningún rubor se pasa de una perspectiva a otra, de unas hipótesis a otras, sin pedir perdón para nada. Realmente, en estos casos se lo pueden permitir: no la necesitamos para nada en nuestras vidas de cada día. Parece que su propósito es diferente. Su propósito crear una determinada imagen del mundo. Estamos, otra vez, en una de las escuelas filosóficas de la antigüedad y se sigue a este o al otro filósofo. Bien lo dijo el mismo Einstein[137]: *"Yo realmente soy mucho más filósofo que físico"*, admitiendo sin más que: "Sigue de esto que nuestras nociones de la realidad física nunca pueden ser finales. Siempre tenemos que estar dispuestos en cambiar estas nociones..."[138]

---

[135] *Comptes Rendus* 173, 831-834, 1921.
[136] "Light Signals Sent Around a Closed Path", en *Journal of the Optical Society of America*, April 16, 1938, Vol. 28. Ives concluye: "Si su aparato rota con respecto a las estrellas él observará el efecto Sagnac, si no es así, da igual cómo de grande es la rotación relativa con respecto a su alrededor material, allí no existirá el efecto Sagnac.
[137] Las palabras de Einstein a Leopold Infeld, *Quest – An Autobiography*, Chelsea, New York, 1980, p. 258.
[138] Albert Einstein, *Ideas and Opinions,* 1984, pág. 266.

Langevin mismo propuso otra solución en 1937. Esta vez mediante la idea de *"tiempo local no uniforme"*, permitiendo de esta manera mantener constante la velocidad de la luz. Pero ya al año siguiente, Herbert Ives mostró que la propuesta de Langevin de 1937 es inválida ya que haría que dos relojes que funcionan en "tiempo local no uniforme" indiquen dos tiempos distintos en el mismo lugar.

Desgraciadamente, las explicaciones de Ives han sido totalmente ignoradas en la literatura científica; algo "lógico" por otra parte ya que los intentos de Langevin han sido encaminados hacia la conciliación del experimento de Sagnac con la Relatividad. Una pretensión que va hasta nuestros días. No obstante, aquí tenemos que remarcar este intento de los relativistas con respecto al recurso al universo rotante respecto a la Tierra con el fin de resolver el problema del efecto Sagnac. Esencialmente, por contradictorio que parezca, precisamente los relativistas no pueden objetar nada al modelo geocentrista, ya que el principio de equivalencia relativista postula que no existe la diferencia entre el universo rotante alrededor de la Tierra fija y la Tierra rotante dentro del universo estacionario. De facto, los relativistas vuelven al debate entre Galileo y la Iglesia, con tal de que ahora existen muchas más pruebas a favor de la postura de la Iglesia que entonces. La afirmación de Martin Gardner es demoledora: "Realmente desde la postura de la Relatividad, la elección del sistema de referencia es arbitraria. Naturalmente, es más simple para asumir el universo fijo y la Tierra móvil, que a la inversa, pero los dos caminos para referirnos respecto al movimiento relativo de la Tierra son dos caminos para decir la misma cosa."[139] Precisamente esta noción del principio de equivalencia fue promovida por Mach en sus cartas personales a Einstein, y es este mismo principio desde el cual Einstein forma su propia teoría de la Relatividad. De hecho, en el modelo de Mach, la gravedad de las estrellas en rotación con respecto a la Tierra estacionaria es la que provee una respuesta físico-mecánica codificada para explicar el por qué de las fuerzas centrífugas. Y eso es debido a la gravedad de las estrellas que actúa sobre el objeto. Afirma Clark[140] sobre Einstein: "La idea que el sistema de las estrellas fijas debería determinar en la última instancia la existencia de las fuerzas centrífugas era un bagaje importante perteneciente a la base conceptual de fondo para la teoría General de la Relatividad. Esto no era una idea nueva; ha sido propuesta en términos generales por Berkeley y Mach".

---

[139] Martin Gardner, *The Relativity Explosión*, 1976, pág. 185.
[140] *Einstein: The Life and Times*, pág. 266.

Los modelos que dependen solamente de la Tierra móvil, sin consideración de la gravedad de las estrellas, carecen de tales recursos y tienen que explicar ciertos fenómenos, como de la fuerza centrifuga y de coriolis, como efectos secundarios y no como fuerzas primarias.

Por último, el concepto de la "energía radiante del universo" de Langevin, en el fondo recurre al concepto de éter como transmisor, vehículo, medio por el cual se propaga tal energía que actúa respecto a la plataforma de Sagnac, aunque no se mencione explícitamente. Porque si no, ¿cómo se explica esa misteriosa fuerza a distancia? No es por eso nada raro que al final se llegue, como abordaremos con más detalle en otro momento, al concepto del "éter relativístico", o sea, un éter, pero congruente con la Relatividad. O sea, todo vale con tal de que yo tenga la razón.

Podemos pues concluir sobre el experimento de Sagnac: redescubre el movimiento absoluto, la velocidad de la luz no es constante, no detecta el movimiento traslacional de la Tierra, pero sí rotacional (o, en el modelo geocéntrico, el giro del diverso). Y, por supuesto, además de la teoría de la Relatividad, pone en duda la supuesta nulidad del experimento de Michelson-Morley. Todo ello predispuso la necesidad de cotejar estos resultados con otros experimentos. No se tardó mucho en realizar otro experimento, muy silenciado en la literatura científica, el experimento de Michelson-Gale.

El experimento de Michelson-Gale

Michelson se debió quedar estupefacto ante el experimento de Sagnac, y en el fondo, como todo heliocentrista, no daba crédito al resultado. Ciertamente, no era el único. De hecho, como lo indica en el Abstract de su trabajo, fue urgido a realizar un experimento que en cierto sentido sería una continuación natural al de Sagnac, por L. Silberstein. Este mismo físico fue el que en su artículo[141] de 1921 discutía sobre la dificultad que tiene la teoría de la Relatividad para explicar fenómenos ópticos rotacionales. Así que en 1925 Michelson decidió hacer por su cuenta en esencia el mismo experimento que el de Sagnac, pero con un aparato mucho más sofisticado. Como nuevo

---

[141] *Journal Optical Society of America* 5; 291-307, 1921.

colaborador tuvo a Henry G. Gale, pues Morley había fallecido en 1923. Para eliminar la distorsión que podía producir el aire, Michelson y Gale ensamblaron un interferómetro que incluía un circuito por el cual viajaría la luz (en el sentido horario –sh, y sentido contra horario– sch), consistente de una tubería llena de agua de una milla de longitud. Ellos, al contrario de Sagnac, no utilizaron una plataforma giratoria[142], pues consideraron que la rotación sería la propia de la tierra. Y efectivamente, en su experimento hallaron que la luz atravesando el circuito en el sch se retardaba. El desplazamiento de las franjas que observaron fue más bien pequeño, una media[143] de 0.230 franjas, que equivalía al 2% de la velocidad de giro de la Tierra, ω. El impacto total para Michelson: justamente delante de sus ojos se confirmaba el experimento de Sagnac pero además la interpretación de su propio experimento de 1887 fue puesta en duda, así como la teoría de la Relatividad. Aquí estaba otra prueba más, de un orden diez veces superior al experimento de Sagnac, que allí está, de veras, el espacio absoluto en el cual ocurre la rotación absoluta. Algo estaba afectando a la luz con el fin de que produzca siempre un desplazamiento en las franjas de interferencia indicando que va a distinta velocidad en sentidos opuestos. Sagnac y Michelson-Gale demostraron que eso era el éter, lo cual suponía una ironía para Michelson. Ahora aparecían pruebas evidentes de que la luz sí viajaba a través de un éter luminífero. En resumen, en un sentido la luz va más rápido que en el otro, y con un circuito fijo... ¿Por qué? Porque algo que dejaba constancia física de su existencia, frenaba la velocidad de la luz en un determinado sentido. Y, sin embargo, para el supuesto movimiento traslacional de la Tierra, no dejaba evidencia alguna. Con ello, la alegre conjetura de que la Tierra se desplazaba a 30 km/s alrededor del sol, así como la teoría de la Relatividad, deberían haber quedado refutadas para siempre... si hubieran querido mirar el experimento con la objetividad científica. Sin embargo, Michelson se limitó a dar la siguiente interpretación, llena de arbitrariedad y omisiones significativas : "Todo lo que podemos deducir de este experimento es que la tierra rota respecto a su eje"[144], lo cual es incierto pues 1° el experimento no distinguía entre la tierra rotando contra el éter o el éter rotando contra la tierra; 2° el valor numérico no coincidía con la velocidad de giro de la tierra (era

---

[142] Herbert Ives en 1938 demostró analíticamente que el efecto Sagnac podía realizarse sin una plataforma en rotación, pues es la rotación terrestre (o del éter) la que produce el efecto.
[143] El experimento fue realizado durante trece días con un total de 269 observaciones, casi siempre con los mismos resultados.
[144] Citado por A.H. Compton, en "The Master of Light" p. 310.

sensiblemente menor[145]); y 3° Michelson sí podía deducir algo más, a saber, que el experimento de Michelson-Morley de 1887 no había sido fallido sino que confirmaba una velocidad *nula* para el movimiento traslacional de la tierra.

No hace muchos años, en el 1990, analizando los resultados de los experimentos de Sagnac y de Michelson-Gale, Hayden y Whitney[146], en un trabajo titulado de forma incómoda: "If Sagnac, Why Not Michelson-Morley?" (Si Sagnac, ¿por qué no Michelson-Morley?), escriben: "Sostenemos que hasta que algo nuevo no esté firmemente sobre la mesa, esta cuestión sencillamente no puede ser resuelta. No existe teoría alguna actualmente aceptada que explique por qué... el efecto Sagnac aparece en una clase de experimentos y en otros no".

Efectivamente, "hasta que algo nuevo no esté firmemente sobre la mesa,...", allí está la clave. Pero el problema es que ese "algo" ya está servido, ya está sobre la mesa; es la Tierra inmóvil en el centro del universo, una solución que rechazáis como una mala pesadilla. Posiblemente, para tantas personas educadas y formadas en la mentalidad heliocentrista, esta realidad puede ser más aterradora que cualquier pesadilla; de allí que son incapaces de verla; de allí que *no quieren verla*. En este sentido, es elocuente el silencio de la comunidad científica incluso sobre la misma existencia de estos experimentos. Señalaremos unas cuantas muestras de lo que acabamos de decir.

Hayden y Whitney en el libro anteriormente citado, escriben: "Más que el experimento original de Sagnac, la demostración subsiguiente de efecto Sagnac por parte de Michelon-Gale, es curiosamente omitida en la literatura. R.D. Sard (*Relativistic Mechanics*, W. A. Benjamín, Inc., New York, 1970) comenta solamente que el experimento de Michelson-Gale determina la velocidad angular de la Tierra hasta un 2,5 %. L. S. Swenson ("Michelson and Measurement", *Physics Today* 40, 24, 1987) recientemente dedican tan solo 22 palabras al experimento, llamándolo

---

[145] La tierra rotando sobre su eje sería tendría una velocidad $\omega=2\pi/86400$, sin embargo si es el éter el que gira sobre el eje NS terrestre, esta ω del viento de éter variaría con la distancia a la superficie, siendo muy inferior en la superficie terrestre (como sucede con un barco que está en el ojo de un huracán) y aumentando con la altura sobre el nivel del mar. Lo que realmente Michelson-Gale detectaron era precisamente el leve 'viento de éter' sobre la superficie de la tierra y no la rotación de ésta.

[146] *If Sagnac and Michelson-Gale Why Not Michelson-Morley?* Howard C. Hayden and Cynthia K. Whitney, Tufts University, Nov./Dec. 1990.

'un intento en un gran campo en Clearing, Illinois, de medición del efecto de la rotación de la Tierra sobre la velocidad de la luz'. En 55 referencias, E. L. Hill ("Optics and Relativity Theory", *Handook of Physics*, E. U. Condon, ed., McGraw Hill, 1967) no menciona el experimento de Michelson-Gale. En la lista de unas 1600 referencias, C. W. Misner, K. S. Thome, y J. A. Wheeler (*Gravitation*, 1973) tampoco lo mencionan (ni siquiera el de Sagnac)... Por lo demás, el trabajo de Michelson-Gale no es mencionado en *ninguno* de los famosos trabajos que versan sobre la medición de la velocidad de la luz, o la comparación de la velocidad de la luz en varias direcciones." Dean Turner en 1979 subraya que *McGraw-Hill Enciclopedia de Ciencias y Tecnología* de 1971, *Enciclopedia Británica* de 1974, *Enciclopedia Americana* de 1976, así como la *Enciclopedia de Filosofía* de 1967, no mencionan los experimentos de Sagnac y de Michelson-Gale. McGraw-Hill consintió escribir un artículo sobre el éter para la edición de 1977, pero sin mencionar todavía los experimentos de Sagnac y Michelson-Gale, dos de los más importantes experimentos en los anales de física[147].

Evidentemente, la física y cosmología moderna eran incapaces para dar respuestas satisfactorias a los experimentos de Sagnac y Michelson-Gale; la baraja se rompía completamente. La Relatividad estaba aceptada, asumida, asentada. Lo más que se podía consentir era un silencio aislador. No se podían negar los resultados de estos experimentos y lo mejor que se les ocurría era esperar para que tal vez en el futuro se encuentre la respuesta a los mismos. Lo científico sería decir, al menos, que tenemos que reconsiderar la validez de la Relatividad. Eso llevaría otra vez a la incomodidad de Michelsnon-Morley... y a la posibilidad de dar una respuestas *inadmisible*. Desde la perspectiva de este condicionamiento se puede entender por qué Einstein no hace siquiera la mención de estos experimentos en *ninguno* de sus trabajos. Esto es realmente impresionante. De lo mismo era conciente su biógrafo, Ronald Clark, que en *ninguna* de las 878 páginas de su libro menciona siquiera *una sola vez* los dos experimentos citados. Lo mismo que Stephen Brush en "Why was Relativity Accepted?" (¿Por qué fue aceptada la Relatividad?) en *Physics in Perspective* 1: 184-214, 1999, que no menciona los experimentos ni de Sagnac, ni de Michelson-Gale (ni de Miller-otro experimento con interferómetro proclamado otra vez como nulo y del que Einstein

---

[147] *The Einstein Myth*, págs. 44, 102.

dijo[148] "Creo que he encontrado la relación entre la gravitación y la electricidad, asumiendo que el experimento de Miller está basado en un error fundamental. En otro caso, toda la teoría de la Relatividad se caería como un castillo de naipes"), pero sí hace al menos una docena de referencias a Michelson-Morley.

Muchos creen ingenuamente que la ciencia es aséptica y tan neutral como lo son los datos científicos. Ciertamente, los datos pueden serlo, pero la ciencia, o sea, la interpretación científica depende sobremanera de los *científicos*, que son solamente *hombres*, sometidos como todos los demás a pasiones y determinadas preferencias. Si creemos, si solamente eso creemos, que la Tierra se ha ido formando poco a poco a partir de polvo cósmico, siendo una mota de polvo perdida en lo desconocido del universo, no admitiendo *bajo ningún concepto ninguna otra posibilidad*, difícilmente podemos reconocer incluso algo evidente que los mismos experimentos, no solamente nuestros ojos, nos confirman: que estamos en el centro del universo. Pero si creemos, si podemos admitir que Dios es capaz por su libre voluntad crear la Tierra en el lugar privilegiado del universo, allí donde su Hijo tomará cuerpo, no nos será difícil poder ver la solución a este problema, que de problema en realidad no tiene nada, es la evidencia que se sigue confirmando conforme el hombre va conociendo, de verdad, el mundo creado. Porque, "Los cielos cuentan la gloria de Dios, la obra de sus manos anuncia el firmamento;" (Ps. 19, 1). Es Dios quien permite que la verdad, por medio de las evidencias, esté tocando fuertemente a la puerta. Pero, los hombres actúan de acuerdo a una ley moral que les hace ser virtuosos, o no. Les puede hacer optar *a priori* e intransigentemente por una determinada solución, en función de sus *intereses* y *convicciones*, pero sobre todo, y lo que es más *grave*, les puede hacer actuar con una falta de honestidad. "En efecto, la cólera de Dios se revela desde el cielo contra toda impiedad e injusticia de los hombres que *aprisionan la verdad en la injusticia*; pues lo que de Dios se puede conocer, está en ellos manifiesto: Dios se lo manifestó… se deja ver a la inteligencia a través de sus obras…" Rom. 1, 18-20.

No pararemos aquí. Sin miedo alguno a la verdad, todo lo contrario, con un amor apasionado hacia ella, continuamos. Más experimentos nos ayudarán a quitar los gruesos tapones de cera que nos

---

[148] Carta a Robert Millikan, Junio 1921 (de *Einstein: The Life and Times*, pág. 400)

pusieron en los oídos para no poder oír la clarísima voz de la verdad, amiga inseparable de Dios.

Anomalía de la *Rotación Atmosférica* ¿evidencia de no rotación?

Los heliocentristas disfrutan mucho hablando de la fuerza de Coriolis, del efecto capaz de producir la desviación de los vientos atmosféricos en los distintos hemisferios, de la circulación atmosférica global… mostrando gráficas de cómo sería la circulación en una tierra estática y cómo lo es en una presunta tierra rotante. Sin embargo se equivocan, como ha demostrado el físico Robert Bennett, pues he aquí que aparece la llamada "Anomalía de la Rotación Atmosférica" (A.R.A.) que ellos son incapaces de explicar, y que se muestra como una fuerte evidencia de la no rotación terrestre.

Empecemos haciendo un resumen de la hipótesis estándar de la circulación atmosférica global. El sol calienta la totalidad de la Tierra, pero la distribución del calor a lo largo de la superficie terrestre no es homogénea: las regiones ecuatoriales y tropicales reciben obviamente mucha más energía solar que las latitudes medias y las regiones polares. Entonces hay un gradiente térmico por lo que se produce transferencia de calor desde las zonas tropicales calientes a las polares frías, al mismo tiempo el aire caliente tiene menor densidad y se eleva, por el contrario el frío desciende lo cual conlleva una circulación del aire en forma de 'célula' o circuito cerrado. La presunta rotación, la inclinación del plano del sol, y que haya mayores masas de tierra en el hemisferio norte que en el hemisferio sur, hacen el patrón global mucho más complicado. En lugar de un modelo de una célula o circuito simple, la circulación global consiste en un modelo de tres células tanto para el hemisferio norte como para el sur. Estas tres células son la *célula tropical* (conocida también como célula Hadley), la *célula de latitud media* y la *célula polar*.

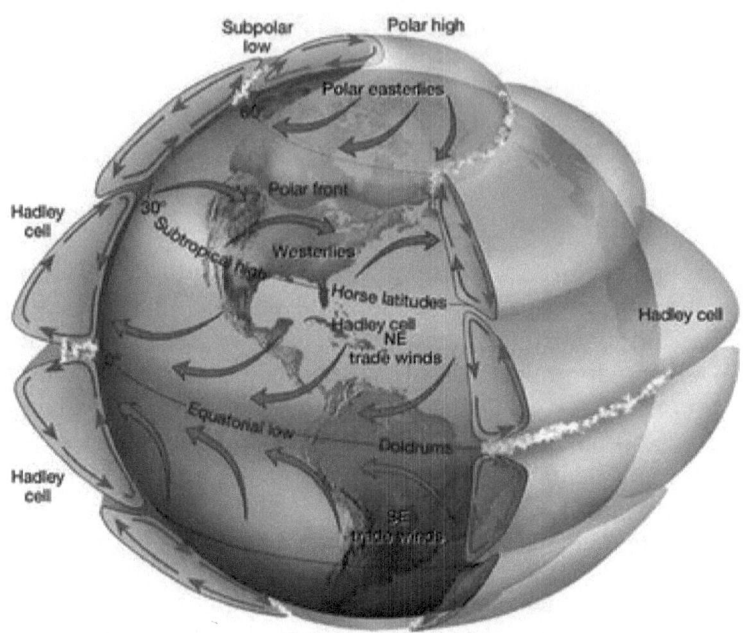

1. *Célula Tropical* (célula Hadley) - El aire de latitudes bajas que fluye hacia el ecuador, se eleva verticalmente debido al calor, con sentido hacia los polos en la parte alta de la atmósfera. Esto forma una célula de convección que domina los climas tropicales y subtropicales.

2. *Célula de latitud media* (célula Ferrel) -Una célula de circulación atmosférica de latitudes medias fue descubierta por Ferrel en el siglo XIX. En esta célula, el aire cercano a la superficie fluye hacia los polos y hacia el este y el aire de niveles más altos en sentido hacia el ecuador y al oeste.

3. *Célula Polar* - El aire se eleva, diverge y viaja hacia los polos. Una vez que se encuentra encima de los polos, el aire se desploma y forma las zonas polares de altas presiones. En la superficie el aire diverge hacia fuera de esas zonas de altas presiones. Los vientos superficiales de la célula polar son vientos del este (del este polar).

Es muy conocido el hecho que la fuerza de Coriolis sea la principal causa de que el aire de las bandas altas de la atmósfera se desvíen localmente de Oeste hacia el Este a latitudes de 30°, en forma de las corrientes subtropicales, así como también provoca los vientos alisios del Noroeste (desvío hacia la derecha) en el hemisferio norte y los alisios del Sudeste (desvío hacia la izquierda) en el sur.

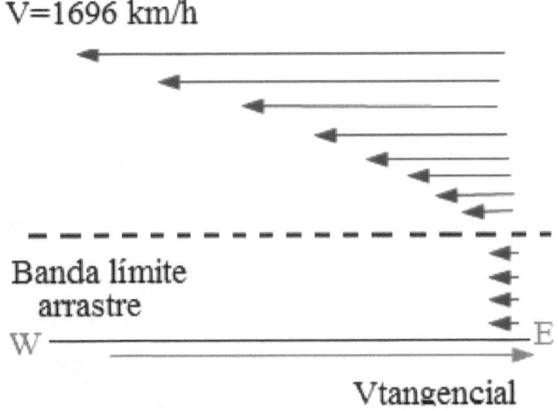

Todos estos se llaman "efectos secundarios", pues su magnitud es muy pequeña, debido a la pequeñísima influencia de la fuerza de Coriolis, que como es conocido aparece si la tierra rotara (aunque también aparece si lo hace el firmamento). Ahora bien, hay otros efectos primarios de un orden de magnitud muy superior que deberían aparecer en la atmósfera si la Tierra verdaderamente rotara sobre su eje polar, concretamente los inerciales debidos a esta rotación terrestre. Si la tierra girase en sentido anti-horario (W→E) los vientos deberían oponerse a este movimiento, y con mayor fuerza en el ecuador donde sería más grande la velocidad tangencial (1696 km/h). Aunque la tierra arrastrara en su movimiento al aire de una pequeña capa inferior, sin embargo en las capas altas la velocidad del viento en sentido horario (E→W) debería ir aumentando su velocidad relativa hasta alcanzar los 1696 km/h respecto a un punto de la superficie terrestre sobre la altura del ecuador. Esto produciría fortísimas corrientes, o sea, ventiscas de chorro ('jet streams'), que luego experimentarían ligeras desviaciones por efecto Coriolis.

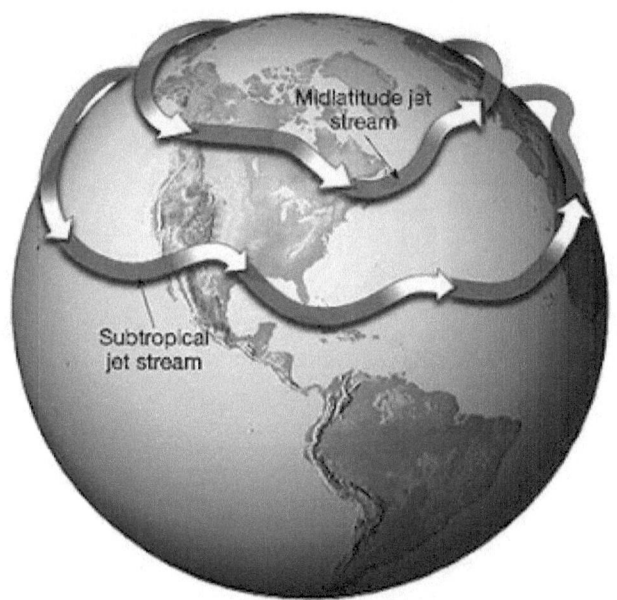

En esta imagen podemos contemplar parte de la anomalía ARA.

El físico geocentrista Robert Bennet estudió esta anomalía ARA, que se pone de manifiesto si tomamos como modelo el ciclo de Hadley y el efecto Coriolis estándar.

Las conclusiones de Bennett son:

1) En caso de haber una "corriente de chorro" ('jet stream') en algún sitio de la tierra rotante, debería tener sentido horario (E→W), y además debería estar sobre la zona del ecuador. Sin embargo, no se observa así, aparecen dos en cada hemisferio, y con sentido opuesto.

2) Los vientos estacionarios que aparecen a mayor altitud de la atmósfera parecen ser de 50 nudos (80 km/h), muy por debajo de los 1696 km/h que debería esperarse en una tierra rotante.

3) Todo ello parece ser indicativo que la tierra no tiene rotación, y en cambio los diversos vientos variables serían causados por los gradientes de presión y temperatura producidos por el calentamiento solar.

Lo curioso del caso es que nadie parece preocuparse por esta anomalía de la 'rotación' atmosférica, limitándose a discutir los efectos de la fuerza de Coriolis, que tienen un carácter secundario, pero todos parecen ignorar la cuestión fundamental: la transición desde un marco acelerado –la Tierra- hasta un marco inercial, el espacio vacío. ¿Por qué este desinterés?

Robert Bennet decidió consultar el asunto del ARA a expertos de la NASA, NOAA, JPL, the Australian weather forum, así como a un par de meteorólogos americanos y a otro foro de internet de expertos en el clima. Las respuestas que obtuvo pertenecen a tres categorías:

A) Ninguna respuesta. B) Una detallada descripción de las formas de la circulación atmosférica global que incluye los efectos menores de la fuerza de Coriolis, pero ignorando los efectos mayores que deberían aparecer con los vientos de 1700 km/h. C) Reconocimiento de que no lo saben, pero tampoco les importa el asunto.

En su intento de resolver el enigma ARA por sí mismo, Robert Bennett prosiguió con un método científico riguroso, planteándose la siguiente pregunta: ¿qué ocurre con otros planetas de los que sí sabemos que rotan y además tienen la atmósfera? ¿Qué vientos podemos observar en tales atmósferas? En ese sentido, hizo las siguientes observaciones:

* Venus es un planeta prácticamente sin 'spin', pues rota sobre su eje una vuelta cada 243 días, lo que resulta una velocidad tangencial de 8 km/h sobre el ecuador. Podríamos esperar que la zona alta de su atmósfera va a estar en calma. Pues no, su disposición es la esperada para una esfera rotante, aunque con pequeña velocidad, teniendo una atmósfera gaseosa aparecen vientos de 360 km/h en dirección (E→W) y en su zona ecuatorial, vientos que van disminuyendo con la altura y también con la latitud, ¡exactamente como se esperaría que ocurriera en una tierra rotante! Pero además aparecen dos 'jet streams' en dirección (W→E) en cada hemisferio, igual que en la tierra, indicación de que estas últimas son corrientes de convección por el calentamiento solar.

* Dos planetas rotantes y con atmosfera son Júpiter y Saturno. Su rotación es aproximadamente 2.5 veces la supuesta rotación de la Tierra. Sin embargo, los vientos constantes en la zona ecuatorial son cuatro veces más rápidos que en cualquier zona de la Tierra.

Todo esto es muy sorprendente, los vientos sobre la zona

ecuatorial de la Tierra 'rotante' no se manifiestan como deberían hacerlo, pero como dice Robert Bennet, lo más extraño de este asunto es que nadie se preocupa en investigarlo. Sospechamos que es por el miedo a la verdad. Nosotros sin embargo esperamos que, con el tiempo, investigaciones de este tipo se realicen en los centros de estudios que admiten la creación del mundo de forma directa, existentes en EE. UU. Nos referimos al banco de pruebas de mecánica de fluidos en los cuerpos en rotación sobre su propio eje y en rotación respecto al centro de rotación exterior al cuerpo, es decir, de los cuerpos que simulan la rotación de un planeta sobre su propio eje y sobre el sol. La diferencia está en que estos centros disponen de una cantidad de medios muy reducida respecto a los centros del *establishment* científico. Sin embargo, a pesar de esta circunstancia ya se han realizado sendos experimentos que defienden ciertas posturas creacionistas; hasta tal punto de que el *establishment* evolucionista se ha visto en obligación de realizar y divulgar una película que intenta refutar los experimentos de los centros creacionistas. Otros ejemplos de esta batalla cultural son los de profesores despedidos de las universidades por simplemente incluir en un determinado trabajo las tesis, no de creacionistas siquiera, sino de los científicos defensores de Diseño Inteligente.

Querido lector, la ciencia no es tan aséptica como dicen que lo es. La ciencia no es Ciencia, un ente abstracto e impersonal que se comunica a los hombres más ilustres. La ciencia es llevada a cabo por los hombres, sometidos muchas veces a demasiados intereses y vicios. No obstante, siempre lo diremos, la ciencia debe presuponer la honestidad y la búsqueda interesada de la verdad. En tal caso, convencidos estamos, no nos separaremos de Dios.

Los experimentos LLR confirman el geocentrismo

Por si todavía los experimentos de M-M, Michelson-Gale, Sagnac, y demás, no probaron fehacientemente que la Tierra se encuentra en reposo absoluto, ahora resulta que un experimento realizado por los técnicos del proyecto Apollo, el *Lunar Laser Ranging Experiment*, lo ha hecho más-allá-de-toda-duda, y sin embargo parece que se lo quiere silenciar.

Los experimentos LLR consisten en enviar múltiples pulsos láser desde la Tierra hacia un preciso punto de la superficie lunar donde ha sido colocado un retro-reflector que refleja cada pulso haz láser de vuelta hacia la Tierra. El objetivo inicial era medir la forma exacta de la trayectoria lunar promediando los datos de las distancias obtenidas en distintos tiempos

Así está reflejado en la web de APOLLO[149]: "...el tiempo es considerado para el rayo de la luz que viaja hasta la luna y hacia atrás (desde la Tierra)… oscila entre 2.34 hasta 2.71 segundos, en función de la distancia hasta la luna en ese momento (la distancia entre la Tierra y la luna toma valores entre 351,000 km hasta 406,000 km). Medimos el

---

[149] http://www.physics.ucsd.edu/~tmurphy/apollo/basics.html

tiempo con una precisión de pocos picosegundos, o de pocas trillonésimas partes de un segundo.

Retro-reflectores para el experimento LLR fueron ensamblados durante las misiones tripuladas Apollo 11, 14 y 15; otro fue también colocado por medio del vehículo espacial no-tripulado soviético Lunakhod 2. En total hay cuatro colocados en la luna (hay 5 pero uno no funciona). Cada uno consiste en una serie de cubos (corner cubes) reflectores concentrados, que forman un tipo especial de espejo con la propiedad de reflejar un haz de luz entrante, y llegar a devolverlo en la misma dirección. Puede leerse más sobre reflectores lunares en la web oficial[150].

Las pulsaciones del haz de láser se observan desde telescopios terrestres, y darían a los científicos la oportunidad de medir con precisión la distancia Tierra-luna y así estudiar la forma de la órbita lunar. Los experimentos LLR se llevaron a cabo desde el 1969. Se utiliza un haz láser porque esta luz puede enfocarse a grandísimas distancias con poca dispersión. Aún así, cuando llega a la superficie lunar el haz se ha dispersado hasta formar un círculo de unos 7 km de diámetro, y al retornar a la superficie terrestre alcanza hasta los 20 km de diámetro. Obviamente, la señal que llega a la Tierra es extremadamente débil, y para registrarla se necesitan largas exposiciones. Promediando la señal para un cierto tiempo, la distancia a la luna podía medirse con una precisión de 3 cm; hay que tener en cuenta que la distancia media a la luna es de unos 385.000 kilómetros.

De acuerdo al Heliocentrismo se tiene lo siguiente:

* Velocidad orbital de la Tierra alrededor del sol: 29,78 km/s

* Velocidad de rotación de la Tierra: 0,46 km/s (en el ecuador) – 0 km/s (en los polos).

A la hora de emitir el haz láser desde el telescopio terrestre, no tiene gran importancia la velocidad de rotación de la Tierra, puesto que para dirigir correctamente el rayo hacia el reflector sólo hay que tener en cuenta la velocidad relativa entre la superficie terrestre y la lunar. Sin embargo, esta velocidad rotacional debe ser tenida en cuenta para ubicar con precisión el telescopio receptor que captará la luz láser que

---

[150] http://www.physics.ucsd.edu/~tmurphy/apollo/lrrr.html

retorna a la tierra, pues si por ejemplo el receptor terrestre estuviera en el ecuador, éste debería estar situado entre 2,34x0,46 (1,07 km) y 2,71x0,46 (1,25 km) del punto en que se emitió el haz láser, dependiendo del lugar que se encuentre la luna (la luz tendrá entre 2,34 y 2,71 segundos de viaje). Si el experimento se realizase en el polo norte, no habría este inconveniente.

Pero la velocidad lineal tiene una desventaja superior, de acuerdo al heliocentrismo en esos 2,34-2,71 segundos la tierra se habrá desplazado una distancia entre 69,69 y 80,71 km en su trayectoria alrededor del sol. Por tanto, para el heliocentrismo el receptor debería colocarse, teniendo en cuenta la extensión de 20 km del haz laser, a una distancia entre 49,69 km y 60,71 km (a los que quizás habría que añadir los 1,07-1,25 km anteriores), con lo cual hay que tener en cuenta esta distancia para corregir el ángulo de orientación del receptor de acuerdo a la nueva posición. Pero aún hay algo más, pues según los datos astrofísicos recientes el sol (con todo el conjunto de planetas) se está desplazando a una velocidad de 370 km/s hacia un punto de la constelación Leo. Por lo que habría que desplazar el receptor en unos 938 km más.

Según la prueba, la Tierra ni se mueve, ni rota.

Y ahora viene el punto primordial. Los experimentos LLR comenzaron a hacerse desde 1969, y se siguieron haciendo durante bastantes años, pero lo que no está registrado en los libros de texto es que cuándo los científicos encargados de estos LLR observaron por primera vez – con un lógico asombro - ¡que no tenían que cambiar la orientación del receptor! Es decir, el mismo telescopio terrestre que lanza hacia la luna los pulsos láser los recibe sin ningún problema bajo el mismo ángulo. ¿Cómo es posible esto? Porque la Tierra no se movió.

Conclusiones:

- La Tierra está estacionaria relativa al sol (la velocidad de traslación es v=0), por tanto es el sol el que orbita alrededor de la Tierra.

- La Tierra está estacionaria relativa a la luna, por tanto la luna orbita alrededor de la Tierra.

- La Tierra no rota en torno al eje norte-sur terrestre (la velocidad de rotación es nula), sino que las estrellas y todo el firmamento rotan en torno de ese eje.

CAPÍTULO IV. EVIDENCIAS DE LA POSICIÓN CENTRAL DE LA TIERRA Y LAS PARTICULARIDADES DE LA MISMA

En el fondo la Tierra no puede girar

Hay una demostración en física teórica que si la Tierra se encuentra en el baricentro del universo entonces además de estar absolutamente estática tampoco puede rotar, aunque sí lo haga el universo como un todo. La demostración a pesar de requerir la utilización de un fuerte desarrollo matemático relativista, es fácilmente descriptible mediante un modelo hidrodinámico de tal modo que cualquiera pueda llegar a asimilarlo. Esto es lo que vamos a ver aquí.

Sir Fred Hoyle, en su excelente libro "Nicolás Copérnico: Un ensayo sobre su vida y su obra" analiza en profundidad las perspectivas heliocéntrica y geocéntrica, pero llevándolas más allá de lo que otros autores jamás osan rebasar para no disgustar a los guardianes de la legitimidad del paradigma actual. A Fred Hoyle no le tiembla el pulso a la hora de señalar cada uno de los fallos e inconvenientes del sistema de Copérnico, o las incongruencias de su 'lavado de cara' como es el sistema de Kepler-Newton. Fred Hoyle, aún siendo partidario afectivo del heliocentrismo, no se calla cuando tiene que hablar desde la perspectiva del geocentrismo y reconocer su superioridad en algunos aspectos, ni le importa derribar mitos establecidos por el heliocentrismo doctrinal. Uno de estos últimos tiene relación con la errónea creencia de los científicos del siglo XIX que pensaron que el heliocentrismo quedó definitivamente probado cuando se encontraron las primeras paralajes estelares . Se observó que las posiciones de las estrellas cercanas participaban de oscilaciones anuales, y se concluyó – precipitadamente - que éstas eran el reflejo de la circunvalación anual de la Tierra en torno al sol. A esto Hoyle responde que siempre podemos considerar a las estrellas moviéndose en epiciclos análogos a los que percibimos en los planetas, es más, dice, si consideramos a la Tierra fija en el centro, necesariamente habría que darle un epiciclo a cada estrella u objeto distante al igual que se hace con los planetas. Aunque esta posibilidad es tenida por absurda por prácticamente todos los heliocentristas, Hoyle admite la posibilidad de que el universo entero estuviera rotando según el eje terrestre y llevando consigo al sol. Y en este caso, un desequilibrio de la distribución de materia total del universo supondría una precesión o bamboleo de este eje de giro del universo, que es el que experimentaríamos nosotros desde la Tierra como la sucesión de las cuatro estaciones del año. Si éste fuera el caso, afirma Hoyle, entonces el universo entero sería asimilable a un gigantesco giróscopo en rotación, con la tierra inamovible en su centro, y con el resto del universo rotando en torno a ella.

Siendo el universo finito, en algún lugar de él debe hallarse su "centro de masa" o baricentro. Este punto no necesariamente será el centro geométrico del universo. Por ejemplo, si el universo fuera una gigantesca esfera, el baricentro no tiene por qué ser su punto central, sino que depende de la distribución de su masa total, de esta manera podría ser cualquier punto de la esfera. Y teniendo en cuenta que la Tierra fue creada por Dios estratégicamente primero (Gen 1,1-2), para después situar el resto de cuerpos del universo con la precisión necesaria que la Tierra quedara en ese preciso baricentro. Esto es lo que parece indicar el versículo Job 26,7:

«Dios extendió los cielos sobre el vacío y dejó colgada la Tierra sobre la nada.»

El efecto giroscópico provoca que cualquier fuerza externa que intente mover el baricentro sea contrarrestada por el sistema total, por lo tanto es el universo como un todo el que se opone al movimiento de la Tierra, lo cual sería la razón de su perfecta inmovilidad. Basándose en este principio se utiliza, por ejemplo, un giróscopo para mantener un enorme petrolero flotando sin ningún vaivén en medio de un mar embravecido. Igualmente un universo en rotación produce la inmovilidad absoluta de la Tierra. Así que Galileo se equivoca una vez más, cuando en el famoso *"Dialogo de los dos Máximos Sistemas de Mundo"* hablando por su portavoz Salviati afirma que si los cielos estuvieran realmente girando con la fuerza suficiente como para impulsar las vastísimas masas de innumerables estrellas sería inconcebible que la Tierra pudiera resistir sin movimiento ante un impulso tal de esta gigantesca masa rotante. En contra de la opinión de Galileo, así como la de los que ingenuamente niegan que un firmamento rotante arrastraría consigo a un péndulo de Foucault y a los sistemas limítrofes a la Tierra, está la sólida teoría matemática del efecto giroscópico de una esfera masiva rotante sobre su baricentro, no sólo demostrada en la Mecánica Clásica sino que ha sido confirmada también para la Mecánica Relativista por Misner, Thorner & Wheeler.

El giróscopo se encuentra rotacionalmente estático respecto a unos marcos inerciales locales que aparecen en sus inmediaciones. Si la Tierra gira –dice Misner et all- con velocidad angular de $\Omega = 2\pi/86400$ s^-1 respecto a las galaxias lejanas, los marcos inerciales giran también con esa misma velocidad angular porque la rotación terrestre los arrastra. Todo ello se desprende de las ecuaciones del cálculo tensorial, pero Misner et al utilizan una analogía en mecánica de fluidos que sirve para clarificar el asunto de una forma más visual pero igualmente precisa. Supongamos primeramente una esfera sólida rotando con velocidad angular Ω (y sentido antihorario) dentro de un fluido viscoso, la esfera arrastra consigo parte del fluido de las inmediaciones, y en varios puntos del fluido se asientan vórtices locales rotando (marcos MTW). Cerca de los polos el fluido rota en la misma dirección que la esfera, sin embargo, en las inmediaciones del ecuador la dirección de giro es la opuesta debido a que el fluido se arrastra más rápidamente a distancias más cercanas a la superficie que las más alejadas. Observen en la imagen cómo estos marcos inerciales tienen el aspecto de engranajes fijos que colaboran con el movimiento de la esfera.

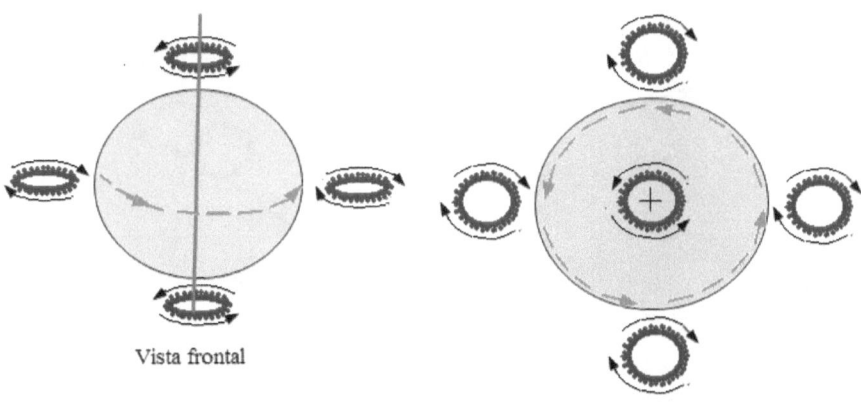

Vista frontal

Vista cenital (Polo Norte)

Ahora invirtamos la situación, consideremos una esfera estática en el interior de un fluido viscoso rotando (en sentido horario) alrededor de un eje que pasa por el centro de ella. Este fluido sería el éter rotante, la pregunta es si esta situación obligará a la Tierra a rotar también, y en éste caso ¿cuál será el sentido de la rotación de la Tierra?

Por de pronto surge algo diferente al caso anterior, mejor dicho la situación de los marcos inerciales ahora es la inversa a la situación anterior, pues todos los marcos MTW inerciales rotan ahora también en sentido horario, tanto los de las inmediaciones de los polos como los del ecuador. Y mientras que los marcos MTW del ecuador "arrastrarían" a la Tierra a rotar en sentido antihorario, marcos que ahora no son fijos sino que rotan con el firmamento, y los de las inmediaciones de los polos, sin embargo, tienden a hacerla rotar en sentido opuesto. Como consecuencia de ello las fuerzas sobre la esfera quedan plenamente equilibradas y el torque neto es nulo. Por tanto, la Tierra no sólo permanece en el baricentro del universo inmóvil y sin rotación alguna, sino que además se podría demostrar que si una fuerza o impacto intentase modificar su estado estacionario, la que quedaría desequilibrada sería esta distribución de fuerzas, que por reacción inmediatamente la devolverían a su estado de equilibrio.

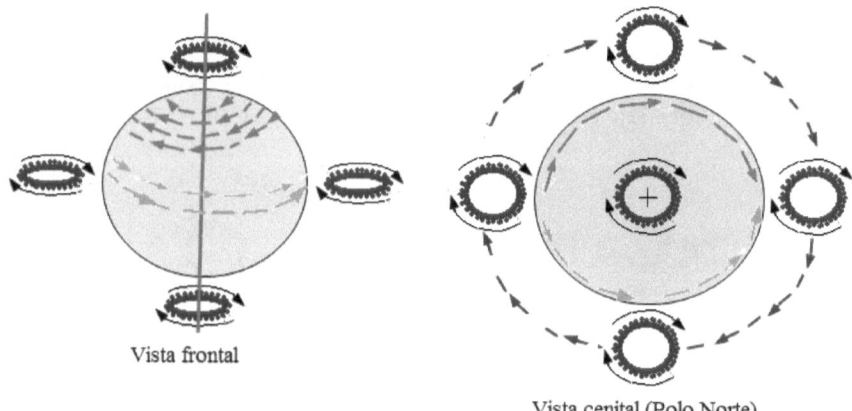

Vista frontal

Vista cenital (Polo Norte)

El universo geocéntrico en las revelaciones a Santa Hildegarda de Bingen

Dios parece haber escogido a una mujer del medio de Europa, nacida en la Edad Media, para facilitarle revelaciones dirigidas a todos los hombres, para todos los tiempos. Especialmente importantes para los tiempos actuales aparecen algunas de esas revelaciones científicas, cuando muchos hombres han perdido ya la confianza en la inerrancia de la Biblia y en la infalibilidad del Magisterio, y se encuentran sumidos en la confusión que ha abierto de par en par las puertas a la apostasía general. Así, llegado el 7 de Octubre de 2012, en la Plaza de San Pedro de Roma, y coincidiendo con la Misa de apertura del Sínodo sobre la *Nueva Evangelización*, S. S. Benedicto XVI hizo el nombramiento como *Doctora de la Iglesia* a Santa Hildegarda de Bingen.

Entre las revelaciones de Santa Hildegarda están los más sorprendentes tratados de cosmología jamás narrados, detallados con todo lujo de detalles, explicados con sencillez pero dando respuestas a cuestiones que incluso la ciencia moderna ha fracasado su intento de obtener soluciones. Por ejemplo, Hildegarda de Bingen da explicaciones sobre el origen de la gravedad, algo que ha escapado siempre a los científicos en la total historia de la ciencia. O también explica la naturaleza del espacio exterior y sus implicaciones, y explica la mecánica del movimiento solar y el sistema planetario desde una perspectiva geocéntrica, tal como la que se mantiene en este libro. Sobre la estructura del cosmos Hildegarda escribe principalmente en "el Libro de las Obras Divinas" en alemán medieval. El doctor Helmut Posch no sólo hizo una traducción al alemán moderno[151], sino que realizó un profundo análisis científico de esta obra. Hay también una traducción en latín de la mayoría de sus obras, de la cual se ha hecho alguna traducción al español.

Mientras que Galileo, Newton y Einstein aportan sólo ecuaciones matemáticas para describir la fuerza gravitatoria, Hildegarda, al igual que hizo Aristóteles, da mecanismos físicos al

---

[151] Helmut Posch. Das Wahre Weltbild nach Hildegard von Bingen, Deutsche Bibliothek –CIP- 1998.

nivel más profundo que las ecuaciones. Su explicación de la mecánica del universo mediante categorías formales aristotélicas aporta una respuesta coherente del mundo que ni siquiera la fecunda imaginación de Aristóteles hubiera podido elaborar. Y, por supuesto, ella jamás tuvo acceso a los escritos de Aristóteles, descubiertos dos siglos más tarde. Tras la confirmación por la Iglesia del origen divino de sus visiones[152], la fama de Hildegarda se extendió por toda Europa. La gente la buscaba para escuchar sus palabras de sabiduría, para sanación de sus enfermedades o para recibir consejos.

De acuerdo a las visiones de Hildegarda, la Tierra se encuentra estática en el preciso centro del universo, sirviendo como centro de los cuatro puntos cardinales del cosmos. Un universo que es finito y esférico. Sus visiones dejan perfectamente claro que todo el firmamento rota alrededor de la Tierra estática. Rodeando a la Tierra hay seis capas de diverso espesor compuestas de fuego, agua o aire[153]. Las dos capas más externas están formadas por fuego (plasma). Justo debajo de estas dos aparece una banda de éter. Las dos bandas más cercanas a la tierra están compuestas de aire; la más próxima a la superficie, la que nosotros llamamos "atmósfera", la santa la describe como "muy limpia", y la otra, descrita como "húmeda y luminosa". Por encima de las dos capas de aire hay una capa de agua, correspondiente al "agua por encima del firmamento" (Gen 1,6-9), un agua que Hildegarda dice que a diferencia del que se halla por debajo, es de un tipo muy fino e invisible a los ojos. Por otra parte, de acuerdo a las visiones de Hildegarda, sí hubo en el principio una expansión del universo por lo que tanto el agua, como el plasma lumínico que sirvió para iluminar la tierra los tres primeros días, fueron ulteriormente expandidos por todo el cosmos. La presencia de gran cantidad de agua en el espacio exterior únicamente ahora está siendo descubierta por los científicos.

El firmamento (en hebreo 'raqia') fue creado en el segundo día (Gen 1,7), después de la creación de la Tierra y los cielos. El término hebreo 'raqia' tiene el significado de algo duro y denso como el metal,

---

[152] Fue exorcizada preventivamente, mientras la comisión nombrada por el papa Eugenio III (1145-1153) investigaba el caso, pues algunos escépticos la habían acusado de estar poseída diabólicamente. El veredicto dictado por el obispo de Mainz, Monseñor Heinrich, fue que sus visiones tenían origen divino.

[153] Corresponden a las cuatro categorías de la materia aristotélica, tierra, agua, aire y fuego.

pero al mismo tiempo etéreo y penetrable. En la antigüedad había un gran desconocimiento sobre la naturaleza de ese 'firmamento', sólo se sabía que sobre ello se movían las esferas, en realidad representa a la subestructura del universo. Pero ha habido siempre mucha confusión sobre qué es eso de "firmamento", que Dios lo llamó "cielo" (Gen 1,8). Dios colocó el sol y las estrellas sobre el firmamento celeste (Gen 1,17), por lo que parece que los astros se deslizan sobre ello como si fuera un tipo de fluido.

En el año 1615 el Santo Oficio censuró unos escritos del fraile carmelita Paolo Foscarini (anterior al caso Galileo) por afirmar que el firmamento era una región muy liviana, tenue y de ninguna manera firme, lo cual contradice a Job 37,18, que asegura que es *"firme como el bronce"*. ¿Pero qué substancia puede ser firme como un metal y al mismo tiempo etérea y penetrable? La clave está en el siguiente símil: imaginen una hoja de papel fino, incluso lleno de orificios... ¿cómo podría utilizarse esta hoja agujereada con la firmeza necesaria para serrar un tronco de madera? La respuesta está en la rotación: una folio en rotación puede llegar a adquirir la firmeza de una cuchilla de metal (es el mismo efecto que todos hemos sufrido al hacernos sorprendentemente un corte en un dedo con el borde de un folio en movimiento).

La base del firmamento sería el 'ether' (del griego *'áitheer'*), que sería el sustento de las ondas electromagnéticas, de las ondas gravitatorias, etc. En 1864 Maxwell publicó los resultados de sus investigaciones sobre vibraciones eléctricas, en las que mostraba que ciertas vibraciones producirían ondas electromagnéticas que viajaban a través del espacio. Posteriormente calculó matemáticamente la velocidad a la que se propagaban estas ondas, y encontró que tenía que ser 300.000 km/s –la misma velocidad que los astrónomos habían observado para la velocidad de la luz. Entonces Maxwell dedujo acertadamente que las ondas de luz eran un tipo de ondas electromagnéticas. En 1887, Hertz fue capaz de generar en el laboratorio ondas electromagnéticas, con lo que las predicciones de Maxwell quedaban confirmadas, y por tanto la necesidad de un elemento, el éter, por donde estas vibraciones se propagasen quedó reafirmada.

La radiación de fondo CMB indica que el éter se extiende por todo el universo, por otra parte, experimentos físicos han demostrado que los gravitones existen, además experimentos llevados a cabo por DeWitte en 1991 indican la presencia de ondas gravitatorias (el *gravitón* es la partícula asociada a la onda gravitatoria). Resumiendo todo este cúmulo de descubrimientos recientes, el físico Reginald Cahill[154] afirma que los datos obtenidos muestran que la gravedad puede perfectamente ser expresada en la forma de un sistema de 'flujo' relativo a un campo vectorial de velocidad, y entonces su formalismo es indistinguible del formalismo newtoniano. Eso precisamente es lo que aparece en las visiones de Hildegarda cuando todo un sistema de corrientes de *aire* (aire de éter) circulando por el firmamento se encarga de producir todos los "efectos gravitatorios".

> «Sin embargo, el firmamento gira de tal manera que su movimiento es opuesto al del sol, y el del sol es contrario al del firmamento, razón por la cual el firmamento se comprime a través del calor del sol y se hace más resistente con total rapidez, es decir, al atravesar el sol el firmamento y penetrar por entre él y deslizarse a través de él con su fuego...» (Santa Hildegarda en *"Libro de las Obras Divinas"*)

Algunos científicos piensan que el éter estaría formado por partículas extremadamente minúsculas (suele hablarse de "partículas en el dominio de Planck") que llenarían todo el universo y que podrían penetrar incluso en el interior del átomo, siendo ellas las responsables últimas de la gravitación debido a los efectos de presión. Por ejemplo, Josef Tsau[155] ha elaborado toda una teoría gravitatoria partiendo del neutrino. La existencia del neutrino ha sido ya comprobada por varios experimentos diseñados para su detección. Los neutrinos, a pesar de tener masa, ésta es extremadamente minúscula hasta el punto que les permite viajar por el espacio casi a la velocidad de la luz. Cada segundo, setenta mil millones de ellos traspasan cada cm^2 de la superficie terrestre. Y al no tener carga, los neutrinos no interaccionan con otras partículas salvo cuando, en rarísimas ocasiones, colisionan con los nucleones de los átomos. Tsau ha desarrollado toda una física de cómo el viento de neutrinos podría producir cada uno de los aspectos de la gravedad de Newton, incluida la ley del "cuadrado inverso de la distancia" que, al contrario de lo que muchos creen, no es exclusiva de la fuerza de gravedad sino es la expresión de un fenómeno geométrico natural, pues aparece siempre que cualquier sustancia se

---

[154] Reginald T. Cahill, "Novel Gravity Probe B Gravitational Wave Detection" Australia 2004.
[155] Josef Tsau, *Discovery of Aether and its Science*, 2005.

desplace fuera de su fuente con un ángulo de dispersión constante (por ejemplo al arrojar pintura con un pulverizador).

Sean los que sean sus componentes, el éter tiene una granularidad y concentración que es mucho más fina, y, al mismo tiempo, más densa que la materia ordinaria. Por lo que el éter puede considerarse como la substancia intersticial que llena el llamado espacio "vacío" dentro del átomo así como el espacio fuera del átomo y el espacio interestelar. El éter no penetra en el interior de los nucleones o electrones, sin embargo, sí representa un porcentaje notorio de la masa del átomo. Y como las partículas atómicas son menos densas que el éter, esto significa que la densidad total dentro del átomo será ligeramente inferior a la del éter que rodea el átomo. Este desequilibrio causa algo similar a un vacío en la masa del éter local, y este éter local tiende a corregir ese vacío intentando eliminar el desequilibrio. Las descripciones de Hildegarda de Bingen parecen apuntar a este mecanismo productor de gravedad *por presión*, "el esfuerzo por corregir el vacío sería la causa de la gravedad". Precisamente en este mismo principio se basa la gravitación de Le Sage[156] que suele emplearse con el geocentrismo.

---

[156] Debido a que el modelo de gravitación de Newton: 1) No daba cuenta de la naturaleza de las fuerzas atractivas de las masas, y 2) No podía explicar las anomalías gravitatorias (anomalía del péndulo de Foucault durante los eclipses, diferentes pesos según la forma geométrica del cuerpo, etc.) varios físicos comenzaron a buscar teorías alternativas. La teoría de Le Sage (inicialmente originaria de George L. Le Sage, 1748) se basa en que el éter estaría formado por corpúsculos de masa infinitesimal capaz de penetrar en el interior de los átomos, los cuales son como 'jaulas' conteniendo vacío. Entonces al penetrar parcialmente el éter en el interior de una masa M se produciría como un gradiente de densidad en su entorno, que tiende a ser ocupado por el resto del éter, lo cual produce gravedad por presión (por 'empuje') que sigue la ley del r cuadrado inverso. Maxwell hizo una importante objeción a esta teoría (sobre la disipación de la energía cinética de los corpúsculos al penetrar en las masas) por lo que varios físicos la abandonaron, entre ellos Poincaré, no así otros como Pierre S. Laplace que la definió como "la hipótesis perfecta". Sin embargo, Kelvin y Preston hicieron modificaciones en los postulados originales de Le Sage que evitaban la objeción de Maxwell, entonces tanto Poincaré como el propio Maxwell retomaron sus investigaciones en la teoría de Le Sage. Luego Maxwell la abandonó definitivamente, no así Poincaré; además se incorporaron a ella otros importantes físicos como Lorentz en 1900 y Brush en 1911. Cuando llegó la Relatividad General y el dogma de la inexistencia del éter pocos fueron los que

Como ya hemos dicho, el firmamento gira una vuelta cada 24 horas, moviéndose en sentido del reloj, o sea, de este a oeste. Mientras, la tierra se mantiene estática sin ningún tipo de movimiento o bamboleo. Es por esta razón que Hildegarda puede hablar de "arriba", "abajo" o de los puntos cardinales absolutos. La recién nombrada doctora de la Iglesia revela un universo lleno con vientos cósmicos originados en lo hondo del espacio profundo, y trasmitidos a través del éter. Doce de ellos de singular relevancia, se encuentran situados simétricamente, y dispuestos de tal manera que crean un flujo de presión hacia el centro como los radios de una rueda (Hildegarda describe el mundo bidimensionalmente para mayor facilidad de comprensión). Otros vientos, o corrientes de éter, giran de norte a sur, y otros de sur a norte. La totalidad de ellos provocan ondas cósmicas a lo largo y ancho de todo el universo, y mantienen fija a la tierra, mientras que el firmamento entero gira. Hay también corrientes y contracorrientes que producen movimientos planetarios, etc. En concreto, Hildegarda de Bingen describe cómo del sol se desprende un muy especial *viento* solar, que tiene características dispersivas, esto es, más fuerte en las cercanías del sol y más débiles en la lejanía, de tal manera que puede ser imaginado como una especie de ciclón o gran remolino dentro de la corriente suprema que empuja a todo el firmamento. Este viento es el responsable del movimiento de los planetas. Como en cualquier torbellino, la velocidad angular es superior cerca del núcleo central, de aquí que los planetas cercanos al sol revolucionen en torno a él más rápidamente que los más alejados. Y tal como decíamos anteriormente, en un modelo de fluido dispersivo también aparece la ley de los cuadrados inversos de las distancias, como en el modelo de Newton.

Junto a los vientos cósmicos Hildegarda indica que dieciséis de las estrellas más masivas y potentes están situadas simétricamente a lo largo del perímetro (en su descripción bidimensional) de la banda circular de fuego exterior. Esto realmente indica una coraza de cuerpos supermasivos distribuidos de tal manera que su centro de masa es la tierra, y su energía está dirigida hacia la tierra como los radios de una rueda. Hildegarda dice:

"Si hubiera más estrellas allí sobrecargarían la bóveda celeste. Si hubiera menos la debilitarían y quedaría

---

se atrevieron a continuar con ella. A partir de mediados del siglo XX, físicos liberados del paradigma relativista retomaron la "pushing gravity" de Le Sage.

dañada... estas estrellas son equilibradamente efectivas y se adhieren al firmamento como clavos en una pared. Ellas nunca se mueven de su lugar, pero rotan junto con toda la bóveda primordial, a la cual ellas ayudan a sostener". (Santa Hildegarda en *"Libro de las Obras Divinas"*).

La relación del cosmos con la Tierra. Los elementos celestes están comunicados unos con otros a través de los cuatro elementos de fuego, aire, agua y tierra. Cada objeto del cosmos tiene su misión específica, y todo tiene su influencia sobre la tierra. Por ejemplo, Hildegarda observó cómo las estrellas tenían una influencia directa sobre las nubes de la atmósfera terrestre. No sólo el sol sino las estrellas lejanas. Hildegarda dice:

«Con sus rayos las estrellas penetran el aire claro, hasta llegar a las nubes manteniéndolas dentro de los límites prefijados... Y el aire iluminado situado sobre la banda atmosférica también parece transportar las nubes un poco más arriba, y aquellas que pronto vuelan altas y llenas de luz, al de poco descienden y oscurecen, esto expele el aire acuoso y recopila todas otra vez, al igual que el fuelle de un herrero aspira un soplo hacia delante y lo expele hacia atrás. Así ciertas estrellas, mientras insuflan el elemento de fuego, hacen ascender la circulación de las nubes, arrastrándolas hacia arriba, por lo cual pasan a hacerse iluminadas, y entonces desciende su circulación, y se oscurecen y provocan el desprendimiento de los aguaceros».

Esta revelación explica el hasta ahora no explicado fenómeno de cómo el agua –que es más pesado que el aire – puede permanecer por encima del aire. De acuerdo a Dr. Posch, Hildegarda está describiendo un proceso por el que los impulsos electromagnéticos de las estrellas (que pueden actuar sobre la atmósfera entera instantáneamente, ya que forman una esfera gigantesca de energía constante e inextinguible) actúan como un ánodo y un cátodo. La radiación de las estrellas ioniza el aire, y en consecuencia, crea bandas diferenciadas de gas. Estas bandas interfieren con el flujo de gravedad, y crean cambios en la presión del aire, mientras se tiende a estabilizar la energía total del sistema. De aquí, la presión cósmica de la gravedad acoplada con la presión inversa producida por la ionización de la atmósfera, describe el efecto "fuelle" indicado por Hildegarda y que nosotros experimentamos en las bolsas de alta y baja presión a lo largo de la Tierra.

La energía del sol. Aunque durante muchos años se ha pensado que la energía calorífica y lumínica del sol surgía de procesos de fusión nuclear internos, la cosmología del plasma (ambiplasma) afirma que es la energía que se distribuye por toda la superficie del sol procedente de las fuerzas eléctricas externas de todo el cosmos, pues bien, algo muy similar es lo que afirma Hildegarda. Sus visiones indican que para que el sol se mantenga radiando energía debe estar continuamente abastecido por la corriente de aire cósmico, y además los planetas que orbitan el sol deben ayudar en el abastecimiento del *aire* necesario.

«Los planetas capacitan al sol. Sin ellos el sol no podría existir. Son ellos los que aportan calor al sol… Los planetas se mueven de oeste a este contra el firmamento. De esta manera moderan el fuego del sol con su fuego y, por otra parte, lo renuevan para su grandiosa iluminación. Si éstos no circularan contra el firmamento acercándose al sol desde la lejanía, entonces el sol no sería renovado sino congelado como un pedazo de hielo… Es precisamente por eso que los planetas han sido efectivamente colocados de esa manera por el Creador del universo». (Santa Hildegarda en "Libro de las Obras Divinas").

Realizamos una representación gráfica para explicar el movimiento solar desde la cosmología geocéntrica de santa Hildegarda von Bingen[157].

Empecemos por decir que sí hay un éter abarcando a todo el firmamaento, el cual debe ser visto como un fluido muy sutil y muy rígido[158] que está girando entorno del eje NS terrestre.

---

[157] Los que deseen más información sobre ello acudan al libro "Galileo Was Wrong…" de R.Sungenis & R.Bennett. En la versión e-book tiene animaciones muy ilustrativas.
[158] La estructura del universo y otros detalles íntimos de la Creación fueron objeto de la revelación privada en el siglo XII a santa Hildegarda de Bingen. No resulta nada sorprendente para un católico que lo revelado a esta mística no contradiga sino reafirme el texto de Gen 1-3. Pero lejos de ser ingenuas, las visiones de Hildegarda, representan el más detallado tratado de cosmología jamás escrito, e incluyen respuestas a muchas cuestiones que la ciencia actual no ha podido explicar satisfactoriamente. La revelaciones privadas *no pueden sustituir* la única Revelación, pero no las podemos descartar cuando nos aportan información acorde con la Escritura.

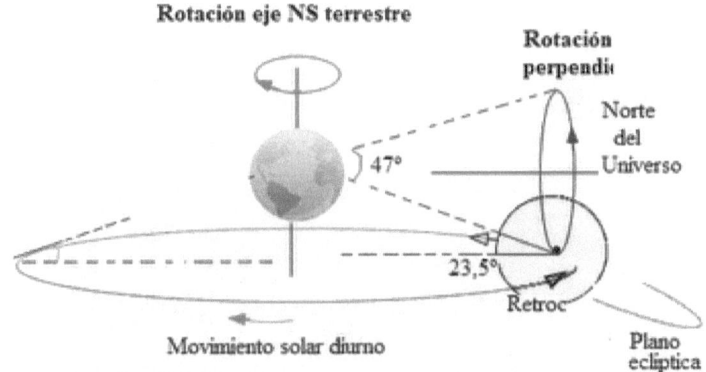

24 de Diciembre (Invierno hem. Norte)

La tierra se encuentra fija en el baricentro del universo, ni se traslada ni rota, es el firmamento como un todo el que rota en torno al eje NS terrestre una vuelta/día en sentido anti-horario, tal como ya lo hemos explicado aquí, llevando consigo al sol. En el aire (éter) del firmamento abundan corrientes (similares a las de los océanos), una de ellas empuja al sol –con todos los planetas del plano eclíptico- en sentido horario, es decir, oponiéndose lentamente al movimiento diurno, siendo ello la causa por la que el sol se retarda casi 1° al día (el día solar dura 24 horas, mientras que 'día sideral', es decir con respecto a las estrellas, dura 23 horas 56 minutos).

La simplicidad geoestática del analema solar

Analema solar sobre el *Partenon*

Cualquier persona puede hacer el siguiente experimento: tomar una cámara de fotos y un cronómetro. Consiste en tomar una foto del sol cada 8 ó 10 días, a la misma hora del día, y en el mismo lugar y dirección, durante un año. El resultado será un "analema", una especie de un '8' con el lóbulo del SE más alargado que el del NO (en la cabecera de este apartado observamos un analema sobre Atenas).

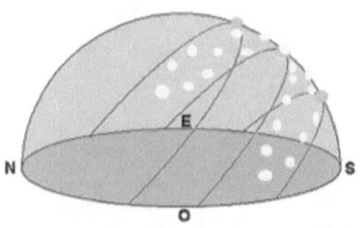

Analema solar

El modelo heliocéntrico da una compleja explicación del analema apelando al movimiento del eje inclinado de la tierra, la forma elíptica de la "orbita terrestre", la diferencia del día solar y día sideral, etc. En éste modelo geocéntrico el analema es algo tan simple como la composición de los dos movimientos rotatorios del sol, teniendo en cuenta además que cada día el sol retrocede casi 1° su giro diurno. La asimetría de los lóbulos es debida a que en el hemisferio norte el lapso primavera-verano es más largo que otoño-invierno.

Dios hizo sabiamente un universo bello, como todos sabemos, pero parte de esta belleza es su inteligibilidad, es decir, hizo un universo que pudiera ser apreciado por cualquier hombre, pero sin necesitar acudir al "Einstein de turno" para que le indique cómo debe interpretar "contra el sentido común" lo que está contemplando con sus ojos. Evidentemente sí necesitamos de astrónomos que se especialicen en el estudio de los movimientos de los astros, pero ellos, como todo científico, deberían tener en el centro de su labor a Dios, y su Palabra Santa. *No desprecien las Escrituras. No les den de lado sin asegurarse bien su significado. No nos hablan solamente de "salvación". La Creación, por decirlo de alguna manera, es el capítulo primero, "preparatorio" de la salvación y redención. Es el primer acto de amor que Dios realiza con respecto a la coronación de la creación: el hombre.* En cuanto los científicos se alejaron de la verdad contenida en las Sagradas Escrituras, es cuando han comenzado a recibir la cosecha de lo que han estado sembrando: la confusión.

Aquí recordemos las palabras del sabio Cardenal san Belarmino, cuando un discípulo de Galileo pretendía inducirle a creer que el sol sólo se movía *en apariencia*:

"Y añado que las palabras "el sol se levanta y el sol se pone, y se apresura a llegar al lugar de donde surgió, etc." fueron las de Salomón, quien no sólo hablaba por inspiración divina sino que además era un hombre sabio por encima de los demás y el más erudito en las ciencias humanas y en el conocimiento de todas las cosas creadas, y su sabiduría procedía de Dios. Así que tampoco es probable que hubiera afirmado algo que era contrario a la verdad ya demostrada o posible de ser demostrada. Y si usted me dice que Salomón hablaba únicamente de acuerdo a las apariencias, y es que nos parece que el sol viaja alrededor nuestro cuando realmente es la tierra la que se mueve, así como parece a uno que va en una barca que la playa se aleja de la barca, yo le responderé que quien parte de la playa, a pesar que le parezca a él como si la playa se alejase, él sabe que está en un error y lo corrige, viendo que la barca se mueve y no la playa. Pero con respecto al sol y la tierra, ningún hombre sabio necesita corregir el error, puesto que claramente experimenta que la tierra está quieta y que su ojo no le engaña cuando enjuicia que se mueve el sol, al igual que no le engaña cuando enjuicia que la luna y las estrellas se mueven."

Anisotropía del cosmos y el "Eje del Maligno"

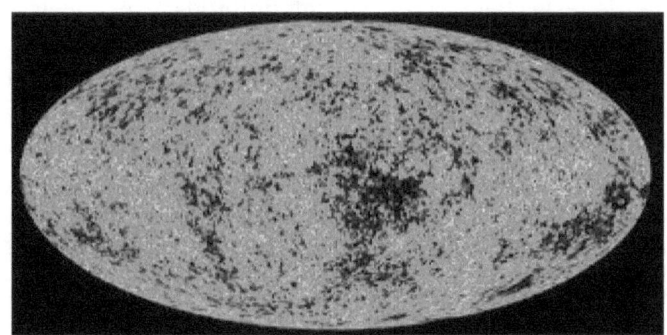

Mapa de la radiación CMB obtenida por la WMAP

Las teorías cosmológicas actuales tales como el "Big-Bang", el "Steady-State", etc. tienen una característica en común, la doble conjetura de isotropía y homogeneidad espacial del cosmos. Conceptos que vamos a explicarlos bien para aquellos que no son especialistas en cosmología, pues son necesarios para comprender qué es eso llamado *"the Axe of Evil"* por la cosmología actual.

Isotropía espacial. Equivale a decir que *"El universo aparece siendo el mismo en cualquier dirección que se le observe, pero excluyendo la posición del observador"*. Como ejemplo, el lector puede imaginarse colocado en un montículo simétrico-regular en medio de un desierto plano. Al observar, desde su posición en el montículo, en cualquier dirección ve el mismo paisaje, incluida una pendiente negativa.

Homogeneidad espacial. Equivalente a *"La constitución del universo es más o menos la misma en cada lugar de él, pero ahora también se incluye la posición del observador"*. Como ejemplo, imaginarse situados en un desierto plano, con arena y rocas, pero sin accidentes destacables, al mirar hacia cualquier posición no podríamos distinguir un lugar destacable (todos los lugares serían prácticamente idénticos). Tanto la isotropía como la homogeneidad deben ser observadas a larga escala espacial, como si fuera a vista de águila en vuelo. Podemos decir que la isotropía y homogeneidad espacial del cosmos fue primeramente postulado por Edwin Hubble cuándo realizó el descubrimiento de los redshifts de las galaxias lejanas, que era tal como si todas ellas se alejaran de nosotros, con mayor velocidad cuanto más distaran del 'centro' donde nosotros estamos observándolas.

La inclusión de esa "curvatura espacial" del universo, probablemente sugerida por los seguidores de Einstein, aseguraba la homogeneidad y la isotropía espacial del universo. Así ahora es como si nosotros estuviéramos encima de una colina... Pero, sin embargo, todos los lugares del universo fueran también como la cima de una colina[159].

Isotropía y homogeneidad espaciales juntas forman el llamado "Principio Cosmológico", primeramente definido por Hermann Bondi: «*A larga escala el universo es básicamente el mismo en todas partes*». Un principio que se ha utilizado por los cosmólogos modernos sin haber sido probado ni remotamente, en realidad fue escogido para que cuadrasen las ecuaciones matemáticas de la Relatividad General. Nótese que este principio rechaza que exista un lugar especial o singular sobre el que esté enfocado todo el cosmos, algo tal como siempre se había considerado a la Tierra fija.

De allí que Hubble no ve otra alternativa que decir: «...Tal condición podría implicar que nosotros estuviéramos ocupando una posición única en el universo, análogo, en algún sentido, al antiguo concepto de una Tierra central..., No se puede demostrar la falsedad de esta hipótesis, pero es rechazable y únicamente podría ser aceptada como último recurso... Así que nosotros desdeñamos esa posibilidad... tal posición favorecida es intolerable... De esta manera, con la intención de restaurar la homogeneidad, y escapar del horror de una posición única... (el universo) debe ser compensado por una curvatura espacial»[160].

El resultado del análisis de la radiación *cósmica de fondo de microondas* (CMB) adquiere una crucial importancia, pues nos indicarán si realmente hay tal isotropía espacial o no la hay. La CMB había sido descubierta en 1965 por los radioastrónomos Penzias y

---

[159] Esto no es paradójico si el universo tuviera una curvatura. Por ejemplo, todo aquel que se halla sobre una esfera, a gran escala, está como situado sobre una especie de colina. Sin embargo, los datos nos están indicando que la curvatura del universo es nula. Los datos astrofísicos apuntan a que no hay tal curvatura.
[160] Edwin Hubble, The Observational Approach to Cosmology.

Wilson. Se trata de una radiación térmica presente en todos los lugares y perceptible en cualquier dirección de observación. Su magnitud es de unos 2,73 grados Kelvin y, según la hipótesis del Big Bang, se trata del remanente de esa 'gran explosión' primigenia. De cualquier manera el estudio de las posibles fluctuaciones de esta CMB equivale a observar el universo en su máxima escala. La NASA envió en 2001 al espacio la sonda WMAP[161] con el objetivo de hacer un mapeado de la radiación CMB en sus más finos detalles. Los resultados de la exhaustiva exploración durante 3 años salieron a la luz en 2005[162].

Los guardianes del paradigma del Big Bang se apresuraron a clamar que este mapa es una confirmación de la hipótesis del Big Bang y de la extraordinaria isotropía y homogeneidad del universo. Pero las primeras indicaciones de que se habían precipitado en su apreciación vinieron cuando Kate Land y João Magueijo del Imperial College de Londres notaron una curiosa estructura en el mapa de la CMB recopilado por la sonda WMAP. Todo parecía indicar que los puntos más calientes (los rojos) y los más fríos (los azules) no se hallaban distribuidos al azar, como sería de esperar, sino alineados según lo que Magueijo apodó como "the axis of evil"[163]. Para este estudio los científicos realizan análisis del mapa CMB por las frecuencias de los puntos de cada color según las diferentes direcciones, o sea, descomponiéndolo en sus armónicos esféricos. Así obtienen la distribución de los modos dipolar, cuadripolar, etc

---

[161] http://map.gsfc.nasa.gov/
[162] Ver la imagen del mapeado en resolución super-alta: http://upload.wikimedia.org/wikipedia/commons/c/c1/WMAP_image_of_the_CMB_anisotropy.jpg
[163] Probablemente la popularidad que tiene hoy la denominación de "the axis of evil" sea debido al artículo de Marcus Chown, Axis of Evil Warps Cosmic Background, New Scientist, October 22, 2005. En español "Los Ejes del Mal distorsionan la CMB".

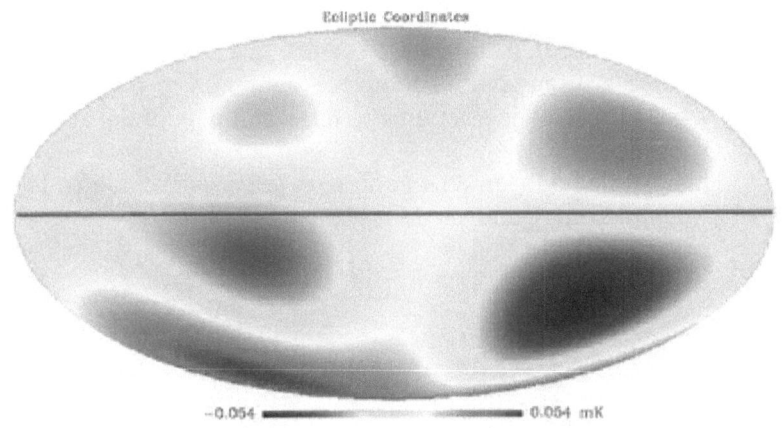

Es la distribución dipolar, con la línea horizontal -el "eje del mal"- señalando el plano de la eclíptica, por donde se mueven los planetas, y muy próximo al eje equinoccial. Realmente es impresionante. ¡Qué tienen que ver la Tierra, su sistema solar y el plano en el que se mueven los planetas para que "dividan" el universo entero en dos partes simétricas! Por de pronto el modelo "Big Bang" sale muy malparado, pues entre sus postulados está la perfecta isotropía y homogeneidad del cosmos. Sin embargo, en la imagen se percibe la presencia de direcciones calientes (las rojas y amarillas) y otras frías (azules y verdes). Con tal disposición aparecen violados: el Principio Cosmológico de Bondi (el cosmos es espacialmente isótropo y homogéneo a muy gran escala) y el Principio de Equivalencia de Einstein (el resultado de cualquier experimento no gravitacional es independiente de la velocidad del marco de referencia en caída libre en que se realice). Además cosmologías como las del Big Bang aparecen como desechables.

Schwartz y Starkman[164] en "Scientific American" indican que los ejes preferidos de los modos cuadripolo y octopolo, en concreto el normal al cuadripolo y dos de los ejes del octopolo, están remarcablemente alineados y próximos al "axis of evil" (el bipolar), y sorprendentemente alineados junto al eje equinoccial, es decir, todo ello muy en consonancia con el geocentrismo. Y a continuación citan el estudio de Hans Kristian Heriksen de la universidad de Oslo, que afirma: "Lo que ellos (Tegmark y Oliveira-Costa) encontraron contradice la cosmología estándar –los hemisferios aparecen

---

[164] Glenn Starkman and Dominik Schwarz, "Is the Universe Out of Tune". Scientific American, August 2005, p. 50.

frecuentemente con muy distinta cantidad de energía. Pero lo más sorprendente es que el par de hemisferios que aparecía siendo *más diferentes entre sí* eran los situados por encima y por debajo de la *eclíptica*, el plano por el que la tierra se mueve alrededor del sol".

Hemos intentado sintetizar sobre un gráfico centrado en la Tierra los resultados del análisis de la radiación CMB.

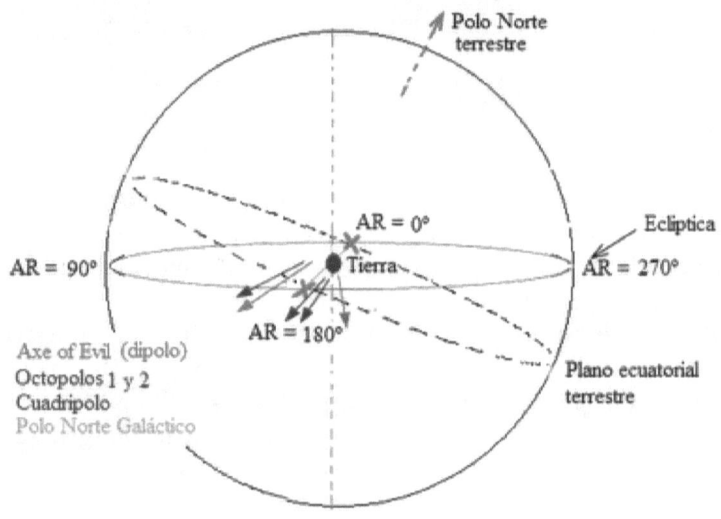

En rojo está el "Axe of Evil" (el eje del dipolo) con una Ascensión Recta de unos 170°, muy cerca del eje Aries-Libra (señalado con dos **X**), es decir, el eje equinoccial terrestre. Con una AR algo menor está el eje cuadripolar. Casi coincidiendo con el eje equinoccial están los dos octopolos 1 y 2 (con AR=180.5° y AR=184.5°). El polo norte galáctico se supone apuntando a AR=192°)

¿Por qué esta sorprendente disposición? Realmente nadie lo sabe, aunque se hayan sugerido diversas hipótesis contrapuestas. Desde la perspectiva geocéntrica apuntamos a lo siguiente: en definitiva, en el gráfico de arriba estamos contemplando, desde el preciso centro del universo, la configuración inicial de la luz primigenia del día primero de la creación (Gen 1,4), y la disposición con la que posteriormente fue creado el firmamento con el sol y los otros astros, con la anisotropía precisa para mantener estática la Tierra y permitir los movimientos pertinentes de los astros. La línea equinoccial no fue tomada al azar, como algunos piensan, sino que fue establecida por el comienzo del tiempo del mundo, y ahora con los datos de la sonda WMAP lo podemos apreciar claramente.

Una prueba formal de que al utilizar la Mecánica de Newton para describir el Sistema Solar el modelo Heliocéntrico resulta imposible.

La teoría mecánica de Newton para un sistema de cuerpos utiliza el concepto de *baricentro*, que es un punto en el que se puede considerar concentrada la masa total del sistema. Para un sistema planetario, por ejemplo, la importancia de este punto teórico es que supondría el punto focal para todas las masas orbitando en torno a él siguiendo órbitas elípticas[165]. Para el caso del sistema solar con una masa muy grande (el sol) y n cuerpos con masa muy inferior, el baricentro se encuentra en las cercanías del sol, sin embargo, como el resto de cuerpos se encuentra en movimiento, esta posición del c.d.m. no es fija sino variable a lo largo del tiempo de las efemérides. Utilizando modelos numéricos del sistema solar y procesamiento informático se ha podido calcular la posición de este baricentro a lo largo de los últimos años.

Como se muestra en la gráfica s, el baricentro del sistema solar puede estar en el núcleo del sol, pero también puede estar tan alejado de él como hasta 2,17 radios solares. Esta última situación se daría cuando todos los planetas del sistema solar estuvieran alineados pues en conjunto suponen una masa neta bastante considerable.

El baricentro de un sistema planetario es el punto en torno al cual giran todos los cuerpos del sistema, podemos asimilarlo a un pivote sobre el que quedarían equilibrados los n cuerpos unidos a él por barras rígidas, por ejemplo, en el caso de dos cuerpos de igual masa *m* situado uno de otro a una distancia *d*, el *baricentro* se encuentra en el punto medio. Si unimos dos bolas de billar por una varilla rígida el

---

[165] Ver por ejemplo la entrada para "Barycentryc coordinates (astronomy)" en Wikipedia. Son especialmente ilustrativas las animaciones sobre el movimiento de dos cuerpos orbitando en torno al baricentro del sistema.

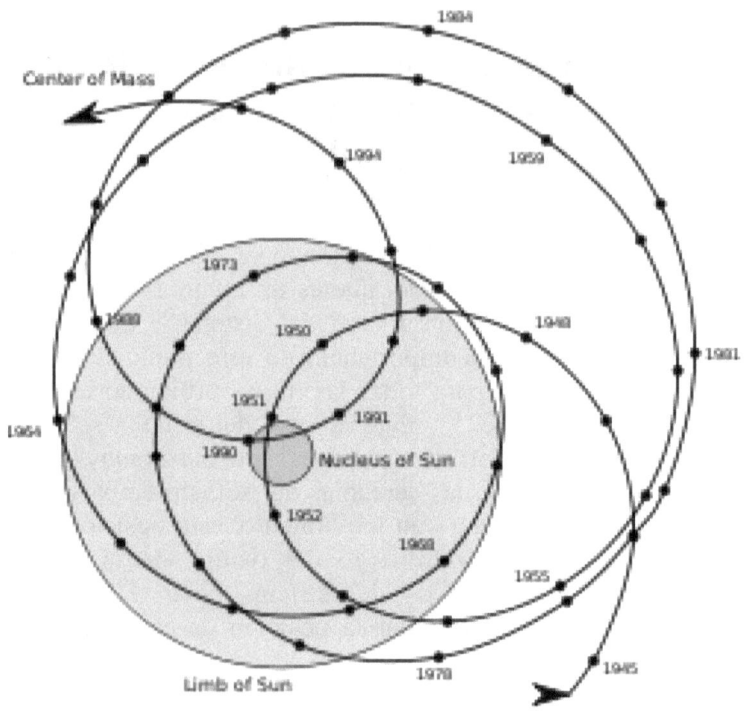

sistema está equilibrado, soportando todo el peso, justo el punto medio de la varilla. Así se pueden hacer consideraciones geométricas sobre la situación de este punto en un sistema de cuerpos orbitando. Según Wikipedia si todos los planetas se encontrasen alineados sobre la misma cara del sol, el centro de masa caería a medio millón de kilómetros de su superficie, o sea, a una distancia de 1,3 millones de km de su centro. Proporcional a su masa, Júpiter es el causante del 76% de esta desviación (0,99 millones km), mientras que el resto de planetas supone el 24% (0,31 millones de km).

Durante el periodo de 12 años en que Júpiter realiza su órbita en torno al sol, con el resto de planetas transitando también por su respectiva órbita. Aquí nosotros consideraremos que el resto de planetas se encuentran en lado opuesto del sol al que está Júpiter, lo que representa una estimación del *baricentro* muy conservativa. En este caso, estaría situado a 0,99 − 0,31 = 0,68 millones km del centro del sol, aunque si hiciéramos los cálculos con las posiciones reales de los otros planetas la distancia sería algo ciertamente mayor. En resumen, podemos calcular de manera muy conservativa el baricentro del Sistema Solar asumiendo la siguiente alineación planetaria durante los 12 años de la órbita de Júpiter:

Júpiter − **Baricen** − Sol − Merc − Ven − Tier − Mart − Sat − Ura − Nept − Plut

Durante los 12 años de órbita (t = 378.432.000 s) de Júpiter, el sol se estará moviendo en torno al baricentro según una trayectoria circular de 2 x 3.14 x 0.68 = 4.27 millones de kilómetros (estimada conservativamente). Por tanto, la velocidad media del sol, respecto del baricentro, durante esos 12 años resulta ser de 0,011 km/s, y como consecuencia va a darse un nítido desplazamiento del sol respecto a la Tierra que vamos a pasar a analizar.

Por simplicidad de cálculo, consideramos que la órbita de la Tierra alrededor del sol sea un círculo centrado en el baricentro, y también consideramos que el sol vuelve al mismo punto del ecuador cada día, para así destacar la diferente posición del sol relativa a la Tierra cuando la noción de baricentro se utiliza en el modelo heliocéntrico. Según la perspectiva heliocéntrica, "día solar" es la duración entre dos tránsitos consecutivos del sol sobre el meridiano de un lugar. Está duración es de 24 horas (86.400 segundos), en la que se incluye las 23 horas 56 minutos del tiempo para que la Tierra gire 360° (día sidéreo), más los 4 minutos (1°) adicionales que debe girar la tierra debido al desvío de orientación en el avance por su órbita[166]. Hay que hacer notar que si la órbita fuera un círculo perfecto la duración del día solar sería perfectamente constante en esos 86.400 segundos, aunque debido a que es levemente elíptica hay una variación de algunos segundos, positiva en los periodos Diciembre-Enero y en Mayo-Junio y, en cambio, negativa en los periodos Marzo-Mayo y en Septiembre-Octubre. Nosotros al considerar una órbita circular perfecta no tenemos en cuenta estas variaciones, de cualquier manera muy pequeñas y que son despreciables en el razonamiento que vamos a seguir.

---

[166] Puede ver la diferencia entre el día solar y el día sidéreo en: http://www.dur.ac.uk/john.lucey/users/e2_solsid.html

Al trazar el movimiento del sol alrededor del baricentro a lo largo del periodo de 12 años, nos encontramos con las siguientes configuraciones, a las que añadimos el cálculo operativo correspondiente:

En el año 0, cuando el baricentro está entre el sol y la Tierra, el sol se mueve tangencialmente al movimiento de un observador situado en el ecuador de la Tierra (Ver figura desde una perspectiva cenital al polo norte, el observador se encuentra en el ecuador justo al mediodía).

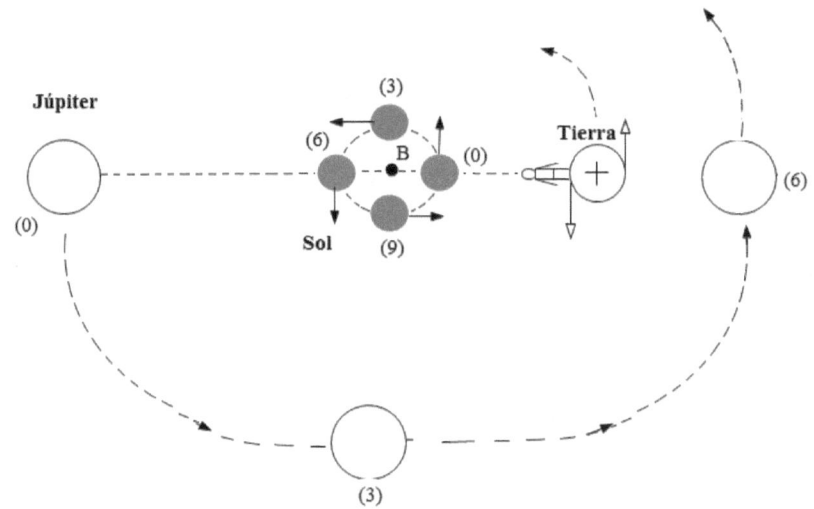

Debido al movimiento alrededor del baricentro el sol se mueve diariamente un trayecto d = 0,011 x 60 x 60 x 24 = 950 km. Durante ese día el observador se habrá movido 6378 x 2 x 3,14 = 40.053 km debido a la rotación terrestre. Pero la *distancia relativa al sol* recorrida por el observador depende del trayecto que siga el sol en su *órbita baricéntrica*: tangencial o radial a la Tierra. Pues, como sucede en este caso, cuando el sol tenga un movimiento oponiéndose al de rotación de la Tierra, la distancia recorrida por el observador relativa al sol cambiará a 40.053 - 950 = 39.103 km, lo cual significa:

A. Que la velocidad de rotación terrestre debe cambiar de 0,46 km/s a 0,45 km/s para que se mantenga invariable el día solar de 24 horas. O bien:

B. Que la velocidad de rotación de la Tierra permanece constante, a 0,46 km/s, y la duración del día cambia a 39,103/(0.46 x 60 x 60) = 23,61 horas.

Sin embargo, de acuerdo al "International Earth Rotation and Reference Systems Service", la variación en la duración del día ha sido inferior a 4 milésimas de segundo en el periodo 1960-2000. (Puede comprobarse en http://www.iers.org/). En definitiva, resulta que la duración del día solar es virtualmente constante[167] por lo que ninguno de los puntos anteriores es compatible con el modelo heliocéntrico.

Tres años después (año 3°), Júpiter habrá realizado un cuarto de su órbita, y entonces el sol, se encontrará realizando un movimiento *radial* a la Tierra, el sol al moverse en torno al baricentro parecerá no moverse relativamente a la Tierra, y el observador que se encuentra en el ecuador terrestre comprobará que la duración del día vuelve a ser de 24 horas.

Pero otros tres años después (año 6°), Júpiter habrá completado ya la mitad de su órbita, y entonces el sol vuelve a realizar un movimiento tangencial a la Tierra, pero esta vez en la misma dirección de la presunta rotación terrestre. Ahora se debería dar una de dos: A) La velocidad de rotación terrestre relativa debe cambiar a $0,46+0,011 = 0,47$ km/s para que la duración del día continuara siendo de 24 horas; o bien, B) la velocidad de rotación se mantiene constante a $v = 0,46$ km/s, con una velocidad relativa Tierra-sol de $v = 0,45$ km/s, y entonces la duración del día solar se alarga a $39.103/(0,45 \times 60 \times 60) = 24,14$ horas. Por los registros que se tienen nunca se ha visto cambios ni del tipo A ni del B.

Y tres años después (año 9°), Jupiter ha completado 3/4 de su órbita y el sol vuelve a moverse radialmente a la Tierra, con lo que la duración del día otra vez se encontraría en las 24 horas. Finalmente en el año 12° comenzaría a repetirse la secuencia. Por lo tanto, aunque nuestro modelo del sistema solar está muy simplificado, de acuerdo al modelo heliocéntrico de Kepler-Newton, a los principios de la mecánica de Newton el movimiento del sol alrededor del baricentro del sistema solar, visto desde la Tierra, debería variar entre $v=+0,11$ km/s hasta una aparente velocidad nula, para luego pasar a $v= -0,11$ km/s, volverse otra vez nula aparentemente, y luego regresar a $v=+0,11$ km/s al cabo de 12 años en los que el planeta masivo Júpiter realiza su órbita.

En total el sol habría recorrido 4,27 millones de kilómetros por el espacio rodeando al baricentro durante unos 12 años. Este

---

[167] Puede verse un diagrama con la variación del día solar, en milisegundos, durante el periodo 1974-2005 en:
http://commons.wikimedia.org/wiki/File:LengthOfDay_1974_2005.png?uselang=es

movimiento debería tener una clara, nítida y detectable consecuencia en la variación de la duración del día solar, que está resumida en la gráfica siguiente:

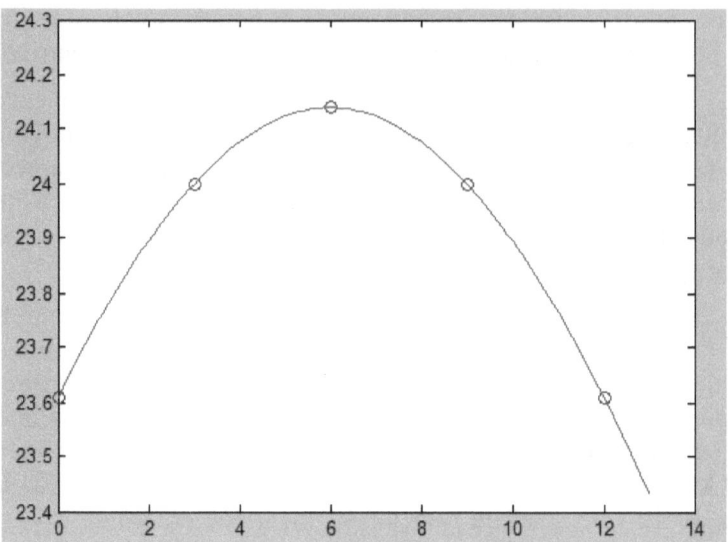

Sobre satélites geostacionarios

Concepto de satélite geosíncrono (GSS) o geoestacionario.

Es un satélite que se coloca en órbita terrestre a una distancia de 22.236 millas (x km) de la superficie terrestre con fines científicos, militares o de telecomunicaciones. El objetivo de estos satélites es que se hallen estacionarios y situados cenitalmente sobre la perpendicular de un punto, así, desde la perspectiva heliocentrista estos satélites deben estar 'volando' con una velocidad V igual, pero en sentido opuesto, a la velocidad tangencial de rotación del punto P al que se encuentran. Así si nosotros nos encontrásemos situados en P veríamos la apariencia ilusoria de un satélite 'estacionario' levitando sobre nuestras cabezas.

En los libros de física los cálculos suelen ser presentados muy sencillos. Por ejemplo, para calcular la distancia h de la órbita que debe situarse uno de tales satélites pueden hacerlo utilizando la gravitación de Newton, igualando la fuerza gravitatoria con la fuerza centrífuga, o bien utilizando la tercera ley de Kepler, en concreto, según esta regla de los períodos:

$$T^2 = (4\pi^2/GM_T) r^3, \text{ o sea,} \quad r = (T^2 GM_T/4\pi^2)^{1/3}$$

Si sustituimos los datos correspondientes a la tierra, y un periodo T de 24 horas:

$T = 24$ h $= 86400$ s; $G = 6{,}67 \cdot 10^{-11}$ Nm²/kg²; $M_T = 5{,}97 \cdot 10^{24}$ kg

Obtenemos $r = 4{,}2 \cdot 10^7$ m. Y como $R_T = 6370 \cdot 10^3$ m, se tiene que $h = r - R_T = 35785$ km (22236 millas).

Y ahora calculemos la velocidad que debe tener este satélite, siguiendo la dinámica de Newton:

$(GM_T\, m)/r^2 = m.v^2/r$, o sea, $v = (GM_T / r)^{1/2}$

Siendo $r = 22\,236$ millas, obtenemos una velocidad de $v = 6\,879$ millas/hora.

Entre los escépticos al geocentrismo es muy común tomar la existencia de satélites geosíncronos como una posible prueba de que la Tierra debe estar rotando, si no *¿cómo puede un satélite geosíncrono estar parado sobre un punto P?*, dicen . Si la tierra no rota *¿cuál es la fuerza que lo mantiene levitando sin caer a la superficie?*, preguntan. La respuesta a tal cuestión es que en universo rotando una vez cada 24 horas, y estando la tierra absolutamente fija en el espacio, se dan las mismas fuerzas sobre los satélites que si la tierra estuviera rotando y el universo fijo. En realidad esto es consecuencia del principio de Mach, "la fuerza centrífuga y otras fuerzas inerciales se deben al movimiento relativo respecto al fondo de estrellas fijas". Es decir, si la tierra estuviera fija y el resto del universo rotara entonces se tendrían las mismas fuerzas que las predichas por Newton. Es este *resto del universo*, que al rotar en torno al eje norte-sur terrestre, provoca la fuerza centrífuga y las fuerzas de inercia en los objetos acelerados, lo cual también explica el movimiento del péndulo de Foucault para una Tierra fija. El propio Einstein, utilizando su teoría de la Relatividad, encontró una demostración para este extraordinario fenómeno, y así el 25 de Junio de 1913 escribió una carta a Ernst Mach, carta que hoy se conserva dentro de la colección de cartas manuscritas por Einstein:

«Si se rota un masivo casquete (Shell) de materia S, con relación a las estrellas, en torno a un eje fijo que pasa por el centro del Shell, entonces surge en este centro una fuerza de Coriolis, lo cual significa que el plano de un péndulo de Foucault sería arrastrado en torno al eje».

Con lo cual, Einstein no sólo está reafirmando que el péndulo de Foucault no es una prueba de la rotación terrestre (como indica la mecánica clásica), sino que está indicando que toda la mecánica clásica es susceptible de ser interpretada de forma alternativa, esto es, suponer a la Tierra fija en el centro de un universo rotante. Einstein, sin embargo, se abstuvo astutamente de publicar en las revistas este resultado que evidentemente lesionaba gravemente su teoría de la Relatividad….. Pero en realidad el efecto de este péndulo lo produce «la rotación diurna de las masas distantes en torno a la tierra, que con un periodo de un día produce también una fuerza centrífuga gravitacional real responsable de aplanar la tierra en los polos. Ello se explica por una fuerza real de Coriolis actuando en las masas en movimiento sobre la tierra...» (Ande K. T. Assis, '*Relational Mechanics*', pg. 190-101). Se trata del efecto – que suele llamarse "arrastre de marcos inerciales"- que aquí hemos indicado, y que ha sido demostrado por Misner, Wheeler y Thorne, así como por Lense y Thirring, y del que hablaban por carta Einstein y Mach.

Pues bien, este efecto Lense-Thirring producido por el universo rotante es también el que produce el equivalente a una "fuerza centrifuga" sobre los GSS, la cual se ve contrarrestada por la fuerza gravitatoria terrestre, de igual magnitud pero de sentido opuesto, lo que hace al satélite levitar sobre el cenit de un punto P a la altura de 22236 millas. Pero evidentemente ese satélite sería arrastrado con el resto del universo en su rotación diurna, para evitarlo el satélite debe moverse con una velocidad tangencial de 6879 millas/hora, oponiéndose al movimiento global del firmamento.

Este es el planteamiento, ahora pasemos a la discusión, centrándonos únicamente en el comportamiento de los satélites geosíncronos ¿cuál tiene más visos de ser verdadero.. el modelo de movimiento Kepler-Newton o el geocéntrico de Einstein, Misner, Wheeler, Thorne, Lense-Thirring?. Muchos universitarios creen erróneamente que la rotación de la Tierra queda demostrada al expresar unas ecuaciones matemáticas con lógica interna correcta, tales como las mostradas en los libros de mecánica celeste, las ecuaciones del movimiento de ciertos astros, sean éstas expresadas en mecánica newtoniana, hamiltoniana o relativista. Esas ecuaciones pueden servir a los ingenieros para enviar sondas al planeta Marte, por ejemplo, pero por sí mismas las matemáticas no proveen la prueba de ningún modelo, lo único que aportan son proporciones entre fuerzas, distancias y tiempos observables, esto es, relaciones ciertas "per se" por ser medibles. Newton no aportó explicación alguna sobre los mecanismos físicos que hacen surgir fuerzas *atractivas* opuestas en cada uno de dos cuerpos próximos.

En realidad para el estudio y control de satélites GSS el modelo Kepler-Newton presenta tantas anomalías que se presenta como inútil.

* En un debate heliocentrismo-geocentrismo, Gary Hoge - Robert Sungenis, ambos católicos, discutiendo sobre el tema de los GSS, el primero de ellos presentó imágenes de la NASA de las oscilaciones de varios satélites que según él demostraban claramente el modelo de Newton con la Tierra rotando.

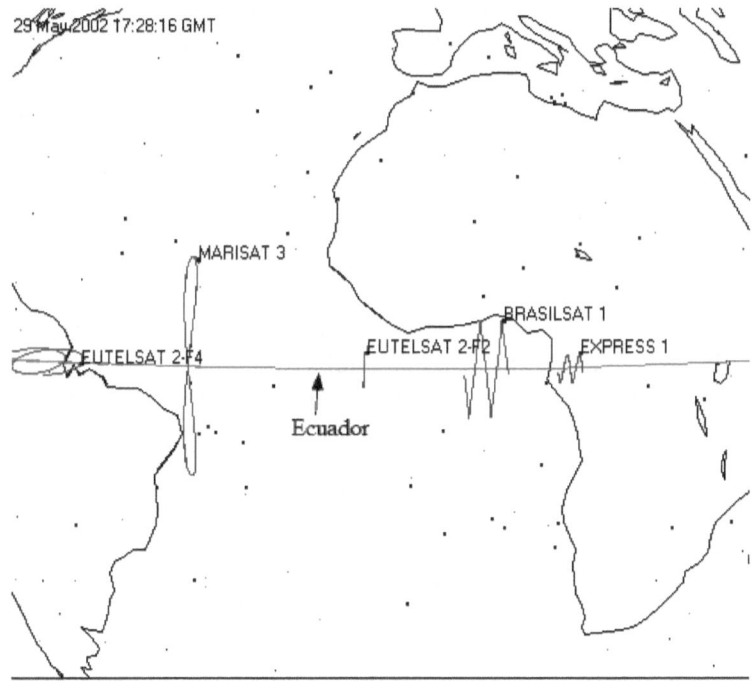

Por ejemplo, sobre las perturbaciones en forma de "8" del satélite MARISAT 3, Hoge explicó esa peculiar forma de la trayectoria aparente del satélite, indicando que la órbita está inclinada respecto del plano del ecuador, así en su trayectoria diurna primeramente MARISAT 3 se iría elevando por una línea perpendicular al ecuador hasta un punto máximo, para después ir descendiendo, volviendo a pasar por el ecuador, hasta llegar a un punto mínimo simétrico del máximo. Además, dice Hoge, la trayectoria del satélite sincronizada con la rotación terrestre no es perfectamente circular sino ligeramente elíptica, así el satélite se atrasará –se desplazará aparentemente hacia atrás- en ciertos tramos y se adelantará en otros, para formar así ese peculiar "8".

A lo cual Robert Sungenis le replicó adecuadamente como veremos a continuación, lo que es lamentable es que varias webs, católicas además, hayan adulterado en internet este debate Hoge-Sungenis eliminando todas las réplicas de Sungenis y manteniendo exclusivamente las intervenciones de Hoge, tal como ésta que acabamos de ver, para mostrar, según ellos, "una prueba incuestionable de que la Tierra sí rota", pues a cada gráfica de todo satélite GSS se le puede dar una explicación geodinámica. Claro que sí, pero también una explicación geostática, ¿por qué entonces silenciar o censurar esta última explicación?.

Los partidarios de la explicación geodinámica, replicó Sungenis, asumen que un sistema estelar rotante es algo diferente de una tierra girando con un sistema estelar fijo, pero desde el punto de vista de la Física teórica, incluidas las ecuaciones de Einstein, no hay ninguna diferencia. En la explicación geoestática para el satélite MARISAT 3 también tenemos una órbita inclinada respecto del plano del ecuador, y esta órbita sería ligeramente elíptica, el satélite asciende y desciende respecto a la línea del ecuador celeste, y también ahora el satélite en unos tramos se atrasa respecto al firmamento estelar rotante, para luego adelantarse en otros. Consecuentemente aparece la misma forma de "8" que en el caso anterior.

En realidad aquí tenemos algo que parece apuntar hacia el modelo geoestacionario, puesto que todos los satélites se lanzan prácticamente a la misma altitud, 22236 millas, misma velocidad angular, y las fuerzas interviniendo en todos ellos son también las mismas (al no depender de la masa), y sin embargo, como se desprende de la imagen anterior, cada satélite puede comportarse de forma bastante diferente. Esto tiene que ser explicado de alguna manera, evidentemente pequeñas variaciones en la altitud o en la velocidad angular producen desviaciones de la sincronía total, pero es significativo que en la mecánica Newtoniana la fuerza gravitatoria no depende de la forma del objeto, por el contrario, en la mecánica LeSagiana –que suele utilizarse en el modelo geostacionario- la gravitación se supone producida por la presión de las partículas "en el dominio de Planck" sobre el objeto en cuestión, así que la forma del satélite tiene una importante influencia en la desviación de la sincronía total.

Similitud entre el satélite MARISAT 3 y el Sol

A propósito del MARISAT 3 y sus fluctuaciones, esta forma típica de "8" nos recuerda a lo que se llama "analema solar" en *gnomónica* (ciencia de la construcción de relojes solares). El analema solar, del que ya hemos hablado anteiormente, es la curva que describe la posición del sol en el cielo si todos los días del año se lo observa a la misma hora del día y desde un mismo lugar de observación.

Desde el geocentrismo el sol sería un *satélite* de la tierra, no precisamente geosíncrono pues evidentemente se le ve cómo revoluciona con todo el firmamento cada 23 horas 56 minutos en torno a la tierra ("día sideral"), pero también el sol se mueve un grado al día en sentido contrario por su órbita (plano de la eclíptica), lo cual es causa de que empleé unos 4 minutos más que las estrellas lejanas en completar una vuelta (un "día solar"). Si nosotros fotografiamos al sol cada 5 ó 6 días con una cámara fotográfica –con un filtro adecuado–, pero siempre a la misma hora del día (tiempo civil) y desde la misma posición y orientación. Al completar un año de instantáneas en una misma placa, obtendríamos como resultado un analema, similar al que se ve en la imagen. Con este experimento fotográfico, lo que estamos haciendo es sustraer el movimiento de rotación del firmamento, y concentrándonos sólo en el avance diario del sol, o sea, en su órbita grado a grado.

Es muy fácil hacer una descripción de este resultado desde la perspectiva del geocentrismo. Primeramente, el plano de la órbita solar está inclinado 23,5° respecto al ecuador terrestre, en lo que se llama 'eclíptica'. Ahora, como lo hacía MARISAT 3 perpendicularmente respecto al ecuador, el sol se elevaría por una línea perpendicular al plano de la eclíptica hasta un punto máximo, para después ir descendiendo por la misma línea, la cual no no es recta porque fijémonos que la órbita que describe el sol es ligeramente elíptica, y por tanto, en primera aproximación cumple la ley de las áreas, o sea, el sol *barre* áreas iguales en tiempos iguales. Si la órbita fuera un círculo perfecto y el sol la recorriera en un año a velocidad constante, entonces cada día recorrería 360/365.25 grados, o sea, 0.985653 grado/día, es lo que se llama posición del "sol medio". Sin embargo, la ley de las áreas provoca que cuando el sol está cerca de la Tierra, entonces circule más rápido, y por ello se adelante respecto del sol medio, mientras que cuando se halle más lejos de la tierra entonces viaje más despacio, y el sol se atrase respecto del sol medio.

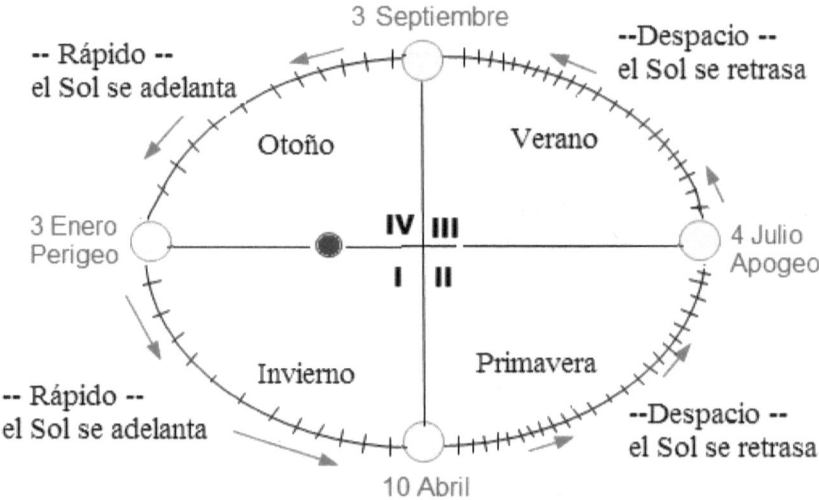

Hacia el comienzo del Invierno el sol se halla en el perigeo, en su mayor cercanía a la Tierra, entonces el sol se desplaza más rápido que el *sol medio*, esto sucede en el cuadrantes I y también en el IV durante el Otoño. En cambio, en Primavera y en Verano el sol, más alejado de la Tierra, viaja más lento y se retrasa respecto del *sol medio*.

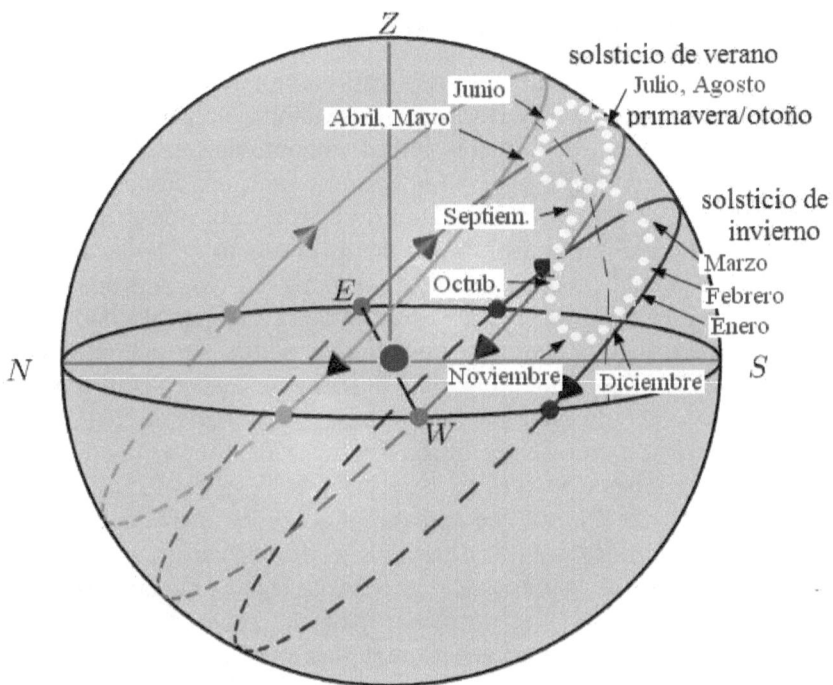

Datos recientes apuntando al geocentrismo

Desgraciadamente, después que con las conjeturas de la Relatividad se cerrará en falso las investigaciones sobre la movilidad o no de la Tierra, este tema quedó definitivamente desterrado del ámbito de la ciencia. Poco importaba si en ocasiones surgían datos astrofísicos apuntando un posible centralidad de la Tierra, como cuándo en 1929 Edwin Hubble realizó el asombroso descubrimiento de los *redshifts* de las galaxias lejanas, que era tal *como si todas las galaxias se alejaran de nosotros...* Hubble dijo: «No se puede demostrar la falsedad de esta hipótesis, pero es rechazable y únicamente podría ser aceptada como último recurso... Así que nosotros desdeñamos esa posibilidad... la posición privilegiada para la tierra debe ser evitada a toda costa». Recientemente a través de sus libros divulgativos, Stephen Hawking ha defendido esa misma postura revistiéndola de falsa modestia, en "*Una Breve Historia del Tiempo*" se apresura a dejar claro: «Parecería que si observamos todas las galaxias alejándose de nosotros, es porque nos encontramos en el centro del universo. Hay, sin embargo, una explicación alternativa: el universo debería parecer el mismo en cualquier dirección, o también en cualquier otra galaxia. No tenemos ninguna prueba científica, ni a favor ni en contra de ello. Pero creemos en ello, en base a la modestia: es mucho más aceptable si el universo parece el mismo en cada dirección en torno nuestro, que no estar emplazados en un lugar superespecial del universo». Muy al contrario de lo que asegura Stephen Hawking, cualquier hombre humilde y temeroso de Dios debería tener puesta su credibilidad en aquello que todos los hombres sabios y prudentes estuvieron enseñando durante decenas de siglos, esto es, que la tierra es un lugar especialísimo del universo, que Dios quiso crear intencionadamente para que fuese el habitáculo del género humano. Pruebas de ello abundan en las Sagradas Escrituras, en los textos de los Padres de la Iglesia, decretos del Magisterio, y en los escritos de los Doctores de la Iglesia... y por si fuera poco, también en la astrofísica. Hagamos un repaso de estas últimas.

Las galaxias no sólo aparecen alejándose del punto central donde se encuentra la tierra, sino que además su distribución es uniforme alrededor nuestro, el movimiento de alejamiento representaba una dilatación uniforme. Según el astrónomo William G. Tifft[168] es como si se movieran en capas concéntricas con centro en la tierra, y

---

[168] William G. Tifft. "Redshifts quantization of galaxies". Sky & Telescope Magazine, Jan 1987, pp. 19-21.

velocidades que siempre son múltiplos de 72 km/s. Para anular estos datos netamente geocéntricos los cosmólogos del Big Bang recurrieron a postular un universo isotrópico. Es decir, ya que no podían negar que la tierra está en un lugar privilegiado, pasaron a suponer que todos los lugares del cosmos son igualmente privilegiados, lo cual exigía la *isotropía*, o sea, que al observar el universo en cualquier dirección debería parecer a gran escala igual en todos sus puntos. Por ejemplo, un observador encima de una gran esfera perfecta vería prácticamente lo mismo en cualquier punto o en cualquier dirección que mirase. La mala noticia para ellos es que los datos recientes sobre la radiación CMB obtenidas por la sonda espacial WMAP muestran un universo anisótropo.

Además de las galaxias, la distribución de los quásares, por ejemplo, sólo tiene una explicación lógica, el geocentrismo, pues están situados en 57 bandas esféricas centradas en la Tierra[169]. Y por si fuera poco esto, también la distribución de otros objetos celestes lejanos, como los estallidos de Rayos Gamma y los BL Lacertae tienen su explicación más lógica en el geocentrismo. Por ejemplo, el astrofísico J. Kath[170] indica que de acuerdo a los postulados del Big Bang, los estallidos de Rayos Gamma deberían ser más finos cuanto más lejanos. No sucede así, y Kath asegura: «Con los datos actuales en la mano... nosotros estamos en el centro de una distribución con simetría esférica de fuentes explosivas de Rayos Gamma, y esta distribución tiene un borde exterior. Más allá de sus límites, la densidad de los estallidos disminuye hasta la insignificancia». A un nivel más local, más de mil estrellas binarias presentan su punto *periastro* más lejano que su *apoastro*, lo cual significa que el eje del sistema está apuntando hacia la tierra. También los cúmulos globulares de estrellas, que son conglomerados esféricos de miles de estrellas que se encuentran dentro de nuestra galaxia, están distribuidos con centro en la tierra[171].

Y si observamos el universo a gran escala nos encontramos con la radiación *cósmica de fondo de microondas* (CMB) que refuta la hipótesis del Big Bang, pero no lo hace con el geocentrismo. El resultado del análisis de la radiación CMB tiene una crucial importancia, pues nos indica si realmente hay la isotropía espacial que

---

[169] "The Red Shift Hypothesis for Quasars: Is the Earth the Center of the Universe?".*Astrophysics and Space Science*, 43: (1), (1976), p. 3.
[170] Jonathan Katz, The Biggest Bangs: The Mystery of Gamma-Ray Bursts, The Most Violent Explosions in the Universe, 2002, pp. 90-91.
[171] Dewey Larson, "Globular Clusters," *The Universe of Motion"*, pp. 33, 37.

predice la 'hipótesis del Big Bang' o no la hay. La CMB había sido descubierta en 1965 por los radioastrónomos Penzias y Wilson. Se trata de una radiación térmica presente en todos los lugares y perceptible en cualquier dirección de observación. Su magnitud es de unos 2,73 grados Kelvin y, según la hipótesis del Big Bang, se trataría del remanente de esa hipotética 'gran explosión' primigenia. De cualquier manera el estudio de las posibles fluctuaciones de esta CMB equivale a observar el universo en su máxima escala. La NASA envió en 2001 al espacio la sonda WMAP con el objetivo de hacer un mapeado de esta radiación en sus más finos detalles. Los resultados de la exhaustiva exploración salieron a la luz en 2005[172]. Es la distribución dipolar, con la línea horizontal -el "eje del mal"[173]- señalando el plano de la eclíptica, por donde se mueven los planetas, y muy próximo al eje equinoccial. Por de pronto el modelo "Big Bang" sale muy malparado, pues entre sus postulados está la perfecta isotropía y homogeneidad del cosmos. Sin embargo, en la imagen se percibe la presencia de direcciones calientes (las rojas y amarillas) y otras frías (azules y verdes). Con tal disposición aparecen violados: el Principio Cosmológico de Bondi (*el cosmos es espacialmente isótropo y homogéneo a muy gran escala*), también llamado Principio de Copérnico (*en el universo no hay lugares privilegiados*) y el Principio de Equivalencia de Einstein (*el resultado de cualquier experimento no gravitacional es independiente de la velocidad del marco inercial en que se realice*). Además cosmologías como las del Big Bang aparecen como desechables. En su publicación del año 2006, C. Copi, D. Huterer, D. Schwartz y G. Starkman[174] realizaron un análisis del mapa

---

[172] Ver el mapeado de la radiación CMB en resolución super-alta en http://upload.wikimedia.org/wikipedia/commons/c/c1/WMAP_image_of_the_CMB_anisotropy.jpg

[173] Probablemente la popularidad que tiene hoy la denominación de "the axis of evil" sea debido al artículo de Marcus Chown, Axis of Evil Warps Cosmic Background, New Scientist, October 22, 2005. En español "Los Ejes del Mal distorsionan la CMB", un artículo en que se describía los descubrimientos de Land y Magueijo sobre la anisotropía de la CMB. Al parecer ellos utilizaban el término "mal" porque esta radiación cósmica aparece como alineada con la eclíptica y los puntos equinocciales de la Tierra, lo cual derriba el principio de Copérnico, que dice que la Tierra no es un lugar especial del universo, y no puede haber cosa peor para un defensor del paradigma heliocentrista.

[174] 'On the large angle anomalies of the microwave sky', C. Copi, D. Huterer, D. Schwartz and G. Starkman, Mon.Not.Roy.Astron.Soc. 367 (2006).

CMB por las frecuencias de los puntos de cada color según las diferentes direcciones, esto es, hicieron una descomposición en multipolos (harmónicos esféricos) a los datos estadísticos del mapeado de la radiación CMB obtenida por la sonda Wilkinson Microwave Anisotropy Probe (WMAP), con lo que evidenciaron que los ejes estadísticamente preferidos de los modos cuadripolo (l=2) y octopolo (l=3), en concreto el normal al cuadripolo y dos de los ejes del octopolo, están remarcablemente alineados y próximos al *"axis of evil"* (el bipolar), por otra parte, el plano que están definiendo es el plano perpendicular a la eclíptica, y sorprendentemente varios de estos ejes aparecen alineados junto al eje equinoccial Aries-Libra, es decir, todo ello, siendo extremadamente improbable que se haya dado por azar, está muy en consonancia con el geocentrismo. Otros científicos trataron de minimizar las características geocéntricas de los datos de la CMB, atribuyéndolas a contaminaciones en el entorno próximo al telescopio espacial que los registró, entonces en 2010 tuvo que aparecer Copi con un nuevo artículo para afirmar: «Particularmente desconcertantes son los alineamientos con aspectos del sistema solar. La anisotropía de la CMB del cosmos debería claramente no estar correlacionada con nuestro hábitat local. Mientras que las correlaciones observadas parecerían insinuar que hay alguna contaminación por el entorno cercano o quizás por la estrategia del escaneo de datos, una inspección más somera revela que no hay ningún camino obvio para explicar las correlaciones observadas».

Pero además de Copi hay otros científicos que han quedado fascinados por los aspectos geocéntricos de la radiación cósmica CMB, como Lawrence Krauss, uno de los más prestigiosos cosmólogos de la actualidad que afirma lo siguiente: «Cuando miras al mapa CMB ves que la estructura que se percibe, está efectivamente, de una extraña manera, correlacionada con el plano de la tierra alrededor del sol. ¿Es el regreso al tiempo anterior a Copérnico lo que nos supone esto? Parece una locura. Nosotros estamos contemplando el universo entero. No hay ninguna manera por la que se pude llegar a correlacionar la estructura del universo con nuestro movimiento de la tierra alrededor del sol —el plano de la tierra alrededor del sol— la eclíptica. Esto podría significar que nosotros estamos verdaderamente en el centro del universo... Los nuevos resultados o bien están diciendo que toda la ciencia está equivocada y nos encontramos en el centro del universo, o quizás sea simplemente que los datos son incorrectos, o quizás los datos nos están diciendo que hay algo extraño en los resultados y que quizás, podría haber algo equivocado con nuestras teorías a grandes escalas»[175].

---

[175] L. Krauss, "*The Energy of Empty Space that Isn't Zero*", 2006.

CAPÍTULO V. GEOCENTRISMO Y CREACIÓN EN LOS PADRES DE LA IGLESIA

Sobre la inerrancia de la Biblia

Hoy no es extraño encontrar exegetas, incluso entre teólogos católicos, que no tienen ningún reparo en afirmar que la Sagrada Escritura contiene errores en las áreas de geografía, historia, ciencias naturales etc., con la única excepción de los asuntos de fe y moral. Una prueba de este despropósito la tenemos al comprobar que entre los textos católicos actuales no es fácil encontrar la palabra 'inerrancia' pues ha sido sustituida por otras como 'veracidad' o 'verdad', palabras que los autores luego tienden a desdoblar en varios subtipos: concepto *semítico* de verdad, concepto *fundamentalista*, etc. Por ejemplo, el sacerdote católico americano, P. Raymond E. Brown, experto en exégesis bíblica, uno de los primeros académicos católicos en aplicar el método histórico-crítico a las Sagradas Escrituras, llegó a afirmar lo siguiente:

«Hemos llegado a un profundo cambio desde asumir que la inspiración garantizaba la total inerrancia de la Biblia, hasta llegar a asumir que la inerrancia está limitada a la enseñanza de la Biblia de *la verdad que Dios quiere poner en los escritos sagrados para el efecto de nuestra salvación*» (La Concepción Virginal corporal y Resurrección de Jesús, 1973).

En realidad, hay que dejar perfectamente claro que la enseñanza oficial de la Iglesia no ha cambiado ni una *coma* en este vital aspecto de la inerrancia de la Biblia, pues sigue siendo la misma enseñanza de siempre. La Iglesia Católica enseña que todos los libros que acepta como canónicos y sagrados (la lista completa aparece en el parrafo 120 del Catecismo de 1994) fueron escritos completa y totalmente bajo la inspiración del Espíritu Santo, y los autores humanos escribieron todas aquellas cosas y sólo aquellas que Dios quiso que escribieran. Según el concilio Vaticano I, la Iglesia considera a esos libros canónicos y sagrados porque habiendo sido escritos por inspiración del Espíritu Santo, tienen a Dios como autor, y son «revelationem sine errore continet» (Denz.1787). Puesto que Dios es el principal autor de las Escrituras, entonces está asegurada la inerrancia del significado expresado por los autores sagrados en cualquier parte de la Biblia y sobre cualquier asunto que hablaran. Esta enseñanza de la completa inerrancia, reafirmada por los concilios de Florencia (1431-1443), Trento (1545-1563) y Vaticano I (1869-1870), fue también reiterada por León XIII quien en *Providentissimus Deus* menciona la regla de San Agustín como principio hermenéutico:

"No es preciso, sin embargo, creer que (el interprete de la Escritura) tiene cerrado el camino para no ir más lejos en sus pesquisas y en sus explicaciones cuando un motivo razonable exista para ello, con tal que siga religiosamente el sabio precepto dado por San Agustín: «No apartarse en nada del sentido literal y obvio, como no tenga alguna razón que le impida ajustarse a él o que haga necesario abandonarlo»; regla que debe observarse con tanta más firmeza cuanto existe un mayor peligro de engañarse en medio de tanto deseo de novedades y de tal libertad de opiniones." (*Providentissimus Deus*. 33)[176].

Citando al documento del concilio Vaticano II sobre las Sagradas Escrituras, *Dei Verbum*, el Catecismo enseña que los escritores humanos de la Biblia no escribieron nada que Dios no quisiera que escribiesen:

«En la composición de los libros sagrados Dios se valió de hombres elegidos, que usaban de todas sus facultades y talentos; de este modo, obrando Dios en ellos y por ellos, como verdaderos autores, pusieron por escrito todo y sólo lo que Dios quería». (CIC 106; DV 11)

Dei Verbum deja claro que Dios no sólo guió los escritos de los autores sagrados de la Biblia, sino que además se aseguró que el significado que ellos intentaban transmitir era el significado primario que Él deseaba fuera transcrito.

«Habiendo, pues, hablado Dios en la Sagrada Escritura por hombres y a la manera humana, para que el intérprete de la Sagrada Escritura comprenda lo que Él quiso comunicarnos, debe investigar con atención lo que pretendieron expresar realmente los hagiógrafos y plugo a Dios manifestar con las palabras de ellos». (DV 12)

Con todo esto en mente, el lector debería quizás volver a releer cada capítulo del Génesis, especialmente los capítulos 1-3, con la seguridad que lo que allí está escrito es una narración histórica de

---

[176] No obstante, "su sentido literal oculta en sí mismo otros significados que sirven unas veces para ilustrar los dogmas y otras para inculcar preceptos de vida; por lo cual no puede negarse que los libros sagrados se hallan envueltos en cierta oscuridad religiosa, de manera que nadie puede sin guía penetrar en ellos" (*Providentissimus Deus*. 33).

acontecimientos, no de mitos. Tanto los rabinos anteriores a Cristo, que conocían perfectamente las convenciones literarias de la Escritura, como los Padres de la Iglesia, siempre mantuvieron con firmeza el carácter histórico del Génesis. León XIII enseña en *Providentissimus Deus* que toda interpretación de la Escritura debe ser conforme a las enseñanzas de la Iglesia, la *analogía de la fe* (los autores sagrados no pueden estar en contradicción entre sí) y la *enseñanza de los Padres de la Iglesia*.

Es un principio ya defendido por los mismos Padres. San Agustín lo afirma con su habitual elocuencia: "si no existe una rama del saber, por muy humilde y sencilla de aprender que sea y que no necesite al maestro, ¿cómo no sería un gran signo de orgullo y de irreflexión el estudiar los libros sagradas sin la ayuda de aquellos que los interpretaron?" Los otros Padres transmiten con claridad la idea de que ellos "no se esforzaron por entender las Escrituras por su propio entendimiento, sino con la ayuda de aquellos que tal entendimiento lo recibieron directamente de los apóstoles". Por eso es imprescindible recordar lo que han dicho los Padres de la Iglesia sobre el geocentrismo y otros aspectos relativos a los orígenes.

Aquí se llega directamente a una cuestión crucial que la inmensa mayoría de teólogos resuelve de la siguiente forma: los Padres no tienen nada que decir sobre los temas científicos. Amén la Escritura. Cierto, la Biblia *no es un libro científico*, no nos informa sobre la velocidad de la luz ni podemos (ni debemos) buscar en ella las fórmulas físicas, por ejemplo, *pero eso no quiere decir que no habla con veracidad sobre determinadas realidades del mundo creado*. En este punto la mayoría de los teólogos actuales acuden a lo indicado por Leon XIII y Pío XII en sus encíclicas *Providentissimus Deus* y *Divino Afflante Spiritu*: "Pero de que sea preciso defender vigorosamente la Santa Escritura no se sigue que sea necesario mantener igualmente todas las opiniones que cada uno de los Padres o de los intérpretes posteriores han sostenido al explicar estas mismas Escrituras; los cuales, al exponer los pasajes que tratan de cosas físicas, tal vez no han juzgado siempre según la verdad, hasta el punto de emitir ciertos principios que hoy no pueden ser aprobados.", y "se ha de considerar en primer lugar que los escritores sagrados, o mejor el Espíritu Santo, que hablaba por ellos, no quisieron enseñar a los hombres estas cosas (la íntima naturaleza o constitución de las cosas que se ven), puesto que en nada les habían de servir para su salvación, y así, más que intentar en sentido propio la exploración de la naturaleza, describen y tratan a veces las mismas cosas, o en sentido figurado o según la manera de hablar en aquellos tiempos, que aún hoy vige para muchas cosas en la vida cotidiana hasta entre los hombres más cultos. Y como en la manera vulgar de expresarnos suele ante todo destacar lo que cae bajo los sentidos, de igual modo el escritor sagrado —y ya lo advirtió el Doctor Angélico— «se guía por lo que aparece sensiblemente», que es lo que el mismo Dios, al hablar a los hombres, quiso hacer a la manera humana para ser entendido por ellos." (*Providentissimus Deus*; 43, 42); "Porque ninguna de aquellas maneras de hablar de que entre los antiguos, particularmente entre los orientales, solía servirse el humano lenguaje para expresar sus ideas, es ajena a los libros sagrados, con esta condición, empero, de que el género de decir empleado en ninguna manera repugne a la santidad y verdad de Dios, según que, conforme a su sagacidad, lo advirtió ya el mismo Doctor Angélico por estas palabras: «En la Escritura, las cosas divinas se nos dan al modo que suelen usar los hombres». Porque así como el Verbo sustancial de Dios se hizo semejante a los hombres en todas las cosas, *excepto el pecado* (*Heb* 4,15), así también las palabras de Dios, expresadas en lenguas humanas, se hicieron semejantes en todo al humano lenguaje, excepto el error;" (*Divino Afflante Spiritu*, 24), interpretando sencillamente estos textos como una confirmación de que los versos bíblicos que apuntan, al parecer, a una interpretación geocéntrica, en definitiva se pueden interpretar desde la perspectiva heliocéntrica.

En primer lugar hay que constar que los textos citados se refieren a cualquier parte de los libros inspirados con la misma temática, es decir, la cuestión de la interpretación de textos bíblicos desde el lenguaje de la apariencia versus el lenguaje de los hechos, para nada se sobreentiende de que el tema de geocentrismo está descartado. En segundo, lugar, y muy importante, estos textos no quieren decir que *siempre* que un texto sagrado hace referencia a una realidad física, esta ha de entenderse *solamente* desde la perspectiva de la apariencia captada por los sentidos. En este aspecto es muy conveniente tener presente la condena de Pío XII (Enc. *Humani Generis*) con respecto a esta noción: "inmunidad respecto al error extendida únicamente a aquellas partes de la Biblia que tratan sobre Dios o temas morales y religiosos", es decir sobre la consideración de la Biblia exclusivamente como un libro puramente "espiritual". En tercer lugar, la referencia al Doctor Angélico no hay que entenderla para nada como confirmación del modelo heliocéntrico, ya que Santo Tomás era un convencido geocentrista. En cuarto lugar, las referencias bíblicas "el sol se levanta", etc. son referencias fenomenológicas válidas tanto para el sistema heliocéntrico como geocéntrico. En la Biblia hay una doscientas referencias al movimiento del sol, unas de las cuales tienen una clarísima interpretación desde la perspectiva de hechos que han ocurrido realmente, como para descartarlas suponga una tarea sencilla para ser abordadas desde la perspectiva de la pura apariencia. Por último, en los mismos puntos referenciados de *Providentissimus Deus*, Leon XIII afirma lo siguiente: "Pues, aunque el intérprete debe demostrar que las verdades que los estudiosos de las ciencias físicas dan como ciertas y apoyadas en firmes argumentos no contradicen a la Escritura bien explicada, **no debe olvidar, sin embargo, que algunas de estas verdades, dadas también como ciertas, han sido luego puestas en duda y rechazadas**. Que si los escritores que tratan de los hechos físicos, traspasados los linderos de su ciencia, invaden con opiniones nocivas el campo de la filosofía, el intérprete teólogo deje a cargo de los filósofos el cuidado de refutarlas."

El lector se dará cuenta que el presente libro va en total sintonía con estas palabras de advertencia de Leon XIII: "…**no debe olvidar, sin embargo, que algunas de estas verdades, dadas también como ciertas, han sido luego puestas en duda y rechazadas**." La advertencia parece ser eco de las sabias palabras de San Agustín citadas por el Pontífice: "No habrá ningún desacuerdo real entre el teólogo y el físico mientras ambos se mantengan en sus límites, cuidando, según la frase de San Agustín, «de no afirmar nada al azar y de no dar por conocido lo desconocido». Sobre cómo ha de portarse el teólogo si, a pesar de esto, surgiere discrepancia, hay una regla sumariamente indicada por el mismo Doctor: «Todo lo que en materia de sucesos naturales pueden demostrarnos con razones verdaderas, probémosles que no es contrario a nuestras Escrituras; mas lo que saquen de sus libros contrario a nuestras Sagradas Letras, es decir, a la fe católica, demostrémosles, en lo posible o, por lo menos, creamos firmemente que es falsísimo»."

La tentación de utilizar los Libros Sagrados como una lectura alegórica con interpretación exclusivamente "espiritual" ha contagiado también a la exégesis del Nuevo Testamento (¿cómo un "bumerang" lanzado desde la interpretación del Antiguo Testamento?), basta recordar el Decreto *Lamentabili* de San Pío X. ¿Cabe sentido hablar de la luz de la fe que Jesús da a un ciego de nacimiento sin que esa curación milagrosa tuviera lugar realmente? Claro que con ese *hecho* Dios nos dice que la fe es la luz para nuestro sendero, pero *a partir* y *con ocasión* de ese hecho, que es una prueba que es un Dios soberano. ¿Por qué? Porque por su palabra lo que no existió (órganos o tejidos necesarios para la vista) llegaron a existir. Tal como un día hizo por su palabra que existiese la luz, ahora con su palabra da la luz material, para mostrar que es digno de fe, por ser Dios.

En definitiva, estamos hablando ni más ni menos que sobre la interpretación de la Escritura, y en eso los Padres sí que tienen mucho que decir. Es justamente el eje de la argumentación de San Bellarmino en el mencionado juicio a Galileo. "¿Juzgue usted si es sabio apartarse de la Escritura, el parecer de los Padres y de lo afirmado por el Concilio?", le recuerda a Galileo. Sin un motivo razonable y evidente, clarísimo y fuerte, no se puede abandonar este parecer. En el fondo, es también el argumento de este libro. Con la conclusión evidentemente que no hay razones, ni de fe ni de razón, para apartarse de lo dicho en la Escritura, por los Padres y por la Iglesia.

Nosotros creemos firmemente que Cristo sí sabía si la Tierra da vueltas alrededor del sol, o es el universo entero y el sol los que giran alrededor del centro del universo que es la Tierra. En el alma de Cristo no hubo ignorancia alguna, es dogma de fe. Y, los Padres, que bebieron de los Apóstoles, que a su vez bebieron de Cristo, no dicen jamás que la Tierra gira alrededor del sol. Aquí el punto central no es el "movimiento". Por lo que sería lo mismo si la Tierra se mueve o no, ¿qué más da? No es eso. El punto central es si Dios eligió un lugar privilegiado en todo el universo para que su Hijo tome cuerpo en ese lugar. El punto central es si el hombre es tan importante como para que su habitáculo sea el lugar singular en el mundo creado. El punto central es si Dios quiso mostrar mediante la creación del mundo material lo importante, lo irrepetible que es la Encarnación y Redención realizada por su Hijo, una vez para siempre, mediante un cuerpo mortal en la Tierra. Nosotros decimos: sí, sí, sí.

Lo más sorprendente e incómodo para los teólogos actuales es que los Padres pensaban de esta forma. De forma muy plástica lo indica San Basilio: "En medio de la cubierta y el velo, donde a los sacerdotes se les permitía entrar, estaba el altar del incienso, símbolo de la tierra, colocada en el centro de este universo, y de ella salió el humo de incienso". (*El Significado Místico del Tabernáculo,* Libro V, Capítulo VI).

El problema para los teólogos actuales que prefieren una explicación "espiritual" (no es nada fácil ser *espiritual* alejándose incluso, si lo prefieren así, de la *letra* de los Padres) de la Escritura y los Padres, son nuestros ojos, que efectivamente confirman lo que estamos diciendo, al menos tanto como los heliocentristas, los datos científicos que hemos tratado profusamente y que confirman la no movilidad de la Tierra, y el parecer común de los Padres, así como el de tantos teólogos de la Iglesia durante siglos. Y todo, por colmo (para los teólogos mencionados), sin alejarse de lo dicho en los libros sagrados.

Sin embargo, muchos pueden sentirse tentados a pensar que el parecer de los Padres es un tanto ingenuo sobre este asunto. O, sencillamente, que son incompetentes para hablar de ello. Por eso, ¿no sería mejor que conozcamos con más profundidad el planteamiento de los Padres? A ver si somos capaces de esclarecer un poco más este tema tan importante.

El geocentrismo para los Padres de la Iglesia[177].

Los Padres de la Iglesia, ¿eran unos hombres incultos e incompetentes? ¿No será el caso de que viviendo en una época de por sí ignorante, de mentalidad sustentada por las fantasías míticas, no sabían hacer otra cosa que creer piadosamente lo que contaban los libros sagrados parándose en exclusiva en la relación "espiritual" entre el hombre y Dios? Pues no. Ni los Padres eran unos incultos que desconocían los conocimientos, sorprendentes para su época, de la astronomía ni de su interpretación por los griegos, egipcios y babilónicos. Conocían la teoría heliocéntrica, pero la rechazaron, de la misma forma que la astrología de los griegos. El conocimiento de los astrónomos de la época de Jesucristo, era impresionante, sobre todo teniendo en cuenta que no contaban con los telescopios. A partir del concepto de la semejanza de las figuras circulares, basándose en la sombra que proyectaba la Tierra sobre la superficie de la luna, calcularon (Hiparcus) la distancia entre la Tierra y la luna en términos de diámetros de la Tierra, en concreto 30,25 diámetros, lo cual supone una medición de asombrosa precisión con un error de tan solo 0,3 por ciento. Eratostenes de Alejandría calculó el diámetro de la Tierra con otro ínfimo error de 0,5 por ciento. Únicamente debido a la ausencia de telescopios no eran capaces de medir la distancia entre la Tierra y el sol con la debida precisión. Ptolomeo la estimaba en 670 diámetros de la

---

[177] La mayoría de las citas de los Padres la hemos tomado de la obra de Andrew Louth, "*La Biblia Comentada por los Padres*". Antiguo Testamento. Tomo I, Génesis 1-11. Editor general: Thomas C. Oden. Director de la edición en castellano: Marcelo Merino Rodríguez.

Tierra, mientras que Copérnico la dejaba en 571 diámetros; la distancia real es de unos 11.500 diámetros de la Tierra.

Aún así, tenían mejores instrumentos de medida que Copérnico, que utilizaba las mediciones de Hiparcus y Ptolomeo. De hecho, las cartas de navegación de Cristóbal Colón y de Vasco da Gama eran las de los griegos clásicos que desarrollaron la trigonometría esférica antes incluso que la plana, debido a las necesidades de navegación con la ayuda de la posición de los cuerpos celestes.

El siguiente fragmento de la obra de San Hipólito (*Refutación de todas las herejías*, Libro 4, Capítulo 8) deja patente de cómo estaban al tanto los Padres respecto al conocimiento del sistema solar por parte de los astrónomos clásicos:

> "Porque entre ellos hay desde la mónada tres dobles (números), es decir, 2, 4, 8, y tres triples, a saber, 3, 9, 27... Y el diámetro de la Tierra es 80, 108 stadii, y el perímetro de la Tierra 250.543 stadii, y también la distancia desde la superficie de la Tierra a la círculo lunar, Aristarco calcula en 8.000.178 stadii, pero Apolonio 5.000.000, mientras que Arquímedes que calcula en 5.544 , 130. Y desde el círculo lunar a solar, (de acuerdo a la última autoridad), son 50.262.065 stadii, y de este al círculo de Venus, 20.272.065 stadii, y desde este al círculo de Mercurio, stadii 50.817.165, y de este al círculo de Marte, stadii 40.541.108, y de este al círculo de Júpiter, stadii 20.275.065, y de este al círculo de Saturno, 40372065 stadii;. y de ésta a la Zodíaco y la periferia más lejana, 20082005 stadii."

Metodio (*Discurso sobre las Vírgenes*, Dis. VIII, Thekla, Capítulo XIV), por ejemplo, admite su visión geocentrista, pero rechaza su astrología: "Continuando entonces, primero vamos a poner al descubierto, al hablar de las cosas de acuerdo a nuestro poder, la impostura de quienes se jactan como si sólo ellos habrían comprendido de qué forma el cielo está dispuesto, de acuerdo con la hipótesis de los caldeos y los egipcios. Porque dicen que la circunferencia del mundo se asemeja a los giros de un mundo bien redondeado, la tierra tiene un punto central. Por su contorno es esférico, es necesario, dicen, ya que hay la misma distancia de las partes, que la tierra debe ser el centro del universo, alrededor de la cual por ser más viejo, el cielo está girando. Porque si una circunferencia se describe desde el punto central, que parece ser un círculo, - porque es imposible para un círculo que se describe sin un punto, y es imposible que un círculo a ser sin un punto, - seguramente la tierra consistía ante todo, dicen, en un estado de caos y desorganización. Ahora, sin duda los más desgraciados se vieron desbordados en el caos de error, ya que, habiendo conocido a Dios, no le glorificaron como a Dios, ni le dieron gracias, sino que se envanecieron en sus razonamientos, y su necio corazón fue entenebrecido".

En cuanto al tema de nuestro estudio, hemos de subrayar los siguientes puntos, con toda contundencia:

- Los Padres siempre afirman que la Tierra está en reposo en el centro del universo.

- Los Padres nunca afirman que el sol es el centro del universo.

- Los Padres nunca afirman que el sol gira alrededor de la Tierra, incluso en sus análisis científicos del universo.

- Los Padres siempre afirman que la Tierra es el centro del universo.

- Los Padres siempre se refieren en los mismos términos al movimiento del sol y de la luna.

- Los Padres tenían pleno conocimiento que algunos griegos sostenían que la Tierra gira y rota, pero ellos no aceptaron esos planteamientos.

- Los Padres aceptaron las afirmaciones de caldeos, egipcios y griegos en cuanto a la centralidad y no movilidad de la Tierra.

- Los Padres, siguiendo los primeros versículos de Génesis 1, sostenían que la Tierra fue creada primero; luego la luz y los demás cuerpos celestes. La única excepción, debemos decirlo, es San Agustín quien sostenía que todos los cuerpos celestes fueron creados al mismo tiempo. Defendiendo, por supuesto, la creación directa, *ex nihilo*.

La creación del firmamento y de la Tierra[178]

[178] Una demostración (por ahora no refutada) de la corta edad de la Tierra ha sido dada por el físico Robert Gentry. El granito es una roca ígnea plutónica constituida esencialmente por cuarzo, feldespato y mica. Es la roca más abundante de la corteza continental, y sería, según la visión evolucionista profusamente documentada, el producto de la solidificación lenta y a muy alta presión, durante millones de años, de magma terrestre con alto contenido en sílice producto de la fusión de las rocas que forman los continentes, sometidas al calor del manto terrestre en la parte inferior de éstos.

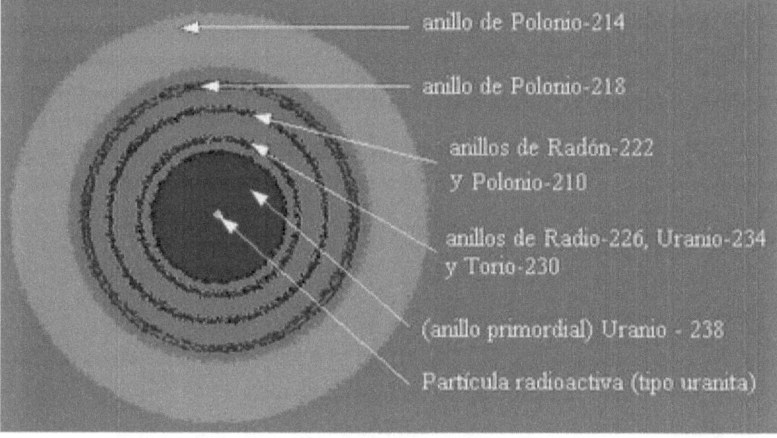

Gentry, trabajando en el Oak Ridge National Laboratory, ha estado estudiando el granito durante años, y ha encontrado varias (no sólo ésta de los halos) pruebas de una corta edad de la Tierra. Al diseccionar las rocas de granito se puede observar que están compuestas de una estructura cristalina muy densa. Dentro se entremezclan cristales de cuarzo y de mica. Los cristales de mica, que se desprenden fácilmente con la ayuda de una navaja, si se les observa con un microscopio, pueden verse que están formados de numerosas estructuras anulares llamadas "halos". Por lo general hay un núcleo central que en un tiempo tuvo material radiactivo, pero que fue desprendiendo las consiguientes partículas α (núcleos de He) y ha quedado petrificado en los sucesivos anillos exteriores, según la secuencia completa de decaimiento radiactivo. Los científicos pueden conocer con exactitud qué material padre causó tales halos midiendo los anillos. En el diagrama de la izquierda se ve la secuencia típica de un halo: U-238, U-234, Th-230, Ra-226, Rn-222, Po-218, Po-214, Po-210. Esta estructura identifica al isótopo radiactivo Polonio-218 como el causante principal de esos halos de la mica. Lo sorprendente aquí es que el Polonio-218 tiene una existencia fugaz, su presencia en el granito refuta la tesis evolucionista de la formación de las rocas como un conglomerado fundido enfriándose durante eones. Ya que el Polonio-218 sólo tiene un periodo de vida de 3 minutos, si la roca se hubiera enfriado lentamente (incluso durante un intervalo de 2 horas) todas las trazas del elemento se hubieran disipado y no se observarían halos. Una pizca de polonio radiactivo en una roca fundida se puede comparar a un trocito de Seltz alcalina introducida en un vaso de agua. El comienzo de la efervescencia equivaldría al momento en que los átomos de polonio comienzan a emitir núcleos de He. En la roca fundida los residuos de esas partículas radiactivas desaparecerían tan

> *En el principio creó Dios el cielo y la tierra. La tierra, empero, estaba informe y vacía, las tinieblas cubrían la superficie del abismo, y el Espíritu de Dios se movía sobre las aguas.*
>
> *Dijo, pues, Dios: Hágase la luz; y la luz se hizo. Y vio Dios que la luz era buena: y dividió la luz de las tinieblas. A la luz la llamó día, y a las tinieblas noche. Pasó una tarde y pasó una mañana: el día primero.* (Génesis 1,1-5).

Hay que observar que primeramente Dios creó el cielo, asimismo llamado firmamento (Gen 1,8), también creó la Tierra pero

---

rápidamente como las burbujas de Seltz del interior del agua. Pero si el agua fuera congelada instantáneamente, entonces las burbujas quedarían también allí aprisionadas dentro del hielo. Algo así, tal como explica Robert Gentry, fue lo que sucedió con estos halos de polonio, que permanecen como una innegable evidencia de que una cantidad de materia primordial de la Tierra quedó "cristalizada" en el interior del granito sólido. La existencia de estos halos de polonio, por tanto, implican que nuestra Tierra fue formada en un brevísimo intervalo de tiempo, en concordancia con lo narrado en el primer capítulo del Génesis.

En realidad, el asunto de los halos está aquí muy simplificado, el uranio radiactivo se descompone siguiendo una secuencia de pasos intermedios, cada uno de los cuales tiene su característico nivel de energía. Si la inclusión radiactiva reside en una estructura cristalina bien formada, como por ejemplo en el mineral biotita (una forma de mica que se halla frecuentemente en las rocas graníticas), es cuando se observa claramente los rastros formando una serie de esferas concéntricas en torno a la inclusión, cada una indicando un paso de la descomposición del material padre. Varios de estos pasos intermedios corresponden isótopos con semividas extremadamente cortas. Sorprendentemente, a veces unos halos característicos de los isótopos de polonio se encuentran sin los consiguientes halos de uranio, de más lenta formación, mostrando ningún rastro del conglomerado padre de uranio. Aparentemente, allí en el centro no hubo nunca uranio, y el conglomerado original debió haber sido sólo de polonio (llamado "polonio huérfano"). Se creía que el granito necesitaba muchísimos años para que se formaran estructuras cristalizadas, ya que la solidificación se produce al llegar a una temperatura por debajo del punto crítico. Puesto que los isótopos de polonio tienen tan corta semivida, sería increíblemente improbable la formación de halos de polonio sin la presencia de material padre. Esto ha llevado a Robert Gentry a especular que los granitos fueron instantáneamente creados con las inclusiones de polonio presentes, las cuales posteriormente se habrían descompuesto.

Para conocer más sobre los halos de polonio se puede acudir a la web de Robert Gentry, http://www.halos.com/

De estas cuestiones hemos hablado en el capítulo sobre la evolución, solamente recordaremos la advertencia de León XIII, de no dar algo por demostrado a priori: "…**no debe olvidar, sin embargo, que algunas de estas verdades, dadas también como ciertas, han sido luego puestas en duda y rechazadas.**" Pero aquí aparece otra cuestión: la de ser "científicamente correcto". El que se atreva a hablar sobre estas cuestiones criticando el *establishment*, se expone a la hoguera cultural, cuando no a la prohibición académica para abordar estos temas. ¿Esa es la búsqueda de la verdad? Gentry ha desafiado a los miembros de la *National Academy of Sciences* a que le den una prueba de la invalidación de la prueba de la creación de halos de polonio, pero sin éxito durante 15 años.

de una manera incompleta a falta de la producción de elementos importantes. No obstante, Dios emplazaría a la Tierra en el lugar preciso del firmamento, todo parece indicar que en el baricentro del universo. En este primer día también hizo la luz física, antes de la creación del sol y las estrellas, que no son luz sino contenedores y emisores de ella, y debe ser entendido que al decir "Hágase la luz", con su palabra, Dios llamó a la existencia a la luz, es decir, hizo una creación "ex nihilo" sin que hubiera materia preexistente. Algunos Padres, como San Agustín han indicado que con la creación de la luz se alude también a la creación de los seres angélicos, esto es ciertamente así pero el sentido literal no debe desecharse, es más, el punto 116 del CIC, que utiliza una cita de Santo Tomás de Aquino[179], asegura: «Todos los sentidos de la Sagrada Escritura se fundan sobre el sentido literal». Y León XIII en *Providentissimus Deus* indica: «Sin embargo, el sentido literal frecuentemente admite en sí mismo otros sentidos, adaptados a ilustrar dogmas o a confirmar reglas de moralidad». De tal manera, un intérprete cualificado puede añadir sentidos figurativos para enseñar verdades teológicas, tal como el profeta Jeremías hace en su propio libro, Jer 4,23, «Miré a la tierra y la vi vacía y sin nada; y a los cielos y no vi luz en ellos»[180], en donde está utilizando Gen 1,1-4 en sentido alegórico para describir la apostasía de Israel.

> "Mira primero el firmamento del cielo, que fue creado antes que el sol. Mira la tierra, que comenzó a ser visible y ordenada antes que el sol iniciara su curso." (San Ambrosio, "*Los seis días de la creación*" 4,1).

Otra cita análoga en un sermón de Juan Crisostomo:

> "¿Qué es esto? ¿Primero el cielo y luego la tierra? ¿Primero el techo y después el suelo? ¡Porque no hay una necesidad impuesta por la naturaleza, ni para una esclavitud al orden lógico de un arte! El creador y artífice de todos los seres, efectivamente, es la voluntad de Dios". (San Juan Crisóstomo, *"Sermones sobre el Génesis"*, 2,5)

Los sermones de los Padres están repletos de alusiones al mundo geocéntrico creado por Dios en seis días:

---

[179] Suma Teológica I, 1, 10.
[180] Algunos insensatos han utilizado este versículo de Jeremías como *ejemplo* de contradicción interna en la Biblia.

"Hay investigadores de la naturaleza que con grandes discursos dan razones para la inmovilidad de la tierra... no sin razón o por casualidad la tierra ocupa el centro del universo, su lugar natural. Por necesidad está obligada a permanecer en su sitio, a menos que un movimiento contrario a la naturaleza llegara a desplazarla de él". (San Basilio, *"Nueve homilías sobre el Hexameron"*)

"La noche acontece cuando el sol está bajo la Tierra, y la duración de la noche es el viaje del sol bajo la Tierra desde su puesta hasta su salida". (San Juan Damasceno, *"La fe ortodoxa"*).

"Ahora bien, [en los tres primeros días] se hacía de día y seguía la noche no según el movimiento solar, sino al esparcirse aquella luz primitiva y al retirarse de nuevo según el tiempo prefijado por Dios". (San Basilio, *"Nueve homilías sobre el Hexameron"*, 2,8).

"Nadie piense que en las obras de los seis días hay [alguna] alegoría. No puede decirse que [estas] realidades pertenecientes a los días aparecen alegóricamente, ni tampoco que son nombres vacíos, o que otras realidades vienen simbolizadas por esos nombres". (San Efrén de Siria, *"Comentario sobre el Génesis "*, 1,1)

"Así pues, la luz era libre para poder dispersarse por todo sin quedar sujeta... Después que la luz primigenia prestara servicio con su brillo durante tres días, según dicen, «el sol apareció en el firmamento para hacer madurar todo lo que había brotado durante ese primer día». (San Efrén de Siria, *"Comentario sobre el Génesis "*, 1,8)

La creación de los cuerpos celestes

Dijo Dios: Haya lumbreras en el firmamento del cielo, que distingan el día de la noche, y señalen los tiempos, los días y los años. A fin de que brillen en el firmamento del cielo, y alumbren la tierra. Y así fue. Hizo, pues, Dios dos grandes lumbreras: la lumbrera mayor, para que presidiera el día; y la lumbrera menor, para presidir la noche. E hizo las estrellas, y las colocó en el firmamento, para que resplandecieran sobre la tierra, y presidiesen el día y la noche, y separasen la luz de las tinieblas. Y vio Dios que ello era bueno. Pasó una tarde y pasó una mañana: día cuarto. (Gen 1, 14-19)

Es reseñable que la luz existió antes que el sol, pues fue creada el primer día, mientras que el sol fue creado en el cuarto día. Por tanto, durante los tres primeros días ya había cierta luz en el firmamento, llamada por algunos Padres *luz primordial*, probablemente en forma de *plasma*, que, sin ser de origen solar, iluminaba a un hemisferio de la tierra dejando oscurecido al opuesto, para diferenciar el día de la noche. La palabra hebrea para *firmamento* es 'raqia' cuyo significado principal es *"cielo"* pero también tiene un significado –semejante al castellano *"firme"* que parece constituir la voz *firmamento*- como algo que no es ni vaporoso ni tenue, es decir, a nivel primario el firmamento aparecería como transparente y flexible, pero a un nivel más profundo (al nivel subatómico) aparecería como un material extremadamente denso, esto parece desprenderse de Job 37,18. Si esto es así sus características coinciden con las que la física geocentrista supone para la substancia del éter. En el Génesis no aparecen ecuaciones matemáticas, pero sí están descritos aspectos de la realidad física.

> "Pues un eclipse del sol había acontecido; y esto fue atribuido al divino poder de Rómulo por esa multitud ignorante, que no conocía que la causa estaba en las leyes fijas del curso del sol" (San Agustín, *"La Ciudad de Dios"*, L. XIII)

> "Y sirvan, dice [la Escritura], para los días. No para hacer los días, sino para señalar los días. En efecto, el día y la noche preceden en el tiempo a la creación de los astros. Esto nos lo indica también el salmo que dice: «Puso el sol para regir el día, y la luna y las estrellas para regir la noche»[181]. ¿Cómo es que el sol rige el día? Porque la luz que trae consigo cuando se eleva sobre nuestro horizonte nos trae el día disipando las tinieblas... Pero al sol y a la luna se las asignó también regir los años. La luna cuando ha realizado doce veces su carrera, forma un año, sólo que a veces hay que intercalar un mes para determinar exactamente las estaciones. Así calculaban antiguamente el año los hebreos y los antiquísimos griegos. El año solar

---

[181] Sal 135, 8-9.

consiste en el retorno del sol por su propio movimiento desde un signo del zodiaco al mismo signo". (San Basilio de Cesarea, "Homilías sobre el Hexameron", 6,8)

En terminología metafísica se habla de los cuatro elementos que componen los cuerpos: tierra, agua, aire y fuego. Estos elementos parece que, en cierto sentido, fueran asimilables a los cuatro estados de la materia que hoy manejan los científicos: sólido, líquido, gas y plasma. En este sentido, san Juan Damasceno habla del *fuego* con más precisión de lo que muchos podrían pensar:

> "El fuego es uno de los cuatro elementos… Fue hecho por el Creador en el primer día, pues dice la Sagrada Escritura: «Dijo Dios: Haya luz» y se hizo la luz. En efecto, el fuego no es otra cosa que luz, como algunos afirman… El Creador introdujo la primera luz creada en las luminarias del firmamento, no como necesitadas de otra luz, sino para que permanezca aquella luz como mero resplandor. La luminaria no es ella misma la luz, sino un recipiente de la luz. (San Juan Damasceno, *"Exposición de la fe"* 2,7)

Y San Agustín nos da una lección de astronomía geocéntrica:

> "Asimismo, cuando indica «y días y años» (Génesis) declara que trata de los tiempos en los que los días se completan por la vuelta de las estrellas fijas; y los años se patentizan al recorrer el sol el círculo sidéreo.» (San Agustín, *"Del Génesis a la letra"*, 13,38)

Y San Juan Crisóstomo parece que habla directamente a los teólogos liberales de hoy día:

> "Por esta razón el bienaventurado Moisés, inspirado por el divino Espíritu, nos instruye con tanta exactitud, para que no experimentemos lo mismo que aquéllos, sino que podamos conocer con claridad la sucesión de cosas creadas y cómo cada una de ellas fue creada. Si Dios, preocupado por nuestra salvación, no hubiera guiado así la lengua del profeta, habría bastado con decir que Dios hizo el cielo, la tierra, el mar y los seres vivos, y no habría sido necesario añadir el orden de los días, y detallar qué fue creado primero y qué después." (San Juan Crisóstomo, *"Homilias sobre el Génesis"*, 7, 10)

Y San Atanasio parece hablar a aquellos que no tienen valentía para defender la Tradición contra los desvíos de cierto paradigama establecido:

> "Cuando diez mil hombres se hubiesen reunido para hacerme creer en pleno día que es de noche, para hacerme aceptar una moneda de cobre por una moneda de oro, para persuadirme a tomar un veneno descubierto y conocido por mí, como un alimento útil y conveniente, ¿estaría obligado por eso a creerles? Por consiguiente, puesto que no estoy obligado a creer en el gran número, que está sujeto a error en las cosas puramente terrestres, ¿Por qué cuando se trata de los dogmas de la religión y de las cosas del cielo, estaría yo obligado a abandonar a los que están apegados a la Tradición de sus Padres, a quienes creen con todos los que han sido antes que ellos, lo que se ha creído en los siglos más remotos, y confirmado además, por la Sagrada Escritura? ¿Por qué, digo, estaría yo obligado a abandonarlos para seguir a una multitud que no da ninguna prueba de lo que afirma?" (*La verdad y el número*, Homilía de San Atanasio).

Más citas de los Padres sobre el universo geocéntrico

> "Pero aseguran que el sol se puede decir que esté solo, porque no hay ningún segundo sol. Sin embargo, el mismo sol tiene muchas cosas en común con las estrellas, pues viaja a través de los cielos, él es de esa sustancia etérea y celestial, que es una criatura, y se calcula entre todas las obras de Dios. Él sirve a Dios en unión con todo, bendice a Él con todo, alaba a Él con todo. Por lo tanto, no se puede decir con exactitud que está solo, pues no se distingue del resto." (San Ambrosio, *Exposición de la Fe Cristiana*, Libro V, Capítulo II)

> "El sol se hace girar junto con, y está contenido, en todo el cielo, y nunca puede ir más allá de su propia órbita,... mientras que la tierra... está fijada en el centro del universo." (San Ambrosio, *Contra los paganos*, P.1-27)

> "Porque por un movimiento de cabeza y por el poder de

la Palabra Divina Voluntad del Padre que gobierna y dirige todo, el cielo gira, las estrellas se mueven, el sol brilla, la luna sigue su circuito, y el aire recibe la luz del sol y el éter la su calor y los vientos soplan: las montañas se crían en las alturas, el mar está agitado con olas, y crecen los seres vivos en él, la tierra permanece fija ..." (San Atanasio, *Contra los paganos*, Libro 1, Parte III, 4)

"Es por Él cómo nosotros sabemos que extendió los cielos, y fijó la tierra en su lugar como el centro." (Atenágoras, *¿Por qué los cristianos no ofrecen sacrificios?*, Capítulo XIII)

"No permitan que los filósofos, entonces, perturben nuestra fe con los argumentos del peso de los cuerpos, porque no me importa para preguntar por qué no pueden creer que un cuerpo terrenal puede estar en el cielo, mientras que toda la tierra está suspendida en la nada. Quizá el mundo sigue manteniendo su posición central por la misma ley que atrae a su centro a todos los cuerpos pesados." (San Agustín, *Ciudad de Dios*, Libro XIII, capítulo 18)

"¿Qué cosa hay tan puesta orden por el Autor de la naturaleza acerca del cielo y de la tierra como el ordenado curso de las estrellas? ¿Qué cosa hay que tenga leyes más constantes? Y, sin embargo, cuando el que rige y gobierna con sumo imperio lo que crió, la estrella que por su magnitud y brillantez entre las demás es muy conocida, mudó el color y grandeza de su figura, y, lo que es más admirable, el orden y la ley fija de su curso y movimiento. Turbó, duda, entonces, si es que las había algunas reglas de la astrología, las cuales están fijadas con una cuenta tan exacta y casi inequivocable sobre los cursos y movimientos pasados y futuros de los astros, que rigiéndose por estos cánones o tablas se atrevieron decir que el figurado prodigio de la estrella de Venus jamás había sucedido. Sin embargo, nosotros leemos en la Sagrada Escritura que se detuvo el sol en su curso, habiéndolo suplicado así a Dios el varón santo Josué, para acabar de ganar una batalla que tenía principiada, y que retrocedió para significar con este prodigio que Dios ratificaba su promesa de prolongar la vida del rey Ecequías quince años. Pero aun estos milagros, que sabemos los concedió Dios por los méritos de siervos, cuando nuestros contradictores no niegan que han sucedido, los atribuyen a la influencia de las artes mágicas. Como lo que referí arriba que dijo Virgilio: «de la maga que hacía suspender las corrientes de los ríos retroceder el curso de los astros». (San Agustín, *Ciudad de Dios*, Libro XVIII)

En la Sagrada Escritura leemos también que se detuvo un río por la parte de arriba, y. corrió por la de abajo marchando el pueblo de Dios con capitán Josué, de quien arriba hicimos mención, y que después sucedió lo mismo, pasando por el mismo río el profeta Elías, y después el profeta Eliseo, y que se atrasó el mayor de los planetas, reinando Ecequiás, como ahora lo acabamos de insinuar." (San Agustín, *Ciudad de Dios*, Libro XXI, Capítulo 8)

"¿Quién más excepto Josué, hijo de Nun divide la corriente del Jordán para que la gente pase por encima, y por la insistencia de una oración a Dios hizo parar al sol?" (San Agustín, *Tractatus*, XCI, Capítulo XV, 24-25)

"Si el sol, sujeto a la corrupción, es tan hermoso, tan grande, tan rápido en su movimiento, tan invariable en su curso, si su grandeza está en armonía tan perfecta y con la debida proporción con el Universo: si, por la belleza de su naturaleza, brilla como un ojo brillante en el centro de la creación, si por fin, uno no se cansa de contemplarla, ¿cuál será la belleza del sol de la justicia?" (San Basilio, *Homilías*, 6)

"No me llevará a dar menos importancia a la creación del universo, que el siervo de Dios, Moisés, no se refiera a las formas, ni que haya dicho que la tierra es de ciento ochenta mil estadios de circunferencia,... ni ha indicado cómo esta sombra, proyectándose sobre la luna, produce los eclipses." (San Basilio, *Homilías,* IX)

"Porque los que son malvados imaginan que nada se queda quieto, sin embargo esto no se debe a los objetos que se ven, sino de los ojos que ven. Debido a que son inestables y atolondrados, piensan que la Tierra da la vuelta con ellos, que no gire, sino se mantiene firme. El trastorno es de su propio estado, no por afecto del elemento." (Crisóstomo, *Homilía sobre Tito*, III)

"Considere cómo de gran valor fue el hombre justo, Josué, hijo de Nun, quien dijo: "El sol detente en Gabaón, y la luna en el valle de Elom", y así fue.... ¿Por qué fue eso? El nombre de Josué [Jesús] era un protipo. Él llevó el pueblo a la tierra prometida, como Jesús [lo hace] con respecto al cielo; no es la Ley, ya que tampoco lo hizo Moisés [traerlos], pero se quedó sin entrar.· (Crisóstomo, *Homilía sobre la Epístola a los Hebreos* VIII)

"El sol y la luna, en la compañía de las estrellas, rotan en armonía de acuerdo con su mandato, dentro de sus límites establecidos, y sin ninguna desviación." (San Clemente Romano, *Primera Epístola a los Corintios*, capítulo XX)

"... y que la tierra y sus alrededores están fijados en el medio, y que el movimiento de todos los cuerpos giratorios es alrededor de este centro fijo y sólido." (San Gregorio de Nisa, *Sobre el alma y la resurrección*)

El consenso de los Padres respecto a la esfericidad de la Tierra

Algunos puede ser que hayan pensado que el geocentrismo de los Padres es una especie de la teoría de la *"Tierra plana"* que falsamente se les atribuía. Aportamos citas que deben enterrar tales suposiciones y elucubraciones. La sombra circular de la Tierra proyectada sobre la luna atestiguaba desde hace siglos a los antiguos astrónomos (su parecer no hay que confundir con ciertos mitos hinduistas que presentaban la Tierra llevada a lomos de una tortuga gigante, o flotando sobre un inmenso mar) la forma esférica de la Tierra.

"El eclipse de la luna, por otra parte, se debe a la sombra de la Tierra proyecta sobre ella cuando es luna a quince días", y el sol y la luna resultan estar en los polos opuestos del círculo mayor, el sol que está debajo de la tierra y la luna sobre la tierra. Porque la tierra proyecta una sombra y la luz del sol no pueda iluminar la luna, por lo que luego se eclipsó." (San Basilio, *Fe Ortodoxa*, Libro 2, Capítulo VII)

"Como, cuando el sol brilla sobre la tierra, la sombra se extiende por su parte inferior, debido a su forma esférica hace que sea imposible que se estreche todo en uno y el mismo tiempo por los rayos, y necesariamente, en cualquier lado los rayos del sol pueden caer en algún momento particular del mundo, si seguimos un diámetro recto, encontraremos sombra en el punto opuesto, y así, continuamente, en el extremo opuesto de la línea directa de la sombra de los rayos se mueve alrededor de este globo , a la par con el sol, por lo que igualmente, a su vez, tanto la mitad superior y el menos de la mitad de la tierra son la luz y la oscuridad." (San Gregorio de Nisa, *Sobre el alma y la resurrección*).

"Estos son los lagos, y sólo hay un mar, como los que afirman que han viajado alrededor de la Tierra." (San Basilio, *Hexameron*, IV Homilía, 4)

"Pero ellos no hacen la observación de que, a pesar de que se supone o se ha demostrado científicamente que el mundo es de una forma redonda y esférica..." (San Agustín, *Ciudad de Dios*, Libro XVI, Capítulo 9)

Las citas bíblicas más destacadas que afirman o presuponen la inmovilidad de la Tierra

Se citan aproximadamente unos doscientos[182] pasajes bíblicos en los que se afirma que la Tierra no se mueve, o sencillamente se

---

[182] En su libro *Galileo Was Wrong: The Church Was Right*, R. Sungenis comenta detalladamente los siguietnes pasajes: Josué 10:10-14; Eclesiástico 46:3-5; Habacuc 3:11; 2Reyes 20:9-12; 2Crónicas 32:31; Isaías 38:7-8; Salmo 8:3-6; Salmo 19:1-6; 1Crónicas 16:30; Salmo 93:1-2; Salmo 96:9-11; Salmo 75:2-4; Salmo 104:5, 19; Salmo 119:89-91; Ecclesiastes 1:4-7; Ecclesiástico

presupone el geocentrismo. Señalaremos y comentaremos brevemente las citas más importantes:

Yahveh los puso en fuga delante de Israel y les causó una gran derrota en Gabaón: los persiguió por el camino de la subida de Bet Jorón, y los batió hasta Azecá (y hasta Maquedá).

Mientras huían ante Israel por la bajada de Bet Jorón, Yahveh lanzó del cielo sobre ellos hasta Azecá grandes piedras, y murieron. Y fueron más los que murieron por las piedras que los que mataron los israelitas a filo de espada.

Entonces habló Josué a Yahveh, el día que Yahveh entregó al amorreo en manos de los israelitas, a los ojos de Israel y dijo: «Detente, sol, en Gabaón, y tú, luna, en el valle de Ayyalón.»

Y el sol se detuvo y la luna se paró hasta que el pueblo se vengó de sus enemigos. ¿No está esto escrito en el libre del Justo? El sol se paró en medio del cielo y no tuvo prisa en ponerse como un día entero.

No hubo día semejante ni antes ni después, en que obedeciera Yahveh a la voz de un hombre. Es que Yahveh combatía por Israel.
(Josué 10, 10-14)

Tal vez sean los pasajes más celebres que ilustran el geocentrismo en la Biblia. De hecho, fueron citadas en el juicio a Galileo. Presuponiendo el hecho de que la Tierra no está fija en el centro del universo, la gran mayoría de los teólogos ha optado por la interpretación *alegórica* de este pasaje. Según lo expuesto en este libro, tal presupuesto de la validez del modelo heliocentrista carece de fiabilidad. Lo que parecía la verdad absoluta e incuestionable, no lo es tanto (para los autores no lo es para nada). Para los autores se trata de un hecho *real*, que conlleva una interpretación espiritual, por supuesto. Pero esta interpretación espiritual (como por ejemplo la de San cura de Ars "como por la palabra de un hombre se detuvo el sol, así por la palabra de un sacerdote se perdonan los pecados") se basa en un hecho *que realmente ocurrió*; si no, ¿a partir de qué vamos a dar una interpretación espiritual? ¿De algo que no ocurrió? El libro de Josué es un libro histórico, lo ocurrido a Israel es el prototipo, *real*, de lo que va a venir después en plenitud con la Encarnación y la Redención del Verbo. Obviamente, la exégesis cambia sustantivamente según la

---

43:1-10; Job 9:6-10; Job 22:13-14; Job 26:7-9; Job 26:10-11; Proverbios 8:27-30; Sabiduría 7:15-22; 1Esdras 4:34; Job 38:12-14; Salmo 82:5; Salmo 99:1; Isaías 13:13; Isaías 24:19-23; Job 38:18.

narración de Josué 10:13 sea referida a un hecho real o no. Por otra parte, para una persona que cree que Dios puso la Tierra en el centro del universo, siendo eso ya de por sí un hecho portentoso, no supone ningún problema aceptar que el sol y la luna se detengan. ¿Qué dificultad supone tal hecho para el Creador que ya ha demostrado su soberano poder por la misma Creación, obra de sus manos?

Volviendo a este texto, se deduce que el autor se refiere al hecho de detenerse el sol como a un hecho milagroso, por supuesto, pero comprobable y evidenciado por el gran número de israelitas, y no solamente ellos. En primer lugar, se referencia el movimiento del sol al mismo tiempo que el de la luna; si bien para el movimiento del sol (en el caso de una explicación no alegórica) se podría explicar mediante el cese de la rotación terrestre, no es así el caso del movimiento de la luna (salvo que en ese caso, la luna se detenga y el sol no). En segundo lugar, es un hecho que llegó a formar parte de la memoria de Israel, recordada en distintas épocas en el sentido que "solamente un necio podría olvidar las hazañas del Señor a favor de Israel" Siete siglos más tarde, Habacuc (3: 11) se referirá a este hecho con esa interpretación. También el siguiente pasaje va en esa dirección:

¿Quién antes de él tan firme fue? ¡Que las batallas del Señor él las hacía!
¿No se detuvo el sol ante su mano y un día llegó a ser como dos?
El invocó al Altísimo Soberano, cuando los enemigos por todas partes le estrechaban, y le atendió el Gran Señor lanzando piedras de granizo de terrible violencia. (Eclesiástico 46, 3-5)

Los Padres de la Iglesia, como lo hemos comentado ya, hacen frecuentes referencias a este pasaje como una narración de un hecho *realmente* ocurrido. En tercer lugar, sin ser para nosotros una prueba, sería interesante conocer si algunos pueblos en la antigüedad daban pistas o dejaron constancia sobre un día especialmente largo. Porque, si el sol y la luna se detuvieron, lo hicieron en todo el orbe, no se trataba de una ilusión óptica. Sungenis cita[183] a Harry Rimmer (*The Harmony*

---

[183] También a Immanuel Velikovsky, *Worlds in Collision*, New York, Macmillan Company, 1950, pp. 45-46. "En los Anales Mejicanos de Cuauhtitlan (la historia del imperio de Culhuacan y México, escrita en el idioma nahua en el siglo XVI) se relata que durante la catástrofe cósmica que ocurrió en el pasado remoto, el día y la noche no terminaron durante un largo tiempo... Sahagún, el sabio español que vino a América en la generación siguiente al descubrimiento de Colón y el que recogió las tradiciones de los aborígenes, escribe que durante una catástrofe cósmica el sol salió solamente

of Science and Scripture, Eerdmans Publishing Co., 1944, pp. 269-270): "Existe una leyenda sobre el día largo en la antigua literatura china. Similar memoria tienen los íncas de Perú y los aztecas de México; a su vez que las leyendas de babilionios y persas sobre el día milagrosamente extendido. En otras partes de China se conserva la narración sobre el día milagrosamente prolongado durante el reinado del Emparador Yeo. Herodoto refiere que los sacerdotes egipcios le enseñaron los escritos en el templo en los que constaba una extraña narración sobre el día que duró el doble que un día natural."

Los tres pasajes siguientes tienen un cierto paralelismo con el de Josué en cuanto son narrados por tres autores distintos (Reyes, Crónicas, Isaías) y además refieren a un hecho extraordinario que conocían también los enviados del rey de Babilonia:

Isaías respondió: «Esta será para ti, de parte de Yahveh, la señal de que Yahveh hará lo que ha dicho: ¿Quieres que la sombra avance diez grados o que retroceda diez grados?»
Ezequías dijo: «Fácil es para la sombra extenderse diez grados. No. Mejor que la sombra retroceda diez grados.»
El profeta Isaías invocó a Yahveh y Yahveh hizo retroceder la sombra diez grados sobre las gradas que había recorrido en la escalinata de la torre de Ajaz.
En aquel tiempo Merodak Baladán, hijo de Baladán, rey de Babilonia, envió cartas y un presente a Ezequías porque había oído que Ezequías había estado enfermo. (2º Reyes; 20, 9-12)

...cuando los príncipes de Babilonia enviaron embajadores para investigar la señal maravillosa ocurrida en el país, Dios le abandonó para probarle y descubrir todo lo que tenía en su corazón.
El resto de los hechos de Ezequías y sus obras piadosas están escritos en las visiones del profeta Isaías, hijo de Amós, y en el libro de los reyes de Judá y de Israel. (2Crónicas 32: 31-32)

---

un trecho por encima del horizonte y permaneció allí sin moverse; la luna también permaneció fija."
El más extensivo tratamiento de las coincidencias históricas es de Gararduz Bouw, en *Geocentricity* (pág. 60-80), con incidencias documentales ocurridas en el mismo periodo en África, China, y en América Central, América del Sur y América del Norte.

Isaías respondió: «Esta será para ti de parte de Yahveh, la señal de que Yahveh hará lo que ha dicho.
Mira, voy a hacer retroceder a la sombra diez gradas de las que ha descendido el sol por las gradas de Ajaz.
Y desanduvo el sol diez gradas por las que había descendido. (Isaías 38, 7-8)

En este caso debemos comentar dos posibles implicaciones para el hecho comentado (el retroceso del sol; siempre y cuando estamos considerando lo narrado como un hecho realmente ocurrido. Si no, se corre el riesgo de ver esta narración como un episodio sin una referencia real; lejos sea de nosotros tal suposición.). Una es desde la perspectiva geocéntrica (el sol retrocedió en su curso), otra heliocéntrica (es la Tierra la que retrocedió en su rotación). En el segundo caso (tan milagroso como el primero) las implicaciones en la atmósfera serían evidentes y deberían ser comentadas. Para la Tierra también supondría un movimiento no natural y brusco; al contrario que para el geocentrismo en cuyo caso la Tierra permanece igualmente fija, ya el cambio ocurre en el exterior de la Tierra (en el sol), mientras que todo el firmamento sigue su curso establecido.

Las referencias a un movimiento propio del sol están por doquier en la Escritura. Las referencias muchas veces son metafóricas, pero tienen una clara implicación a un hecho considerado real:

Los cielos cuentan la gloria de Dios, la obra de sus manos anuncia el firmamento;
el día al día comunica el mensaje, y la noche a la noche trasmite la noticia.
No es un mensaje, no hay palabras, ni su voz se puede oír;
mas por toda la tierra se adivinan los rasgos, y sus giros hasta el confín del mundo. En el mar levantó para el sol una tienda,
y él, como un esposo que sale de su tálamo, se recrea, cual atleta, corriendo su carrera.
A un extremo del cielo es su salida, y su órbita llega al otro extremo, sin que haya nada que a su ardor escape.
(Salmo 19, 1-6)

Para siempre, Yahveh, tu palabra, firme está en los cielos.
Por todas las edades tu verdad, tú fijaste la tierra, ella persiste.

Por tus juicios subsiste todo hasta este día, pues toda cosa es sierva tuya.
(Salmo 119, 89-91)

Orgullo de las alturas, firmamento de pureza, tal la vista del cielo en su espectáculo de gloria.
El sol apareciendo proclama a su salida: «¡Qué admirable la obra del Altísimo!»
En su mediodía reseca la tierra, ante su ardor, ¿quién puede resistir?
Se atiza el horno para obras de forja: tres veces más el sol que abrasa las montañas; vapores ardientes despide, ciega los ojos con el brillo de sus rayos.
Grande es el Señor que lo hizo, y a cuyo mandato emprende su rápida carrera.
También la luna: sale siempre a su hora, para marcar los tiempos, señal eterna.
De la luna procede la señal de las fiestas, astro que mengua, después del plenilunio.
Lleva el mes su nombre; crece ella maravillosamente cuando cambia, enseña del ejército celeste que brilla en el firmamento del cielo.
Hermosura del cielo es la gloria de las estrellas, orden radiante en las alturas del Señor.
Por las palabras del Señor están fijas según su orden, y no aflojan en su puesto de guardia.
(Eclesiástico 43 1-10)

EPÍLOGO

Creación y evolución. Sobre el pecado original

Copérnico, Galileo, Darwin, Einstein. Eso sí que son eslabones. El Geocentrismo conduce la mente directamente a la idea de Creación. Nos pareció conveniente, por esa razón, abordar otra cuestión, la de la *evolución* de Darwin, tan relacionada con el heliocentrismo desde la perspectiva del intento de la desacreditación del cristianismo.

Se ha hablado mucho sobre la evolución y el diseño inteligente. Se ha hablado sobre la evolución desde una perspectiva de compatibilidad con el cristianismo. Pero existen también aquellos que creen que Dios creó el mundo, las especies, y especialmente al hombre, directamente. Se les suele denominar "creacionistas" y los hay protestantes de distintas denominaciones, por ejemplo los de Creation Ministry[184], pero también católicos, por ejemplo los de Centro Kolbe

---

[184] http://creation.com

para el Estudio de Creación[185] (The Kolbe Center for The Study of Creation).

Los autores se incluyen entre aquellos católicos que creen que Dios en su omnipotencia creó el mundo *ex nihilo* directamente. Consideramos tal creencia coherente con la Escritura, enseñanza por unanimidad de los Padres de la Iglesia, Tradición y el Magisterio de la Iglesia desde el principio hasta hoy y hasta el día del Juicio Final. Si quieren llamarnos creacionistas, háganlo, pero más bien piensen en lo que acabamos de decir, detestamos los "*ismos*". Con lo cual consideramos contraria a la fe la afirmación de Francisco José Ayala respecto al creacionismo, que recogió el escritor católico Daniel Iglesias:

1) Consideremos primero el darwinismo de Francisco José Ayala.

Según la Wikipedia: "En Darwin y el diseño inteligente (2007) Ayala afirma que el evolucionismo y el catolicismo son compatibles, pero no el creacionismo, que haría de Dios el primero y mayor abortista, ya que el evolucionismo explica el problema del mal en el mundo como imperfección en busca de perfección, mientras que el creacionismo parte del principio opuesto, de la idea de que el ser humano ya es perfecto de por sí y diseñado por el Creador, aun cuando más de 20 millones de abortos espontáneos ocurren cada año, debido al diseño deficiente del sistema reproductivo humano."

Porque, evidentemente, él no puede decir que el creacionismo es incompatible con el catolicismo, mejor dicho con la fe católica. En primer lugar, nos veríamos en graves inconvenientes de qué hacer con San Pablo, por no ir más lejos. ¿Qué hacemos con el pecado original, después del cual el hombre empieza a conocer el dolor y la muerte, de donde síguense todas las demás imperfecciones que acusan al ser humano como una consecuencia natural del mismo? Por eso, los "*ismos*" dejemos para el cientifismo, socialismo, ecologismo, pacifismo, y los demás sistemas que pretenden meter a los hombres en sistemas colectivos con creencia impuesta y manipulada. Soy libre. Yo creo. Dios me hizo libre. Me da la fe y la razón para conocerlo y amarlo. Solamente Él merece la fe.

Partiremos de la fe dada por Dios, su Palabra, la ciencia de los hombres usada con la razón dada por Dios a todo hombre. Los que creemos en Dios tenemos que "cuidar de jardín", conocer este mundo en sus leyes, servirse de ellas para su gloria y nuestro bien. El ser creyente y

---

[185] http://www.kolbecenter.org/

creacionista no le impedía a Luis Pasteur ser un meritorio biólogo. Pero primero la fe, porque la verdad de Dios no falla. Tal vez los creacionistas de hoy, que usan la razón en su justo medio, hacen el papel de profetas en este tiempo descreído que *a priori* relega, cuando da lugar a eso en el mejor de los casos, la Escritura a lo puramente "espiritual". El creacionista recuerda que *"Varios sentidos se emplean en la Biblia, pero el sentido literal obvio debe ser creído a menos que dicta la razón o la necesidad lo requiera"* (León XIII, Providentissimus Deus). El creacionista no cree que la Biblia sea un libro científico, pero cree que la Palabra de Dios habla con propiedad y verdad sobre la realidad. No abandona el sentido literal sin un motivo claro y contundente.

Recordemos, conviene hacerlo, algunas afirmaciones magisteriales:

- Dios creó todas las cosas "en su sustancia," de la nada (*ex nihilo*) en el principio (Concilio de Letrán IV, el Concilio Vaticano I).

- Génesis contiene la historia real - narra las cosas que realmente sucedieron. (Pío XII)

- Génesis no contiene mitos purificados. (Pontificia Comisión Bíblica 1909)
  Adán y Eva fueron los verdaderos seres humanos-los primeros padres de toda la humanidad. (Pío XII)

- Poligenismo (muchos "primeros padres") contradice la Escritura y la Tradición y es condenado. (Pío XII, 1994 Catecismo, 360, nota 226: Tobías, 08:06-la "de un antepasado" mencionado en el Catecismo sólo podría ser Adán)

- El "principio" del mundo sobreentiende la creación de todas las cosas, la creación de Adán y Eva y la Caída (Jesucristo [Marcos 10:06], el Papa Inocencio III, el Beato Papa Pío IX, Ineffabilis Deus).

- Varios sentidos se emplean en la Biblia, pero el sentido literal obvio debe ser creído a menos que dicta la razón o la necesidad lo requiera (León XIII, Providentissimus Deus).

- Adán y Eva fueron creados en un paraíso terrenal y no hubieran conocido la muerte si hubieran permanecido obedientes (Pío XII).

- El pecado original es una condición defectuosa heredada de Adán y Eva (Concilio de Trento).

- El Universo sufre dolores de parto desde el pecado de desobediencia de Adán y Eva. (Romanos 8, el Concilio Vaticano I).

- Debemos creer cualquier interpretación de la Escritura que los padres enseñan por unanimidad sobre un asunto de fe o moral (Concilio de Trento, Concilio Vaticano I y Concilio Vaticano II).

- La existencia histórica del Arca de Noé es considerada como de lo más importante en la tipología, como elemento central de la Redención. (1566 Catecismo del Concilio de Trento).

- La evolución no debe ser enseñada como un hecho, pero en cambio los pros y los contras de la evolución deben ser enseñados. (Pío XII, Humani Generis).

La investigación de la "evolución" en humanos se permitió en 1950, pero el Papa Pío XII temía que la aceptación del evolucionismo podría afectar negativamente a las creencias doctrinales.

Ahora hablaremos en términos científicos. Las páginas creacionistas abundan en argumentos en contra de la evolución. Algunas están resumidas bastante bien en diversas publicaciones y materiales audiovisuales[186]. "Acerca de la evolución" y el "Evolucionismo: ¿dogma científico o tesis teosófica?". Recomendamos sin embargo el vídeo[187] realizado a base de exposiciones de científicos prestigiosos[188]. El vídeo dura una hora,

---

[186] "Acerca de la evolución":
"Evolucionismo: ¿dogma científico o tesis teosófica?":
[187] Vídeo evolución:
[188] *Roberto Fondi*: Paleontólogo, Doctor en ciencias naturales, profesor de paleontología en la Universidad de Siena, Italia. Miembro del Centro Internacional de

pero es recomendable verlo entero y guardarlo como material útil, sobre todo desde los minutos veinte en adelante. No obstante comentaremos mediante imágenes sacadas del mismo algunas

---

Comparación y Síntesis y Miembro Correspondiente del Centro para Italia y Argentina. Autor de Dopo Darwin, crítica all'Evoluzionismo, La revolution organiciste.
El profesor de paleontología, Roberto Fondi, argumenta que no hay evidencia de evolución desde un antecesor común, sino que todas las formas vivas vinieron a existir de manera independiente.

Giusseppe Sermonti: Doctor de Microbiología y Genética, ex profesor de Genética de la Universidad de Palermo y Peruggia, Italia. Doctor en agronomía y biología. Ex director de la Escuela Internacional de Genética General. Miembro de la Sociedad Italiana de Biología Molectular. Director del Instituto de Histología y Embriología (1974). Vicepresidente del XIV Congreso Internacional de Genética (Moscú, 1979). Dirige Biology Forum.
El Profesor Giuseppe Sermonti, biólogo molecular, señala que la bioquímica de la célula argumenta en contra del concepto de que el hombre haya evolucionado de formas de vida "más simples".

Guy Berthault: Profesor de Sedimentología, miembro de la Sociedad Geológica de Francia. Autor de La restructuration stratigraphique. Sus resultados experimentales de Sedimentología han sido publicados por la Academia de Ciencias francesa.
El sedimentólogo francés Guy Berthault demuestra, mediante un trabajo que dirigió en la Universidad Estatal de Colorado, que las capas de rocas sedimentarias son depositadas lateralmente por una rápida acción diluvial, y no superpuestas lentamente unas encima de otras, como se enseña en la geología moderna. Demuestra además que estos nuevos estudios entran en colisión con el concepto de la «columna geológica».

Edward Boudreaux: Profesor de fisicoquímica en la Universidad de New Orleans. Investigador en química cuántica, estructuras electrónicas y uniones químicas; con varios libros publicados, como Theory and Application of Molecular Paramagnetism y Pseudo-Relativistic Calculations on the Electronic Structure and Spectrum of PtCl, entre otros.
El profesor Edward Boudreaux, físico-químico, que expone que los métodos radiactivos de datación, incluyendo el Carbono 14, son totalmente falibles, y además que los métodos de datación más creíbles señalan a una tierra relativamente «reciente».

Maciej Giertych: Doctor en Fisiología de las Plantas. Profesor y director del departamento de Genética, Instituto de Dentrología de la Academia de Ciencias de Polonia. Presidente del Consejo IUFRO por Polonia. Jefe del grupo S2.01.00 de Fisiología. Ha publicado 90 artículos en revistas científicas. Miembro de la Sociedad Polaca de Genética, de la de Biometría, de la Sociedad Científica de la Foresta Polaca, miembro del Grupo de la Editorial alemana «Silva Genética» y de «Arboretum Kornickie», Polonia.
El genetista profesor M. Giertych argumenta que el moderno conocimiento de la información de la molécula del ADN excluye la posibilidad de que surja nueva información en base del azar, y por ello la imposibilidad de la evolución. Llega a la conclusión de que el evolucionismo no es ciencia, sino una filosofía.

cuestiones, otras añadiremos; son argumentos habituales de los críticos, mejor dicho de los que no aceptan la evolución como explicación del origen de las especies.

Se acusa a los creacionistas de manipular la información respecto a la edad de la Tierra. Veamos si eso es cierto. Empezamos por la columna geológica. En resumen, la teoría de los estratos geológicos afirma que los estratos geológicos de la superficie terrestre se han formado durante millones, miles de millones de años. Dicen que en el fondo del mar se van acumulando estratos firmes con un espesor de algunos milímetros al año, de allí que todo procede por una acumulación realizada durante millones de años. No tengo nada en contra que en el fondo del mar se depositen "estratos" de unos milímetros al año, o menos de uno. Pero los estratos dan otras evidencias.

Pueden ser, y de hecho está comprobado actualmente en la naturaleza y en el laboratorio, depositados como restos de material firme arrastrados por el agua. En tal caso, los estratos son formados según la configuración común de cada clase de mineral arrastrado. Y lo más importante, pueden ser depositados distintos estratos en muy poco tiempo. Especificaré lo anterior con más detalle:

En 1687 el médico y naturalista danés Nicolai Steno (también llamado Niels Stensen) tras realizar un intenso estudio de campo a través de cuevas, minas, fallas, etc. escribió un libro, de titulo *De Solido Intra Solidium Naturaliter Contento Dissertationis Prodromus*. Llamado "el Prodromus", en el que proponía las leyes básicas de la estratigrafía: 1) Cada estrato ha sido formado al depositarse un fluido sobre una superficie subyacente. 2) Cada estrato es continuo y aproximadamente horizontal. 3) La superposición de los estratos se realiza a través de las edades. 4) Cualquier desviación es debida a alteraciones posteriores, terremotos, erupciones volcánicas etc. En 1785 James Hutton, considerado el fundador de la geología moderna, hizo modificaciones a esta hipótesis, indicando que el interior de la Tierra está caliente y que ese calor es el motor que impulsa la formación de nuevas rocas, pero mantenido la idea básica de Steno de la superposición y continuidad de los estratos por todo el mundo. Esta teoría se denominó Plutonista en contraste con la Neptunista, que hasta entonces consideraba que todas las rocas se depositaron a la vez en el transcurso de una inmensa inundación, el Diluvio Universal. En 1830, el escocés Charles Lyell observó los restos que se iban depositando en el agua, en Auvergne (Francia), y estimó que anualmente se depositaba un microestrato de espesor inferior a un milímetro. Esto llevaba a concluir que las formaciones de estratos habían necesitado millones de años. La identificación de estratos por los fósiles que contienen, realizada por geólogos como William Smith, Georges Cuvier, Jean d'Omalius d'Halloy a principios del siglo XIX, posibilitó dividir la historia de la Tierra, según ellos, con gran precisión. También les permitió correlacionar los estratos a lo largo y ancho del mundo. Estos geólogos pensaban que si dos estratos distantes en el espacio o diferentes en su apariencia contienen los mismos fósiles, tenían la práctica seguridad de haber sido depositados al mismo tiempo. Los estudios comparativos de los estratos y fósiles de Europa que se realizaron entre 1820 y 1850 dieron lugar a la secuencia de períodos geológicos que se ha estado utilizando hasta el día de hoy.

Los organismos de una célula "primitivos" se suponía que habrían evolucionado de el Precambriano y que toda la familia (Phyla) de animales evolucionó en el período Cámbrico, incluso los vertebrados. La era Mesozoica habría sido la era de los grandes reptiles, con aves y mamíferos proliferándose en el Período Terciario. Esta escala especula que el hombre evolucionó en la época del Pleistoceno del Período Cuaternario, o en la época Pleistocena del próximo Terciario. Estas eras están tabuladas en coloristas tablas que relacionan capas con épocas millonarias de años. Pero faltaba un detalle, esta especulación no había sido probada nunca en un laboratorio, algo comprensible pues en los siglos XVIII y XIX no tenían la tecnología necesaria para realizarlo. Mientras tanto los paleontólogos, al encontrar un fósil en un determinado estrato, consultaban en la columna geológica (Berthault G., *Analysis of the main principles of stratigraphy on the base of experimental data*. "Journal of Lithology and Mineral Resources", Institute of Geology, Russian Academy of Sciences. (Vol. 37. September/October 2002, pp 442-446) y extraían de ella la millonada de años de antigüedad para dicho fósil.

En 1980, en el estado de Washington (USA), tuvo lugar una gran erupción volcánica. El volcán Mount St Helens explotó. Esta catástrofe local proporcionó un laboratorio sedimentológico natural. La primera explosión fue lateral, lo cual unido a un corrimiento de tierras ocasionó que el agua del Lago Spirit se proyectase hacia la cima de una montaña próxima. Al volver a bajar, el agua arrastró la ladera entera. La aglomeración del material trasladado era de un espesor de hasta 100 metros. Detrás de este material se acumuló el agua mezclada con ceniza volcánica, formando un nuevo lago. Al cabo de unas semanas, la presión ejercida por esta agua "lechosa" sobre el nuevo terreno ocasionó la ruptura de éste y el vaciamiento del lago. El derramamiento de esta agua lechosa por el valle causó más daños que la propia erupción inicial. Apareció un cañón de 40 metros de profundidad en el nuevo terreno. Cuando todo se estabilizó, resultó que la masa terrestre recién acumulada había formado capas. Y he aquí que se produjeron estratos horizontales.

Si no fuera por el hecho de que sabemos que la acumulación ocurrió aproximadamente en 36 horas, mediante la columna geológica dataríamos estos estratos en millones de años. Esta catástrofe movió a los científicos a estudiar el mecanismo de formación de estratos en laboratorios hidráulicos.

Cuando el agua arrastra una mezcla de varios materiales, va segregándolos durante el proceso. Esto puede observarse cómodamente tras una ventana en el laboratorio. El mayor de estos laboratorios pertenece a la Universidad del Estado de Colorado, y es allí donde se han hecho los descubrimientos más importantes en este campo. Esto ha llevado al desarrollo de una nueva disciplina, la Paleohidráulica. Se puede intentar reproducir en laboratorio las condiciones hidráulicas que actuaron sobre las mezclas de material recogidas en el campo para obtener secuencias estratigráficas similares a las de la naturaleza. Por las simulaciones realizadas en laboratorio queda de manifiesto que los estratos no están asociados a ninguna cronología. Lo que realmente resulta es que cuando el agua arrastra algo, primero suelta los elementos más pesados, después los medianos y finalmente las partículas más pequeñas, que circulan por encima de las mayores alcanzando un desplazamiento más largo. Este derrame de materiales ocurre simultáneamente, no son necesarios millones de años. El resultado de una inundación es que lo que se transporta más lejos se deposita más lejos y en consecuencia más profundamente. La reducción posterior de la velocidad de la corriente provoca que las partículas pequeñas se depositen finalmente. En realidad, un cambio en la velocidad de la corriente hace que se forme una capa encima de otra ya depositada, en oposición manifiesta a las leyes de Steno.

En los experimentos llevados a cabo en el laboratorio, se observa que las partículas se ordenan según su tamaño. Al mezclar granitos finos de cuarzo (de tamaño 'arena'), con trozos de calcita y piedras de carbón, se observa que las partículas finas se interponen entre las partículas bastas, que circulan rodando. De esta manera se obtiene el orden a nivel de microescala. En aguas serenas, el depósito continuo de sedimentos heterogranulares hace surgir láminas, que desaparecen progresivamente a medida que se incrementa la altura de la caída de partículas en el agua. En aguas con fuerte corriente, aparecen muchos tipos relacionados de laminación. Modulando en el laboratorio la velocidad de la corriente, se puede llegar a conseguir la superposición de partículas segregadas deseada. O viceversa, de acuerdo a la configuración de los estratos se puede estimar las corrientes de agua que los han producido.

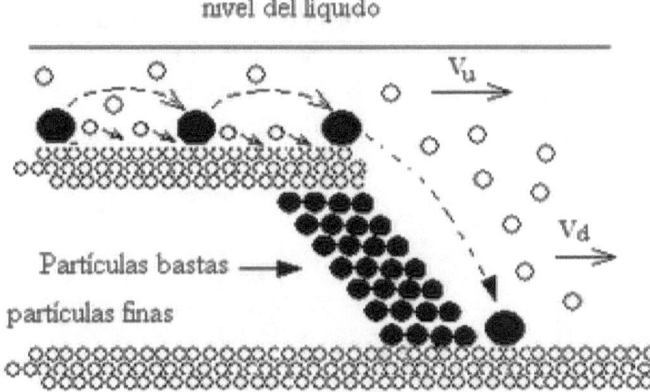

Con la experiencia del estudio de los depósitos de los deltas de los ríos, así como de los experimentos realizados por Guy Berthault, quien viene experimentando la deposición de sedimentos producidos por el flujo de corrientes de agua, en el laboratorio hidráulico (Fort Collinns) de la Universidad del Estado de Colorado, el geólogo Steve Austin se dispuso a estudiar el "Gran Cañón" del río *Colorado*, una estructura geológica que se extiende por varios cientos de kilómetros, con una profundidad que llega hasta los 2133 metros. Concentró su investigación en la formación llamada Tonto Group. Las conclusiones del análisis paleohidráulico de esta estructura mostraron que su formación, no llevó los 13 millones de años que indica la columna geológica, **sino que surgió en menos de cincuenta días**. En su trabajo, Austin explica detalladamente la formación de cada estrato, indicando la procedencia de los estratos, la velocidad de las corrientes, etc.

Ahora queremos concentrarnos en una de las imagenes del vídeo referido, que señala la existencia de varios árboles incrustados en los estratos que atraviesan varios de ellos, tal y como se señala en el vídeo en el minuto veinte. Estos fósiles de árboles *poliestratos* son bastante comunes, y han sido descritos en muchas ocasiones (ver imagen a la derecha). Preguntamos a varios evolucionistas en los debates sobre la evolución: ¿qué significan esos árboles? ¿Puede un árbol permanecer durante millones de años acaso? No respondieron. Pues mira, ¿no puede ser eso sencillamente un árbol arrastrado por la corriente y que quedó finalmente depositado en forma más o menos

vertical, sepultado por distintos estratos que se formaron en poco tiempo? Nosotros, que creemos en el Diluvio universal, *La existencia histórica del Arca de Noé es considerada como de lo más importante en la tipología, como elemento central de la Redención. (1566 Catecismo del Concilio de Trento)*, caemos en la cuenta que puede ser causado perfectamente por esa razón. Los que no creen en el Diluvio recurrirán a los extraterrestres tal vez o a lo que sea. Pero mejor se callan, que es lo que hacen, porque esta situación realmente da risa. ¡Derrotados por un árbol! ¿Algo nuevo? *"Él humilla a los soberbios…"*

Seguimos. ¿Cómo entonces determinar la edad de la tierra, de los fósiles, de las rocas? En el vídeo, Edward Boudreaux, profesor de fisicoquímica en la Universidad de New Orleans. Investigador en química cuántica, estructuras electrónicas y uniones químicas; con varios libros publicados, como Theory and Application of Molecular Paramagnetism y Pseudo-Relativistic Calculations on the Electronic Structure and Spectrum of PtCl, entre otros, resume los argumentos básicos de las objeciones de los creacionistas a la determinación de la edad de los fósiles, Tierra, etc.

Intentaremos resumirlo en pocas líneas. En primer lugar el uso de C14 para la determinación de la edad de fósiles es inadecuado, ya que la parte orgánica se ha convertido en roca, al menos en su mayor parte. ¿Y qué pasa con la edad de las rocas? En el caso de que contengan el material radioactivo, como por ejemplo uranio, se pueden utilizar las pruebas radiométricas para la determinación del índice, de la proporción del uranio desintegrado en plomo.

El problema radica en el hecho de que no sabemos cuánto plomo había en la roca en el momento para el cual se investiga la antigüedad. Otra situación se puede dar por la absorción de las sales de uranio en el agua, con lo cual la proporción de uranio-plomo puede variar significativamente y dar una interpretación totalmente errónea de la edad de la roca en cuestión:

Lo mejor es contrastar estas hipótesis experimentalmente. Y se ha hecho con la determinación de la edad de partes de lava sumergidas en el agua. La lava procedía de erupciones de menos de 200 años y la edad estimada apuntaba a millones, incluso a miles de millones de años.

Y otro apunte del profesor Boudreaux. Al ser preguntado sobre el Big Bang contestó: "es la teoría creada para apoyar el evolucionismo".

La interpretación de los datos científicos es un mundo y se pueden dar manipulaciones de las que no te pueden ni imaginar. Si tú oyes "millones de años, millones de años,…" en la TV, prensa, manuales un día y otro, año tras año,… terminas creyendo en lo que te dicen. En realidad muchos "científicos" terminan creyendo unos en otros, realizando muchos actos de fe. Y el que se sale de lo "científicamente correcto", es rechazado. Demasiados olvidan que los científicos son también personas humanas, y estas pueden mentir, engañar, ocultar datos. Otros que levantan la voz en contra de lo establecido pueden ser sometidos al rechazo más férreo. Eso le ha pasado al genetista polaco Maciej Giertych , doctor en Fisiología de las Plantas. Profesor y director del departamento de Genética, Instituto de Dentrología de la Academia de Ciencias de Polonia. Presidente del Consejo IUFRO por Polonia. Jefe del grupo S2.01.00 de Fisiología. Ha publicado 90 artículos en revistas científicas. Miembro de la Sociedad Polaca de Genética, de la de Biometría, de la Sociedad Científica de la Foresta Polaca, miembro del Grupo de la Editorial alemana «Silva Genética» y de «Arboretum Kornickie», Polonia. Es el que habla al final del vídeo sobre la imposibilidad de generación de aportación de nuevos datos genéticos en las especies más complejas a partir de las más simples. Subraya lo que sabemos, que las mutaciones no hacen progresos en la especie, todo lo contrario.

Cualquiera que publica en revistas científicas sabe lo que cuesta hacer 90 publicaciones de alto nivel en tu especialidad. Pero cometió el pecado capital que vamos a ilustrar a continuación.

Razonamiento circular

La evolución prueba la evolución

Un buen día, Maciej Giertych observó que en los libros de texto de sus hijos se afirmaba que las principales pruebas de la evolución venían de la Genética Poblacional, casualmente él enseñaba Genética Poblacional en la Universidad Nicolás Copérnico de Turín y no se había enterado que su reducida especialidad proporcionara"pruebas cruciales" de la Evolución de las Especies. Profundizando en estos libros de enseñanza, llegó a la conclusión que los libros de Biología estaban engañando a los alumnos. El doctor Giertych era también miembro del Parlamento Europeo, y después de hacer un estudio de los textos de biología de todos los países de Europa, comprobó con asombro que en todos ellos se divulgaban engaños similares. En octubre de 2006 organizó una mesa redonda en el Parlamento Europeo sobre la enseñanza de la evolución en las escuelas europeas, e invitó a tres científicos como conferenciantes, y él mismo hizo de moderador.

Se atrevió a decir el ingenuo de Maciej: Ahora sabemos que ni el aislamiento, ni la selección, ni la deriva genética incrementan el acervo genético. Al contrario: lo reducen. La formación de razas es un proceso en sentido inverso al de la evolución. Se trata de un proceso que conduce a la reducción de los recursos genéticos. Enseñar a los niños que este es un ejemplo de un pequeño paso en la evolución está mal, sencillamente, les están engañando.

Desde aquél momento el doctor Giertych fue vehementemente atacado en los medios de toda Europa, y apenas se le permitió replicar a las críticas injustas. Y es que cuando se destapan los engaños de la evolución nadie debería esperar aplausos y felicitaciones sino agrias críticas y ataques despiadados. Es como si los defensores del paradigma del evolucionismo tuvieran poderosos organismos de propaganda y de autodefensa, con lo cual intentan mantener activa su teoría.

Realmente, ¿cómo decir esto "Enteramente en la línea con la naturaleza accidental de las mutaciones las pruebas más exhaustivas han coincidido en mostrarnos que la inmensa mayoría de estas mutaciones van en detrimento del organismo en su tarea de sobrevivir y de su reproducción –las buenas son tan escasas que podemos considerar a todas ellas como malas", y no exponerse a los más brutales ataques?

Porque el lobby está allí, algunos lo han reconocido, como por ejemplo el finés Dr. Matti Leisola, doctor en bioquímica de la Universidad de Helsinki, reconoce haber utilizado estos ataques a los que se oponían a la teoría de evolución antes de su conversión al cristianismo. Se puede leer en un artículo muy recomendable en: *Creation* N. 32(4). October-December 2010.

Hemos comentado algunos de los argumentos científicos al respecto, hay lectura para rato y cada vez la habrá más.

Pero debemos volver a las cuestiones de fe, que para los católicos no se pueden dejar de lado. También la fe habla de las realidades. Antes que nada, hay que aclarar que el discurso de Beato Juan Pablo II ante la Pontificia Academia de Ciencias en el 1996 no es un carpetazo al Magisterio anterior. Simplemente, en un discurso, se le da el "título" de teoría a la evolución. Nada más. Recordemos que una teoría puede ser verdadera o falsa. Ergo, esa afirmación no es de fe como parece que algunos la quieren presentar. Sigue válida, de mayor rango, la enseñanza magisterial de *Humani Generis* en la que la evolución es considerada una simple hipótesis y se deja buscar razones en pro y contra de la misma.

Jamás ningún Papa dirá que la doctrina de los Padres sobre la Creación, siguiendo las directrices de los Concilio de Trento, Vaticano I y Vaticano II, lo que enseña la Escritura, ha de ser interpretado según la teoría como se llame. Es cierto que Benedicto XVI afirmó que la teoría de evolución es compatible con la fe católica (y no dijo que el creacionismo no lo es), pero también es cierto que proclamó a Santa Hildegarda de Bingen, cuyos escritos místicos son creacionismo puro y duro, como Doctora de la Iglesia. Así que los evolucionistas pisen el freno un poco.

Los evolucionistas cristianos se toman mucha libertad. A veces nos asusta. Es conveniente recordar *Humani* Generis, 30: *"Mas, cuando ya se trata de la otra hipótesis, es a saber, la del poligenismo, los hijos de la Iglesia no gozan de la misma libertad, porque los fieles cristianos no pueden abrazar la teoría de que después de Adán hubo en la tierra verdaderos hombres no procedentes del mismo protoparente por natural generación, o bien de que Adán significa el conjunto de muchos primeros padres, pues no se ve claro cómo tal sentencia pueda compaginarse con cuanto las fuentes de la verdad revelada y los documentos del Magisterio de la Iglesia enseñan sobre el pecado original, que procede de un pecado en verdad cometido por un solo Adán individual y moralmente, y que, transmitido a todos los hombres por la generación, es inherente a cada uno de ellos como suyo propio."*

Y por allí encontramos a realmente algún buen teólogo, sin embargo llega a afirmar que habría que ver cómo entender esa frase de HG con el fin de que poligénesis pueda ser compatible con la fe. ¡Mucha libertad! Así que, ¡no nos acorten la nuestra!

Así, volvamos ahora al Evangelio. Sí, al Evangelio, y a las obras de nuestro Jesús. Las cuales no interpretaremos todavía. Solamente, contestadnos: ¿qué hizo Jesús en la multiplicación de los panes y peces, dos veces? Os lo diremos nosotros si os cortáis en decirlo: **creó panes nuevos y peces nuevos**. La multiplicación de panes y peces quiere decir precisamente eso: la creación de una materia nueva. Y no era algo virtual ni ilusión alguna, porque recogieron bastantes cestos de sobras. Porque es Dios. Y, haciendo lo que hace Dios, en lo material (creación de la materia) y en lo espiritual (¿quién puede perdonar los pecados sino Dios?), demuestra que es Dios. Y con su Palabra, y con sus milagros, y con su Resurrección.

Dijo: "Yo y el Padre somos Uno", dijo: "Antes de que Abraham existiese, ¡Yo Soy!". Esa es su Palabra. Y ahora vamos a la resurrección de Lázaro, cuatro días muerto. ¿Cómo estaba su carne? En el estado de putrefacción ya. ¿Qué hizo Dios? Hizo de una carne muerta, una carne viva. Cualquiera que haya visto un muerto de varios días sabe que esa carne no vale, que el tejido se debería renovar con una carne cambiada o no sabemos cómo, pero Dios lo sabe. Aquí interpretamos que de esa manera el Hijo de Dios, Jesús, hizo como en el primer día de la Creación, como entonces del fango de la Tierra sacó a Adán, ahora saca del fango de la carne muerta, la carne viva de Lázaro.

¿Por qué habló de la resurrección de Lázaro el teólogo águila? Es de fe, y tantos católicos lo aceptan sin ningún problema, que **el alma de cada hombre es creada por Dios directamente**. Claro, como el alma es como al aire que no lo ve nadie, no hay ningún problema, es fácil aceptarlo. ¿Pero realmente te parece poca cosa crear directamente el espíritu de hombre? Pregunta a los ateos y ya verás lo que te dicen. Nuestro "espíritu", nuestra "alma" para ellos es simplemente la sensibilidad refinada de un animal más desarrollado. O que ese "espíritu" ha "emergido" de la materia viva. Es sencillamente la "vida". Pero nosotros creemos y sabemos que crear alma es también crear, y más fuerte todavía que la materia. Y Dios lo hace y tú como católico lo tienes que confesar si quieres seguir siendo un católico fiel.

Piensen lo siguiente: Dios inspira a los autores sagrados que digan exactamente lo que Él quiere que digan (*Dei Verbum*). Enseña a los apóstoles sobre la Creación. Estos se lo transmiten a los Padres. El Magisterio dice "no hay que separarse de la enseñanza unánime de los Padres". Y ahora tantos evolución y evolución. ¿No pudo inspirar Dios la Escritura en estos términos, si tales fueron ciertos: "Al principio creó Dios los astros y la tierra. Al otro día, o en otro tiempo, hizo Dios que haya agua sobre la tierra, y luego pobló Dios la tierra con las plantas, con los animales de los más simples y por medio de estos hizo Dios las más compuestas. Finalmente, hizo Dios al hombre por medio de un animal más desarrollado y le insufló el alma."? Se entiende perfectamente, todo el mundo puede entender esto, también los pueblos nómadas semíticos. Pero Dios no dijo esto, dijo otras cosas.

¿Puede Dios hablar lo mismo como en la Escritura por medio de otras almas a lo largo de siglos para confirmar en la fe? O sea, ¿puede hacernos entender mejor, hacer que pensemos sobre un aspecto de la única Revelación hecha una vez para siempre de una manera que nos sorprenda con su lucidez y frescura en un determinado momento de la historia? Claro que sí. "Se le apareció a Pablo por la noche en Corinto y le dijo: 'Sigue hablando sin miedo, tengo mucha gente en esta ciudad'" Recurriremos a María Valtorta, a alguien le servirá esto, a alguien le afirmará en la fe esto, cuando narra cuando Lázaro había muerto de una enfermedad gangrenosa, que hedía ya de vida. Que los miembros del Sanedrín estaban allí para espiar si Jesús va a pasar por la casa de su amigo, a ver si podrá hacer algo con un muerto de estas características. Para acusarlo, para reírse de él, para demostrar que es un charlatán y que su poder ahora no funciona. Al resucitar a Lázaro le dice Jesús a un miembro de Sanedrín:

"¿Te basta, Sadoq, lo que has visto? Me dijiste un día que para creer necesitabais, tú y los que son como tú, ver que un muerto descompuesto se recompusiera y recuperara la salud. ¿Te ha saciado la podredumbre que has visto? ¿Eres capaz de confesar que Lázaro estaba muerto y que ahora está vivo y tan sano como no lo estaba desde hacía años? Lo sé: vosotros habéis venido aquí a tentar a éstos, a crear en ellos duda y mayor dolor. Habéis venido aquí a buscarme, esperando encontrarme escondido en la habitación del moribundo. Habéis venido aquí no por un sentimiento de amor y por el deseo de honrar al difunto, sino para aseguraros de que Lázaro estaba realmente muerto, y habéis seguido viniendo, cada vez más contentos a medida que el tiempo pasaba. Si las cosas hubieran ido según vuestras esperanzas -como ya creíais que iban- habríais tenido motivo para estar jubilosos. El Amigo que cura a todos pero no cura al amigo; el Maestro que premia todas las fes, pero no las de sus amigos de Betania; el Mesías impotente ante la realidad de una muerte. Esto era lo que os daba motivo para estar jubilosos. Pero Dios os ha respondido. Ningún profeta pudo nunca reunir lo que estaba deshecho, además de muerto. Dios lo ha hecho. Ahí tenéis el testimonio vivo de lo que Yo soy. Hubo un día en que Dios tomó barro e hizo con él una forma y exhaló en él el espíritu vital y el hombre comenzó a ser. **Dije Yo: "Hágase al hombre a nuestra imagen y semejanza". Porque Yo soy el Verbo del Padre. Hoy, Yo,**

Verbo, he dicho a lo que es aún menos que fango, a la materia descompuesta: "Vive", y la materia descompuesta se ha vuelto a componer formando carne, carne íntegra, viva, palpitante. Ahí la tenéis, os está mirando. Y con la carne he reunido el espíritu que yacía desde hacía días en el seno de Abraham. Lo he llamado con mi voluntad, porque todo lo puedo, Yo, el Viviente, Yo, el Rey de reyes al que están sujetas todas las criaturas y las cosas. ¿Ahora qué me respondéis?

Está frente a ellos, alto, radiante de majestad, verdaderamente Juez y Dios. Ellos no responden."

Ante esta prueba, "decidieron matarlo".

Y ahora unas palabras sobre el pecado original. Ya que se habla tan poco de uno de los pilares de nuestra fe, pues hablaremos sobre el pecado original. Porque es justamente eso lo que desvalida la tesis del doctor Ayala sobre la incompatibilidad de la fe católica (catolicismo según él) con el creacionismo. Es que no siempre éramos así como ahora. El hombre, es de fe, tenía dones preternaturales. Lo siento por tener que recordar el CIC, pero lo haré:

374 El primer hombre fue no solamente creado bueno, sino también constituido en la amistad con su creador y en armonía consigo mismo y con la creación en torno a él; amistad y armonía tales que no serán superadas más que por la gloria de la nueva creación en Cristo.

375 La Iglesia, interpretando de manera auténtica el simbolismo del lenguaje bíblico a la luz del Nuevo Testamento y de la Tradición, enseña que nuestros primeros padres Adán y Eva fueron constituidos en un estado "de santidad y de justicia original" (*Concilio de Trento*: DS 1511). Esta gracia de la santidad original era una "participación de la vida divina" (LG 2).

376 Por la irradiación de esta gracia, todas las dimensiones de la vida del hombre estaban fortalecidas. Mientras permaneciese en la intimidad divina, el hombre no debía ni morir (cf. Gn 2,17; 3,19) ni sufrir (cf. Gn 3,16). La armonía interior de la persona humana, la armonía entre el hombre y la mujer (cf. Gn 2,25), y, por último, la armonía entre la

primera pareja y toda la creación constituía el estado llamado "justicia original".

377 El "dominio" del mundo que Dios había concedido al hombre desde el comienzo, se realizaba ante todo dentro del hombre mismo como dominio de sí. El hombre estaba íntegro y ordenado en todo su ser por estar libre de la triple concupiscencia (cf. 1 Jn 2,16), que lo somete a los placeres de los sentidos, a la apetencia de los bienes terrenos y a la afirmación de sí contra los imperativos de la razón.

378 Signo de la familiaridad con Dios es el hecho de que Dios lo coloca en el jardín (cf. Gn 2,8). Vive allí "para cultivar la tierra y guardarla" (Gn 2,15): el trabajo no le es penoso (cf. Gn 3,17-19), sino que es la colaboración del hombre y de la mujer con Dios en el perfeccionamiento de la creación visible.

379 Toda esta armonía de la justicia original, prevista para el hombre por designio de Dios, se perderá por el pecado de nuestros primeros padres.

O sea, ni muerte ni enfermedad. ¿Cómo se come eso? ¿No será que empezamos a parecernos a los animales en nuestras pasiones y debilidad después del pecado en vez de antes? Otra vez acudiremos a un dictado de Valtorta, del 20 de diciembre de 1943 (si una mística creacionista puede ser Doctora de la Iglesia, se nos permitirá citar a Valtorta, por lo menos, como dice Kempis, no te fijes quién dice algo, sino qué es lo que dice):

Dice Jesús:

«Uno de los puntos en los que vuestra soberbia naufraga en el error, que además de todo degrada vuestra propia soberbia dándoos un origen que si estuvierais menos pervertidos por el orgullo repudiaríais como humillante, es el de la teoría darviniana.

Por no admitir a Dios, quien con su potencia puede haber creado el universo de la nada y al hombre del barro ya creado, tomáis para vuestra paternidad la de una bestia.

¿No os dais cuenta de disminuiros porque, pensadlo, una bestia por muy perfecta que sea, seleccionada, mejorada, perfeccionada en la forma y en el instinto, y si queréis también en la formación mental, será siempre una bestia? ¿No os dais cuenta de esto? Esto atestigua desfavorablemente respecto de vuestro orgullo de seudo superhombres. Pero si no os dais cuenta, no seré Yo quien malgaste palabras para convenceros y convertiros del error. Sólo os pregunto una cosa que, tantos como sois, nunca os habéis preguntado. Y si me podéis responder con los hechos no combatiré más esta degradante teoría vuestra.

Si el hombre es el derivado del mono, que por evolución progresiva se ha hecho hombre, ¿cómo es que en tantos años que sostenéis esta teoría nunca habéis logrado, ni siquiera con instrumentos perfeccionados y métodos actuales, hacer de un mono un hombre? Podíais coger de una pareja de monos inteligentes los hijos más inteligentes y después los hijos inteligentes de éstos y así sucesivamente. Tendríais ya muchas generaciones de monos seleccionados, instruidos, cuidados con el más paciente, tenaz y sagaz método científico. Pero tendríais siempre monos. Si acaso hubiera un cambio, sería éste: que las bestias serían menos fuertes físicamente que las primeras y más viciosas moralmente, ya que con todos vuestros métodos e instrumentos habríais destruido aquella perfección con la que mi Padre creó a estos cuadrúmanos.

Otra pregunta. Si el hombre ha venido del mono, ¿cómo es que ahora el hombre, incluso con injertos y cruces repugnantes, no se vuelve mono? Incluso seríais capaces de intentar estos horrores si supierais que ello podría confirmar vuestra teoría[189]. Pero no lo hacéis porque sabéis que no sois capaces de hacer de un hombre un mono. Haríais un feo hijo de hombre, un degenerado, un delincuente quizás. Pero nunca un verdadero mono. No lo intentáis porque sabéis de antemano que tendríais un pésimo resultado y vuestra reputación saldría arruinada.

---

[189] Es interesante observar que este dictado es del año 1943 cuando no se conocían ni se podían imaginar tales experimentos. Sin embargo, estos sí tenían lugar hace pocos años en Gran Bretaña al reconocer ciertos científicos evolucionistas que han realizado cruces entre humanos y chimpancés.

Por esto no lo hacéis. No por otra cosa. Porque no sentís ningún remordimiento ni horror por degradar un hombre a nivel de un animal, para sostener vuestra tesis. Sois capaces de esto y de mucho más. Vosotros sois ya animales porque negáis a Dios y matáis el espíritu que os diferencia de los animales.

Vuestra ciencia me produce horror. Degradáis la inteligencia y, como locos, ni siquiera os dais cuenta de hacerlo. En verdad os digo que muchos primitivos son más hombres que vosotros».

Estamos llegando al final, otro texto (María Valtorta, de los Comentarios a las Cartas de San Pablo, el dictado del año 1950) más y está bien.

Cuando se dice: "el hombre, rey de la creación sensible, fue creado con poder de dominio sobre todas las criaturas", hay que tener en cuenta que él, por la Gracia y por los demás dones recibidos desde el primer instante de su ser, había sido formado para ser rey, incluso, de sí mismo y de su parte inferior por el conocimiento de su fin último, por el amor que hacíale tender sobrenaturalmente a El y por el dominio sobre la materia y los sentidos latentes en ella. En unión con el Orden y amante del Amor, había sido formado para saber dar a Dios lo que le es debido y al yo lo que resulta lícito darle sin desórdenes en las pasiones o desenfreno de los instintos. Espíritu, entendimiento y materia constituían en él un todo armónico y esta armonía la alcanzó desde el primer momento de su ser y no por fases sucesivas como quieren algunos.

No hubo autogénesis ni evolución sino Creación querida por el Creador. Esa razón, de la que tan orgullosos estáis, os debería hacer ver que de la nada no se forma una cosa inicial y que de una cosa única e inicial no puede derivarse el todo. Sólo Dios puede ordenar el caos y poblarlo con las innumerables criaturas que integran el Universo. Y este Creador potentísimo no tuvo límites en su crear, que fue múltiple, como tampoco lo tuvo en producir criaturas perfectas, cada una con la perfección adecuada al fin para el que fue creada. Es de necios pensar que Dios, al querer para Sí un Universo, hubiera creado cosas informes, habiendo de esperar a ser por ellas glorificado a cuando cada una de las criaturas y todas ellas alcanzasen, a través de sucesivas evoluciones, la perfección de su naturaleza, de modo que fuesen aptas para el fin natural o sobrenatural para el que fueron creadas.

Y si esta verdad es segura en las criaturas inferiores con un fin natural y limitado en el tiempo, es todavía más cierta con el hombre, creado para un fin sobrenatural y con un destino inmortal de gloria en el Cielo. ¿Cabe imaginar un Paraíso en el que las legiones de Santos, que entonan aleluyas en torno al trono de Dios, sean el resultado último de una larga evolución de fieras?

El hombre actual no es el resultado de una evolución en sentido ascendente sino el doloroso resultado de una evolución descendente en cuanto que la culpa de Adán lesionó para siempre la perfección físico-moral-espiritual del hombre originario. Tanto la lesionó que ni la Pasión de Jesucristo, con restituir la vida de la Gracia a todos los bautizados, puede anular los residuos de la culpa, las cicatrices de la gran herida, es decir, esos estímulos que son la ruina de quienes no aman o aman poco a Dios y el tormento de los justos que querrían no tener ni el más fugaz pensamiento atraído por las llamadas de los estímulos y que libran, a lo largo de la vida, la batalla heroica de permanecer fieles al Señor.

El hombre no es el resultado de una evolución, como tampoco el Universo es el producto de una autogénesis. Para que haya una evolución es siempre necesaria la existencia de una primera fuente creativa. Y pensar que de la autogénesis de una única célula se hayan derivado las infinitas especies, es un absurdo imposible. La célula, para vivir, necesita de un campo vital en el que se den los elementos que permitan la vida y la mantengan. Si la célula se autoformó de la nada, ¿dónde encontró los elementos para formarse, vivir y reproducirse? Si ella no era todavía cuando comenzó a ser, ¿cómo encontró los elementos vitales: el aire, la luz, el calor y el agua? Lo que aún no es no puede crear. Y, ¿cómo entonces ella, la célula, encontró, al formarse, los cuatro elementos? Y, ¿quién le sugirió, a modo de manantial, el germen "vida"? Y aún cuando, por un suponer, este ser inexistente hubiese podido formarse de la nada, ¿cómo de su sola unidad y especie habrían podido derivarse tantas especies diversas cuantas son las que se encuentran en el Universo sensible?

Astros, planetas, tierras, rocas y minerales; las varias numerosísimas calidades del reino vegetal; las aún más variadas y numerosas especies y familias del reino animal: de los vertebrados a los invertebrados, de los mamíferos a los ovíparos, de los cuadrúpedos a los cuadrúmanos, de los anfibios y reptiles a los peces, de los carnívoros feroces a los mansos ovinos, de los armados y revestidos de duras armas ofensivas y defensivas a los insectos a los que una nadería es bastante a destruir, de los gigantescos moradores de las selvas vírgenes, cuyo asalto no resisten sino otros colosos iguales a ellos, a toda la variedad de artrópodos llegando hasta los protozoos y bacilos; ¿todos vienen de una única célula? ¿Todo de una espontánea generación?

Si así fuese, la célula sería más grande que el Infinito. ¿Por qué el Infinito, el Sin Medida en todos sus atributos realizó sus obras por espacio de seis días, seis épocas, haciendo el Universo sensible, subdividiendo su labor creadora en seis órdenes de creaciones ascendentes, evolucionadas, eso sí, hacia una perfección siempre mayor? No porque El fuese aprendiendo a crear sino por el orden que regula todas sus divinas operaciones. Orden que hubiera sido violado —y así habría resultado imposible la supervivencia del último ser creado: el hombre— si éste hubiese sido hecho en primer lugar y antes de ser creada la Tierra en todas sus partes y hecha habitable por el orden puesto en sus aguas y continentes y confortable por la creación del firmamento; hecha luminosa, bella, fecunda por el sol benéfico, por la luciente luna, por las innumerables estrellas; hecha morada, despensa y jardín para el hombre por todas las criaturas vegetales y animales de que está cubierta y poblada.

El hombre: triángulo creado que apoya su base —la materia— sobre la Tierra de la que fue extraído; que con sus facultades intelectuales tiende a subir al conocimiento de Aquél a quien se asemeja; y con su vértice —el espíritu del espíritu, la parte escogida del alma— toca el Cielo, perdiéndose en la contemplación de Dios-

Caridad, mientras la Gracia, recibida gratuitamente, únele a Dios, y la caridad, inflamada por su unión con Dios, le deifica. Porque: "el que ama nació de Dios" y es privilegio de los hijos participar de la similitud de naturaleza. Por su alma deificada por la Gracia es, pues, el hombre imagen de Dios y por la caridad, que es posible por la Gracia, semejante a Dios.

En el sexto día, pues, fue creado el hombre, completo, perfecto en su parte material y espiritual, hecho conforme al Pensamiento de Dios según el orden (el fin) para el que había sido creado: amar y servir a su Señor durante la vida humana, conocerlo en su Verdad y, de aquí, gozar de El para siempre en la otra.

Fue creado el único Hombre, aquél de quien debía proceder toda la Humanidad y, antes de nada, la Mujer compañera del Hombre y para el Hombre, con el cual habría de poblar la Tierra reinando sobre todas las demás criaturas inferiores. Fue creado el único Hombre, aquél que, como padre, habría de transmitir a sus descendientes todo cuanto había recibido: vida, sentidos, facultades, así como inmunidad de todo sufrimiento, razón, entendimiento, ciencia, integridad, inmortalidad y, por último, el don por excelencia: la Gracia.

La tesis del origen del hombre conforme a la teoría evolucionista que, para sostener su equivocado aserto, se apoya en la conformación del esqueleto y en la diversidad de colores de la piel y del semblante, no es tesis que contradice la verdad del origen del hombre — ser creado por Dios — , antes la favorece. Porque lo que revela la existencia de un Creador es precisamente la diversidad de colores, de estructuras y de especies en las criaturas queridas por El, el Potentísimo.

Y si esto es válido con las criaturas inferiores, mucho más lo es con la criatura-hombre que es hombre criado por Dios por más que, debido a circunstancias de clima, de vida y también de corrupciones — por las que vino el diluvio y después, mucho después, se dictaron tan severos mandatos y castigos en las prescripciones del Sinaí y en los anatemas mosaicos (Levítico, cap. XVIII, v. 23 y Deuteronomio, cap XXVII, v. 21)- muestre diverso semblante y color de una raza a otra.

Es cosa probada, ratificada y confirmada por continuas pruebas, que una fuerte impresión puede influir sobre una madre gestante de modo que la haga dar a luz un pequeño monstruo que reproduzca en sus formas el objeto que turbó a la madre. Es cosa también probada que una larga convivencia con gentes de raza distinta a la aria produce, por mimetismo natural, una transformación más o menos acentuada de los rasgos de un rostro ario en los de los pueblos que no son arios. Y resulta probado asimismo que especiales condiciones de ambiente y de clima influyen en el desarrollo de los miembros y en el color de la piel.

Por eso, las elucubraciones sobre las que los evolucionistas querrían cimentar el edificio de su presunción, no lo afianzan, antes favorecen su derrumbamiento. En el diluvio perecieron las ramas dañadas de la humanidad que andaba a tientas por entre las tinieblas subsiguientes a la caída, en las que, y sólo mediante los pocos justos como a través de cerradas nubes, llegaba aún algún rayo de la perdida estrella: el recuerdo de Dios y de su promesa.

Y así, destruidos los monstruos, fue conservada la Humanidad y multiplicada de nuevo partiendo de la estirpe de Noé, que fue juzgada justa por Dios. Se volvió, por tanto, a la naturaleza primera del primer hombre, hecha siempre de materia y de espíritu y continuando tal aún después de que la culpa despojara al espíritu de la Gracia divina y de su inocencia.

¿Cuándo y cómo habría el hombre de recibir el alma si fuese el producto último de una evolución de seres brutos? ¿Es imaginable siquiera que los brutos hayan recibido, junto con su vida animal, el alma espiritual, el alma inmortal, el alma inteligente, el alma libre? ¿Cómo entonces podían transmitir lo que no tenían? Y ¿podía Dios ofenderse a Sí mismo infundiendo el alma espiritual, su soplo divino en un animal, todo lo evolucionado que se quiera pensar pero siempre procedente de una dilatada procreación de brutos?

Dios, queriendo crearse un pueblo de hijos con los que expandir el amor del que sobreabundaba y recibir el del que se hallaba sediento, creó al hombre directamente con un querer suyo perfecto, con una única operación realizada el sexto día de la Creación mediante la cual hizo del polvo una carne viva y perfecta a la que después animó, dada su especial condición de hombre, hijo adoptivo de Dios y heredero del Cielo, no ya sólo con esa alma "que también los animales tienen en las narices" y que termina con la muerte del animal, sino con el alma espiritual que es inmortal, que sobrevive a la muerte de cuerpo al que reanimará, tras la muerte, al sonar las trompetas del Juicio final y del triunfo del Verbo Encarnado, Jesucristo, y así las dos naturalezas, que vivieron juntas sobre la Tierra, vivan juntas también gozando o sufriendo, según como juntas lo merecieron por toda la eternidad.

Esta es la verdad, ya la aceptéis o rechacéis. Y por más que muchos os empeñéis rechazarla obstinadamente, día vendrá en que la conoceréis perfectamente y se os esculpirá en vuestro espíritu convenciéndoos de haber perdido el Bien para siempre por ir tras de la soberbia y la mentira."

* * *

Cuando se publicó este artículo en *Infocatólica*, provocó acaloradas reacciones de todo tipo. En las páginas católicas es habitual defender la compatibilidad entre la evolución y la fe; de hecho, varios artículos anteriores iban en esa dirección. Sin embargo, era interesante observar la aprobación de esta forma de pensar por muchos católicos. Hasta tal punto que varios evolucionistas llegaron a "protestar" por la súbita aparición de tantos creacionistas que defendían estas mismas tesis. En los comentarios al artículo se hicieron interesantes aportaciones a las reflexiones sobre la evolución, su relación con la fe católica y declaraciones magisteriales, sobre el pecado original, etc. Hemos seleccionado varios de los comentarios por su aporte que juzgamos importantes en cuanto al tema que nos ocupa. No sabemos sus nombres verdaderos (Milenko es Milenko Bernadic, JuanC es Juan Carlos Goroztizaga), pero por medio de los "apodos" de ciberespacio: Jordi, Felipe, Koko, Ricardo de Argentina,… les expresamos nuestra gratitud por su empeño en la defensa de la verdad.

Felipe: En realidad cuando el papa Juan Pablo II afirma que la teoría de la evolución es más que una hipótesis, no debe considerarse esa declaración como enseñanza magisterial, porque obviamente las apreciaciones de tipo climatológico, científico, literario, etc. no son propiamente Magisterio aunque estén pronunciadas o escritas en algún documento magisterial. Eso es importante tenerlo muy claro. Ahora bien si un pontífice como Pío XII nos previene acerca de lo peligroso de aceptar ciertas hipótesis científicas, aquí sí tiene autoridad magisterial puesto que tales teorías sí pueden afectar a los fundamentos de la fe, y por lo tanto la obediencia es necesaria. Como también lo sería si interpretara algún pasaje de la Sagrada Escritura o decretara determinadas sentencias referidas a la Biblia como vinculantes como lo son las emanadas por la Pontificia Comisión Bíblica anteriores al Motu Proprio 'Sedula cura' de 1971 en el que a partir de esa fecha los documentos emitidos por esa Comisión dejaron de tener carácter magisterial. Dicho Motu Proprio no significó de ningún modo una abolición o abrogación de los anteriores decretos como quizá muchos han creído, y por eso se dan la libertad de opinar sobre cuestiones bíblicas que no admiten opinabilidad como serían por ejemplo las siguientes:

"**Si puede especialmente ponerse en duda el sentido literal histórico** donde se trata de hechos narrados en los mismos capítulos que tocan a los fundamentos de la religión cristiana, como son, entre otros, la creación de todas las cosas hechas por Dios al principio del tiempo; la peculiar creación del hombre; *la formación de la primera mujer del primer hombre*; *la unidad del linaje humano*; la felicidad original de los primeros padres en el estado de justicia, integridad e inmortalidad; el mandamiento, impuesto por Dios al hombre, para probar su obediencia; *la transgresión, por persuasión del diablo, bajo especie de serpiente, del mandamiento divino*; la pérdida por nuestros primeros padres del primitivo estado de inocencia, así como la promesa del Reparador futuro. Resp.: **Negativamente**." (Denzinguer 2123)

Sobre la obligatoriedad de dichas sentencias puede leerse Denzinguer 2113: "Por eso vemos que ha de declararse y mandarse, como al presente lo declaramos y expresamente mandamos que todos absolutamente están obligados por deber de conciencia a someterse a las sentencias de la Pontificia Comisión Bíblica". Y respecto a aquellos que pretenden resolver la cuestión del origen del hombre prescindiendo del conocimiento filosófico[190], ahí tienen la advertencia de Juan Pablo II:

"Es evidente que este grave y urgente problema no puede ser resuelto sin la filosofía" (A los participantes en el Simposio internacional sobre «Fe cristiana y teoría de la evolución» -26 de abril de 1985).

Milenko: Los papas sí pueden hablar sobre la evolución en cuanto afecta a la Creación. Por lo demás, el Magisterio no está por encima de la Escritura, sino a su servicio como intérprete auténtico, con lo cual el Magisterio se cuida muy mucho en decir "esto no puede ser verdad", por ejemplo el paso por el Mar Rojo, etc., pero puede no prohibir otras interpretaciones. Pero el que cree que los israelitas pasaron realmente por el Mar Rojo, separándose sus aguas, lo puede hacer. No va ni en contra de la Escritura, ni en contra del Magisterio. Por último, la Creación es el "trabajo" de Dios. Una vez hecha la Creación, el hombre investiga sus leyes "cuidando de jardín" usando la razón que Dios le ha dado. Pero es absurdo que la ciencia pueda decir algo sobre la multiplicación de panes, o Resurrección de Cristo. De la Sábana Santa sí, de la Resurrección no. Tantos católicos creen que la teoría de Big Bang es cierta, pero asumen también que salió ex nihilo. ¿Cómo? Eso no lo sabe nadie, el científico puede preguntarse **una vez hecha la materia**, no antes. Antes es cosa de Dios.

Felipe: Recomiendo la lectura de este artículo: **El mito de la ciencia,**
http://www.antonioaramayona.com/filosofia/mito_de_la_ciencia.htm

Jordi: Sobre la necesidad de la existencia real de Adán y Eva:

- Adán dijo que Eva era carne de su carne, lo dijo en estado de gracia original, lo cual implica una divinización por participación con el Dios por naturaleza (matrimonio espiritual del alma con Dios), y por tanto, lo dijo Dios a través de Adán, dada la íntima unión entre Dios y el Adán en estado de justicia original: Dios inspira, Adán dijo, Dios lo aprobó.

- Al decir Adán que Eva era carne de su carne, estableció que el matrimonio era entre Adán (hombre) y Eva (mujer), y no entre Adán y

---

[190] El libro recomendado: *El mito de la ciencia,*
http://www.antonioaramayona.com/filosofia/mito_de_la_ciencia.htm

Pedro o Eva y Laura, ni entre Adán y Eva, Laura, Juana... (poligamia).

- Una sola carne la forma tanto la unión matrimonial entre Adán y Eva, así como los futuros matrimonios... pero también, por ejemplo, la unión temporal y mercenaria un hombre y una prostituta (San Pablo)... Con la expresión una sola carne, Jesús fundamentó y reinstauró la prohibición moral del divorcio, la poligamia (David, Salomón la practicaron) y el adulterio. Una sola carne, en el contexto del Génesis, justifica el sacramento matrimonial católico.

- Jesús dijo que podía crear hijos de Abraham de unas piedras: Mateo 3:9 "Porque yo les digo que de estas piedras Dios puede hacer surgir hijos de Abraham."

- Además, tenemos las resurecciones de los muertos por Jesús y los santos (la de Lázaro es la reina de las resurrecciones; la visión del Valle de los huesos secos de Ezequiel); las curaciones de enfermedades (que implica la curación incluso a nivel de ADN: tumor, cáncer); los milagros sobre la naturaleza (el reloj de Ajab, Josué detiene el sol, los milagros de Jesús sobre el agua);

- Es necesario que la creación de Adán y Eva sean históricamente ciertas, reales y verídicas. Cuando en nuestras celebraciones mencionamos los pasajes del Génesis, capítulos 1 al 11, decimos Palabra de Dios, y no Mito, Cuento o Fábula de Dios. No hay error, engaño o falsedad ni en Dios ni en la Iglesia.

- Si consideráramos que toda la historia de la Creación de Adán y Eva son situaciones y personajes de ficción adaptadas a la mentalidad de la época (semita y precientífica), entonces desaparece la base real de la monogamia, la indisolubilidad, la heterosexualidad, la finalidad procreativa, la fidelidad, la moralidad de la fecundación natural, y con ellas, la inmoralidad de la inseminación y fecundación artificiales, la donación o compra de óvulos o de gametos masculinos, el vientre de alquiler...

- Si fuera la creación de Adán y Eva un cuento y una fábula semitas, entonces cualquier ideología actual, fundamentada en unos supuestos conocimientos científicos mucho más seguros que unos mitos antiguos precientíficos, podría justificar toda la moral moderna sobre la licitud del aborto, divorcio, selección y congelación de embriones, fecundación artificial, matrimonios no monógamos, no heterosexuales y no contractuales, las relaciones prematrimoniales, intramatrimoniales y postmatrimoniales...

- Afirmar que Adán y Eva son un cuento, es afirmar que el sacramento matrimonial católico son una fábula, y que por tanto, la Iglesia Doméstica puede estar integrada por cualquier tipo de unión libre que le plazca al legislador.

- Mencionar que Jesús y María fueron descendientes de homínidos animalizados, es afirmar que en Jesús y María hay todavía restos de imperfecciones evolutivas, dado que ellos son más cercanos que nosotros al momento inicial de la supuesta aparición darwinista del hombre.

- Aceptar la evolución neodarwinista es aceptar que el hombre tendrá su perfección por la selección artificial de los mejores mediante la ingeniería genética, la inteligencia artificial, la nanotecnología y la neurociencia.

- El nuevo hombre o superhombre (en sus versiones de ciberhomo u homo sapientissimus) que predica el transpersonalismo o posthumanismo (por ejemplo, Raymond Kurzweil), hacen obsoleto tanto a Adán y Eva como a los nuevos Adán y Eva, Jesús y María: un nuevo hombre superará lo antiguo y anticuado y creará sus propia moral y espiritualidad mundanas; no hubo Adán, ni tampoco Jesús ni habrá resurección.

    Jordi: En la voz de "modernismo teológico" de wikipedia, hay una excelente ilustración sobre las consecuencias de la teología modernista y racionalista:

Ilustración de 1922: El descenso de los modernistas hacia el ateísmo, de E. J. Pace, que aparece en su libro Christian cartoons.

En ella se ven a tres hombres que descienden por una escalera con escalones que tienen escritos unos conceptos modernistas.

Los escalones son:

* Cristianismo.
* La Biblia no es infalible.
* El hombre no está hecho a imagen de Dios.
* No hay milagros.

* No al nacimiento virginal [de Jesuscristo].
* No Deidad.
* No expiación.
* No resurrección.
* Agnosticismo.
* Ateísmo

A lo que añado:

* Darwinismo biológico
* Darwinismo humano
* Darwinismo social
* Parahumanidad (híbridos hombre-animal)
* Transhumanidad (intermedio entre hombre y superhombre)
* Posthumanidad (superhombre)

JuanC: Quisiera recordar que Pío XII en "*Humani Generis*" avisó de los peligros de la, en aquel tiempo, incipiente teoría de la evolución: «Hipótesis, de que se valen bien los comunistas para defender y propagar su materialismo dialéctico y arrancar de las almas toda idea de Dios...» (HG. 3, año 1950). Digo esto porque hoy muchos católicos creen erróneamente que Pío XII permitió a cualquiera *defender la evolución* (aquí he leído algún comentario sobre ello), pues es falso porque lo que Pío XII "permitió" –a los máximos especialistas- es que investigaran el desarrollo de la evolución corporal desde la materia viva preexistente (HG. 29). Hay que tener en cuenta que el papa fue presionado para que se permitiera la investigación y las discusiones sobre el tema. Aún faltaban 3 años para el descubrimiento del código genético, y había mucha confusión. Algunos teólogos, como Teilhard de Chardin y otros liberales, interpretaron HG. 29 de forma abusiva y se dedicaron a especular sobre la evolución del hombre, pero si leemos detenidamente el texto observamos que Pío XII da explicaciones muy precisas: «Mas todo ello ha de hacerse de manera que las razones de una y otra opinión —es decir la defensora y la contraria al evolucionismo— sean examinadas y juzgadas seria, moderada y templadamente... entre los hombres más competentes de entrambos campos (ciencia y teología)». Se puede decir que hasta los últimos 12 ó 13 años las razones de la opinión contraria al evolucionismo nunca se habían escuchado... porque apenas había científicos competentes en este bando. Pero las cosas han cambiado, ahora hay muchos biólogos, bioquímicos y médicos católicos de diversos países, que no tiene ningún reparo en defender abiertamente el Creacionismo especial (ver por ejemplo: http://www.kolbecenter.org/). En definitiva, la investigación sobre el evolucionismo que pedía Pío XII **ya está completada**, 60 años después, y las conclusiones se pueden extraer de la web de este Centro Kolbe para el Estudio de la Creación. A saber: (1) La microevolución es un hecho, (2) Es absolutamente imposible la macroevolución, y (3) El mundo y todas las especies fueron creadas desde la nada en 6 días, tal como está escrito en Génesis 1-11.

Milenko: I) La importancia del concepto y de realidad del pecado original

No solamente es biología, química o física. Es teología, filosofía y ciencia experimental. Y en este orden (un católico, en el diálogo con los no creyentes más bien utiliza la filosofía y ciencia, pero también debe recordar y no evitar su postura sobre el pecado original). Lo explico.
Sin el pecado original, la Redención de Cristo, la que ocurrió, no tendría sentido. Sin el pecado original, sería posible la Encarnación del Hijo de Dios, pero dentro de unos planes distintos de Dios, no afectados por la Culpa. Pero en nuestro caso, si prescindimos del pecado original, prescindimos de la Redención. Cristo solamente sería un buen ejemplo, mejor tal vez que el de Confucio o Gandi, pero solamente un ejemplo. Y la obra de Cristo es una realidad hecha, para borrar la Culpa y dar a los hombres la condición de los hijos adoptivos de Dios por la gracia. Para darles el Cielo.
La fe nos dice que el primer hombre no tenía que ni sufrir ni morir. Entonces surge la pregunta, ¿cómo el descendiente de un animal, con el cuerpo de animal, puede no sentir dolor ni experimentar la muerte? Aquí surge enseguida la cuestión filosófica, el descendiente de animal, es animal, no hombre. El hombre es otra cosa. La naturaleza transmite lo que es, su ser, no otro distinto. Es la cuestión filosófica que aborda el profesor Néstor.
Entonces, al pensar sobre esto, uno se pone en alerta: ¿la evolución será cierta? Luego dice: "si es cierto lo que estoy pensando, entonces en el mundo material debe también quedar reflejado que la evolución no se puede dar". Y, con la intuición que le da la fe, confianza en la Palabra de Dios, se pone a investigar por si no lo ha entendido bien. Lo que dice, debe estar reflejado en la realidad. De esa forma la fe guía la razón. (Es lo que también se dice en Fides et Ratio). Pero no es cierto

que se trata de un fideísmo. La razón sigue a la fe, si se usa bien usada y comprueba que lo que afirma la fe es cierto. Si no fuera así, tendría que replantearse su postura teológica en cuanto a la interpretación del dato revelado. No obstante, con paciencia. No todo se entiende a la primera. Mi conocimiento y mi entendimiento pueden ser limitados. No es cierto el principio: lo entiendo, luego no existe. Si no entiendes algo todavía, no se acaba el mundo. Sigue pensando, buscando, contrastando, estudiando, enterándote del tema... No hay ninguna esquizofrenia.

Jordi: Un problema antiguo y otro moderno del neodarwinismo:

1. El experimento de experimento de Miller y Urey de 1952 creó "espontáneamente" moléculas orgánicas a partir de sustancias inorgánicas simples en condiciones ambientales adecuadas) metano, amoníaco, hidrógeno y agua a descargas eléctricas de 60.000 voltios).

Si recuerdo bien, se obtuvieron una serie de compuestos orgánicos, la mitad de sentido dextrógiro y el otro levógiro, según las leyes del azar, pero la vida en la tierra se generó sólo gracias al sentido levógiro, necesario para los 20 aminoácidos que forman la estructura de nuestras proteinas para que se conviertan en algo vivo. Y de momento, que sepa, todavía no se sabe cómo se puede superar este azar: que todo se construya de forma levógira.

2. En la edición internet de La Vanguardia del día de hoy, 5 de enero, se encuentra el siguiente artículo:

"Me pregunto si los simios recuerdan su infancia",
Josep Call, primatólogo, director del Centro de Primates del Instituto Max Planck de Leipzig

Destaco unas respuestas:

- Pregunta. Entonces, ¿en qué nos diferenciamos [los simios de los humanos]?
- Respuesta. Uno de los grandes desafíos para el primatólogo es precisamente descubrir el punto en que empezamos a ser humanos.

- P. Entonces, ¿por qué no son humanos [los simios]?

- R. Comunicación. Los simios sólo expresan lo necesario... Y no pueden coordinar juntos planes de futuro. Son sociables y sociales, pero no alcanzan la complejidad e intensidad de nuestro contacto emocional.

- P. Somos personas del yo al nosotros.
- R. Ellos tienen personalidad: cada uno la suya, pero no nuestra identidad. La clave está en la memoria: me pregunto si un simio recuerda su niñez como nosotros recordamos el día en que los Reyes nos trajeron la primera bicicleta.

Aquí, en este artículo, se puede ver cómo aún sigue vigente la pseudociencia neodarwinista o religión cientifista decimonónica:

- Para el Génesis, hay tres momentos de perfección: el originario de Adán y Eva, con su caida subsiguiente; el intermedio de Jesús y María, los nuevos Adán y Eva; y el final, la resurrección en cuerpo glorioso.

- Para la pseudociencia neodarwinista, se plantean unos interrogantes:

a) Cómo pudieron los primeros padres animales simios dar inteligencia, libertad, consciencia, voluntad y moralidad a sus primeros hijos humanos, elementos de que carecían por completo.

b) De acuerdo con esta pseudociencia cientifista, el neodarwinismo nos dice ahora que la humanización empieza por la sexualidad (se supone por la banda de la creatividad), elemento que en nuestra sociedad actual está de moda; antes, por el contrario, nos habían dicho que era por el hecho de caminar erguido, o para cocinar, o por tener las manos prensiles (dedo pulgar), o para cazar, o para protegerse de los depredadores...

c) Para el neodarwinismo, esta religión cientifista propone que nuestros primeros padres animales simios quizás fueron una... ¡familia promiscua!... o una familia poligámica (un macho con diversas hembras), donde parece que nunca sus hijos humanos conocieron al padre o tuvieron un contacto muy escaso.

Evidentemente, esto va contra de la creación de Adán y Eva: Dios crea un hombre inicial perfecto, divino por participación, sin muerte ni sufrimiento, procediendo directamente de manos de Dios a través del fango (análogamente a Lázaro), y le proporciona una compañera, Eva, de la que afirma que "es carne de mi carne", después de no reconocer como igual a él, Adán, a todos los animales que Dios le presenta para que le acompañe en su vida (¿y los primeros hijos humanos reconocieron a sus padres simios animales?)

d) Cómo pueden humanizarse unos hijos humanos con unos padres animales en el tema de transmisión de cultura, valores morales y estéticos, lógica y verdad, cálculo, lenguaje, juegos...

e) Cómo es posible que después de más de 150 años desde la teoría de Darwin, aún no hayan conseguido hacer proceder un hombre de un simio por el simple procedimiento de la selección artificial y la educación especial e intensiva de los individuos más inteligentes de cada generación.

f) Cómo fue el crecimiento inicial de la primera comunidad de humanos, dado que parece que debieron de ser diversos hombres y mujeres humanos, lo que implicaría un matrimonio inicial endogámico de tipo incestuoso por consanguinidad entre hermanos. Ello implica, además, que la madre tuvo muchos hijos humanos, para tener una población base viable de procreación, y que las sucesivas generaciones humanas superaran factores de mortalidad (enfermedad, depredación, accidentes, desastres...)

Fuente:
www.lavanguardia.com/lacontra/20120105/54244005581/josep-call-me-pregunto-si-los-simios-recuerdan-su-infancia.html

Silveri Gareli: Quedo sorprendido por este artículo en estas páginas católicas. Pero que conste que los grandes estudiosos del Creacionismo son actualmente los protestantes. Solo a partir varios años después del despliegue de Internet se comienza a vislumbrar alguna web católica al respecto, pero que los católicos han dormido la siesta desde Darwin es seguro. Los puntos más problemáticos son creer en los 6 días literales de la Creación y la teoría de la tierra joven de 6-10 mil años. Luego todavía salen algunos doctores católicos que dicen que es equivocado creer "literalmente" La Biblia, y ya la tenemos liada. Pienso que gran parte de los responsables religiosos de La Iglesia deberían reflexionar su "mea-culpa" por haber dudado del relato del Genesis.

Milenko: II) Ecumenismo desde la verdad, Tradición, Escritura, Magisterio

¿Qué hacemos con los 45 % de los creacionistas, posiblemente en su inmensa mayoría protestantes, de los que se queja Collins? Pues, los creacionistas católicos los consideramos como un "hecho", al cual estamos en condiciones de acercarse, ya que a nosotros no pueden decir que traicionamos la Escritura (digo como lo piensan ellos).
Al mismo tiempo pueden ver que los apreciamos y no despreciamos, que valoramos su valor de hablar de Cristo en las latitudes donde nosotros más bien no lo hacemos, que valoramos su aprecio por la Escritura.
Luego verán que nosotros veneramos la Escritura como veneramos el Cuerpo de Cristo, como recomienda la Iglesia. De allí que tenemos un puente común sobre el cual estrechar lazos, pueden por medio de nosotros conocer la doctrina de la Iglesia, ver que no cambia, darse cuenta que lo que la falta es el cariño de la Madre y la Sangre, pueden oír de Cristo que sus pecados son perdonados, pueden gozar del calor de Hogar.
Y todo eso no sobre una ficción, sino una fe real en lo que es real.
Los creacionistas protestantes no son idiotas. Pongo la reseña de uno de tantos que escribe (por ejemplo http://creation.com/age-of-the-earth) en Creation: Dr Don Batten

"Sus investigaciones sobre la inducción floral del mango y lichi han superado las ideas erróneas que han sido un impedimento para la comprensión científica de estas plantas, así como grandes pérdidas económicas debido al manejo inadecuado de estos cultivos. Se llevó a cabo una serie de proyectos de investigación que fueron financiados externamente, publicando sus resultados en revistas científicas."

O sea, se lo curra. Los que se cierran para ver y pensar sobre otras cosas diferentes de las que han oído, son más bien otros. Pongo un ejemplo de lo que le sucedió a Russell Humphreys, en creation.com, cuando narraba un claro ejemplo de ello en su conversación con un joven geoquímico de Sandia National Laboratorios:

"Le presenté una simple evidencia para una edad joven del mundo, la rápida acumulación de sodio en los océanos. Era ideal, puesto que una parte de la geoquímica trata de los productos químicos en el océano. Yo quería comprobar cómo llegaría a explicar las posibles vías para que el sodio salga del mar con la rapidez suficiente para balancear la rápida entrada de sodio en el mar. El geólogo creacionista Steve Austin y yo buscábamos esa información para completar un artículo sobre ese asunto. Nosotros estuvimos insistiendo cerca de una hora, pero él al

final admitió que no conocía ninguna forma de eliminación del sodio del mar con la rapidez suficiente. Esto significaría que el mar no podría tener una antigüedad de miles de millones de años. Al darse cuenta de esto dijo, "Puesto que nosotros conocemos por otras ciencias que el océano tiene una edad de miles de millones de años, algún proceso de eliminación del sodio debe existir".
¿Quién cree? ¿En qué?"

Jordi: En relación con este artículo de Milenko, opino que la cuestión se sitúa en el contexto más amplio de la relativización del ser humano que se ha dado en nuestra era:

A. Neodarwinismo

Desarrollados por Darwin (El origen de las especies, 1859), Monod (El azar y la necesidad, 1970) y Dawkins (El gen egoista, 1976).

Su tesis es que el hombre surge de un animal homínido por azar y selección: "Tu Padre fue un animal, no Dios o Adán"

B. Nuevas técnicas de reproducción

Surgidas especialmente entre 1960 (píldora) y 1978 (bebé probeta)

La ciencia reproductiva moderna a puesto a disposición del público una serie de técnicas que rompen la relación natural de la sexualidad establecida por Dios. Es una deconstrucción de los conceptos de paternidad y maternidad:

1. Inseminación artificial e inseminación in vitro

2. Fecundación in vitro

3. Donación de óvulos y congelación de óvulos

4. Implantación uterina del embrión

5. Congelación de embriones

6. Aborto químico o quirúrgico; anticoncepción

7. Madre o vientre de alquiler (gestación o subrogación uterina). Hay

tres madres: madre genética, madre biológica o uterina, y madre educadora

8. Divorcio y nuevo emparejamiento: pluralidad de padres

9. Ingeniería genética: la transferencia ooplásmica consigue un hijo de dos madres y un padre

10. Lemas: "la mujer es dueña de su cuerpo"; "derecho a la libre maternidad en soltería"

C. Posthumanidad

Nacido entre Nietzsche (Así habló Zaratustra, 1883) y Julian Huxley (Transhumanism, 1957).

El nuevo hombre o superhombre, en sus versiones de ciberhomo u homo sapientissimus, que predica el transpersonalismo o posthumanismo (por ejemplo, Raymond Kurzweil), hacen obsoleto tanto a Adán y Eva como a los nuevos Adán y Eva, Jesús y María:

Un nuevo hombre superará lo antiguo y anticuado y creará sus propia moral y espiritualidad mundanas; no hubo Adán, ni tampoco Jesús, ni habrá resurrección; no existió el Edén, ni existe el Paraíso; el árbol del bien y del mal y de la vida lo tiene el hombre-dios mundano.

    Milenko: III) "Miles de millones de años", herramienta necesaria del evolucionismo

    Ante cualquier objeción de los críticos de evolución, sus partidarios recurren a la llave de "miles de millones de años". Como eso es un período inimaginable de largo para nosotros y para los procesos que nos rodean, se predispone a pensar, "pues que tal vez, sí es posible que durante tantos años ocurra esto o lo otro". Pero, ¿realmente es así? ¿Realmente podemos determinar el tiempo necesario hasta nosotros? Podemos estimar, habría que ver con qué precisión, el tiempo que le queda, en teoría, al sol por ejemplo. Dicen unos 4.500 millones de años de hidrógeno. Bien, puede ser, aunque eso es difícil de estimar, pero eso no da ningún problema en aceptarlo. El problema es el tiempo hasta nosotros. No sabemos cómo empezó el sol. ¿De qué se formó, cuándo, o fue creado ya hecho?
Si yo acepto, por las razones antes mencionadas, que el hombre fue creado directamente, y de esa manera me salto "miles de millones de

años" de su generación según la teoría evolucionista, ¿no puede ocurrir algo parecido con el mundo material? El Gran Cañón de Colorado, ¿se hizo durante miles de millones de años o en un par de días, en cuanto a los estratos, como lo comentamos en el post? Aquella lava del volcán de hace 200 años, dio mediante la prueba radiométrica una edad de cientos de millones de años. La prueba radiométrica en sí está bien, pero para el momento actual. No sabemos la composición original de la roca en su comienzo, y de allí que el dato puede ser disparatado. (Sobre la edad de la Tierra, se puede echar un vistazo a esto por ejemplo: http://creation.com/age-of-the-earth)
Pondré un ejemplo real para situarnos, mucho más próximo. He oído, no tengo ahora mismo artículo delante (lo he encontrado: "Hay muertes que pueden ser estados catalépticos, y de los que, por intercesión de Nuestra Señora del Pilar, se puede volver a la vida; que a un muchacho, al que se le ha amputado una pierna gangrenada, le quede, dos años después, la noche del 29 de marzo de 1640, mientras duerme, reimplantada la pierna que había quedado enterrada a muchos kilómetros de distancia, en el cementerio de un hospital, es algo que supera el orden natural de las cosas, y no hay Medicina ni Ciencia que lo explique." Enlace: http://et-et.it/libri/IM/IM_rec_11.html), que en España, hubo un milagro de mucho cuidado, de que un hombre recobró la pierna que le fue amputada anteriormente y enterrada en consecuencia. Abrevio diciendo que el milagro fue atestiguado ante el notario; Vittorio Messori escribió un artículo sobre el asunto. En resumen, la pierna fue creada. Ni más ni menos. ¿Te lo crees? Te digo la verdad que la multiplicación de panes, o sea, creación de panes y peces nuevos, narrada en el Evangelio, me la creo de forma total. En cambio lo de este milagro, sí, me lo creo, pero no de forma total entre otras cosas porque entre otras cosas me faltan datos, simplemente lo he oído y me fío de la seriedad de la persona que me lo contó y a la cual conozco, fiándome de que no me diría algo así si no fuera cierto. Además me dijo que está publicado, por lo tanto se puede comprobar. Nosotros hoy en día no estamos en condiciones de creernos algo así. Por mucha firma notarial del evento y el testimonio de que han ido al cementerio a ver los huesos enterrados de la pierna, junto con los testigos que la enterraron. Nosotros hemos perdido la capacidad de creer así. Nos hemos vuelto positivistas. Creemos que Dios está sometido a sus obras y que tiene que cumplir las leyes. Pero Dios es más grande que sus obras. No viola las leyes dadas, menos en casos excepcionales como milagros, o como Creación cuando DA esas leyes ya hechas.
Nosotros construimos, Dios hace. No necesita tiempo para hacer algo,

si quiere hacerlo. Necesita querer, solamente eso. Porque tiene el poder para hacerlo. Con tal de querer, ya está hecho. Prepara la venida de su Hijo durante miles de años, pero porque nosotros lo necesitamos así, no Él.

El último ejemplo, vale para católicos y para los que no creen como nosotros, para que puedan comprender como pensamos. "Esto es mi cuerpo", pronunciado por el sacerdote en la misa, con la intención de hacer lo que hace la Iglesia, hace que el pan ya no sea pan, hace que sea otra cosa, es Jesucristo con su Cuerpo, Sangre, Alma y Divinidad. Aunque tú veas pan, ya no es pan. No digáis que no es lo mismo. Sí, es como actúa Dios. (Ojo con lo de causas segundas. Dios nos crea el alma directamente, mientras nuestro cuerpo procede por generación a través de nuestros padres, ellos son la causa segunda. Sin embargo la causa primera para es ser del hombre, en el sentido de su origen y desde el cual procedemos todos, es creado directamente por Dios). Cambiar el ser no es menos que crear de la nada, dice San Juan Crisóstomo. Y Dios lo hace en el acto, por su Palabra.

JuanC: Voy a contestar a algunas preguntas que hicieron determinados comentaristas hace uno o dos días, aunque hay preguntas cuyas respuestas son 100 % especulativas, ¿Por qué vemos la luz de aquellas estrellas situadas a varios millones de años-luz?, ¿Qué fue antes el huevo o la gallina? Respecto a la segunda se podría decir que Dios creó las gallinas ya formadas, pero también Dios pudo crear huevos de gallina (gallinas en potencia), aunque otros géneros (clases) los creara ya formados. Autores católicos (p. ej. Kempis 3.3) han enseñado que no se debe intentar contestar a este tipo de cuestiones que no aportan nada, y que pretender conocerlo ciertamente no supone más que pecado de curiosidad.

La primera pregunta es igualmente especulativa, los seguidores del paradigma del Big Bang están en la misma incertidumbre que los 'creacionistas', ya que se han descubierto cuásares cuya distancia (según la ley de Hubble) supera a la presunta edad del universo. Ellos, en su intento de solventar la paradoja, acudieron a hipótesis inflacionistas "en el pasado hubo una época en la que el espacio se expandió –infló- a mayor velocidad que c". Lo mismo se puede hacer desde el Creacionismo, pues Dios no tiene barreras ni límites de velocidades cuando en el segundo día creó el firmamento y en el cuarto día dispuso las estrellas en su lugar. Él si pudo expandir el firmamento a cualquiera velocidad y determinar que la luz esos primeros momentos viajara a una velocidad sin límites.

La cuestión 3 del citado comentarista no es especulativa, es digna de ser contestada, pero lo que dice esa persona es falso e incorrecto. En realidad, hoy por hoy, tanto el decremento del campo magnético como la inversión de su polaridad apuntan hacia una tierra joven.

Se dijo por un comentarista:

3) ... hasta que como ya ha ocurrido en otras ocasiones se produzca una "reversión geomagnética": el polo norte magnético llegará a situarse donde ahora está el polo sur. A lo largo de la historia geológica de la Tierra esta reversión se ha producido en varias ocasiones y para ello es necesario que pasen cientos de miles de años, como se deriva del estudio de los minerales ferromagnéticos.

----- fin de la cita ------

En 1971, Dr. Thomas Barnes, un físico creacionista, después de comprobar los registros del campo magnético existentes desde 1835, observa que éste ha decaído en un 7%, y establece la llamada teoría del "free-decay", según la cual el campo magnético estaría decreciendo en un porcentaje cada año, y así perdería la mitad de su intensidad cada 1400 años. Entonces, según Barnes, sería imposible que tal decremento pudiera haber durado más de 10.000 años, pues entonces la intensidad del campo magnético habría estado originalmente en límites insoportables. Los defensores del evolucionismo dijeron que este ratio de decrecimiento no ha sido siempre el mismo, puede haber sido diferente en el pasado y además hay evidencias en los registros arqueomagnéticos –No 'ferromagnéticos' que es muy distinto- que el campo magnético ha invertido su polaridad varias veces. Los evolucionistas defienden la hipótesis de la "dinamo auto-sostenible", y han incorporado modelos computacionales que soportan estas inversiones en la polaridad, sin embargo tienen problemas para explicar el drástico "free-decay" descubierto por Barnes. El físico creacionista Dr Russell Humphreys modificó el modelo de Barnes con una teoría que tiene en cuenta los efectos de un conductor líquido, en consonancia con el modelo de placas tectónicas de Dr John Baumgardner (que está probada incluso para el planeta Venus). El mismo corrimiento de placas que propició el Diluvio Universal sería la causa de las inversiones de la polaridad magnética. El rápido movimiento tectónico estaría implicadas en el drástico enfriamiento de las zonas más externas del núcleo . Durante el año del Diluvio habrían ocurrido casi todas las inversiones (cada una o dos semanas). Tras el diluvio y la división continental habrían quedado algunas fluctuaciones debidas al movimiento residual. Sin embargo la serie de inversiones en la polaridad no modifican básicamente el free-decay de Balmer.

Esta teoría del Dr. Russell Humphreys está ampliamente explicada en el artículo:

http://creation.com/the-earths-magnetic-field-evidence-that-the-earth-is-young

>Jordi: 1. Historicidad de Adán

Estoy de acuerdo con el comentario de Ramontxu. Aunque actualmente es un dilema de imposible solución, o se cree en el Génesis o en el neodarwinismo; la creación de Adán y Eva y la existencia de Abel y Caín son históricas, reales y veraces.

En el catolicismo, se va del Espíritu a la razón, y no de la razón al Espíritu. De lo contrario, subordinar la Biblia a la razón, primero puede hacerla variar tantas veces como teorías de moda existan; y segundo, puede conducir a la construcción de tesis creacionistas-darwinistas al estilo de Teilhard de Chardin y su famoso punto Omega, una creación teórica estilo Nueva Era con superhombre incluido.

Por cierto, San Adán es el padre del género humano, santa Eva la madre de la humanidad, y san Abel, prototipo del justo y primer mártir.

Y si la Iglesia los ha hecho santos, entonces la Iglesia no puede equivocarse haciendo santos a personajes simbólicos de ficción, y además:

- ni puede decir que Jesús y Pablo son unos mentirosos por hacernos creer en el relato del Génesis 1-11 y por decir que Jesús y María son los nuevos Adán y Eva,

- ni se puede decir que son unos fantasiosos todos los escritos de los Padres, Doctores, teólogos, santos, místicos y videntes de la Iglesia que han tratado de los asuntos de Génesis 1-11 como si fueran ciertos,

- ni podemos decir que las lecturas y las plegarias de las misas, oraciones y celebraciones sacramentales de la Iglesia con referencias en Génesis 1-11 sean fábulas y mitos de semitas nómadas, precientíficos, míticos, ignorantes e ingenuos.

>Jordi: Una revelación privada sobre la Creación del hombre:

www.revelacionesmarianas.com/Archivos%20para%20descarga/00014%20Visiones-y-Revelaciones-de-la-Beata-Ana-Catalina-Emmerick-TOMO-1-Clemens-Brentano.pdf

También hablan de ello en parte las revelaciones de Santa Brígida, Santa Gertrudis y Santa Mectildis.

No obstante, a pesar de algunas diferencias entre revelaciones privadas, todas ellas confirman la realidad histórica de Adán y Eva, y los tratan tanto como verdad cierta y, a la vez, como signo o símbolo de realidades espirituales (Jesús y María son los nuevos Adán y Eva, por ejemplo).

Felipe: Pío XII a la Academia de las Ciencias del Vaticano (30-11-1941):

«Un hombre solo puede derivarse de otro hombre, que es el padre y generador. Y la compañera que Dios dio al primer hombre se deriva de este y es carne de su carne. En la escala de los seres vivientes, el hombre se halla a la cabeza, dotado de un alma espiritual, y Dios le ha nombrado señor y dominador de todo el mundo animal. Las múltiples investigaciones de la paleontología, de la biología y de la morfología en torno de otros problemas relacionados con el origen del hombre no han conducido hasta ahora a resultados claros y seguros. No nos queda pues más remedio que dejar al futuro la respuesta de la pregunta de si la ciencia, *iluminada y guiada por la Revelación*, podrá ofrecernos algún día resultados seguros y definitivos sobre un tema de tan grande importancia.»

Felipe: ¿A ver como nos explica un evolucionista que Eva procede de Adán? Recordemos que esta enseñanza magisterial no puede ser rechazada. No solo es enseñada por Pío XII explícitamente como vemos arriba sino también es una de la sentencias que la Pontificia Comisión Bíblica declara deben ser tomadas en su sentido literal histórico y no puede ser puesta en duda.

Milenko: Yo creo que si Dios hubiese hecho el mundo en épocas, lo habría dicho. No digo que un católico debe creer lo de seis días, pero yo me inclino a ello. Mira mi comentario III, sobre lo narrado por Messori. Me gustaría decir que creo firmemente en eso, pero digo que me inclino. Si tuviera razones de creer distinto, lo haría. La PCB dejó la libertad en esa interpretación, creo que en 1905. En cambio, ¿cuándo fue eso?, no lo sé.
¿Qué diferencia en la capacidad de creer hay si creo en que toda la materia ha salido de "huevo cósmico" (para mí, ridículo), creado ex nihilo, que creer que los astros ya están creados hechos y completos? Dios no necesita proceso para crear. Sí, crea según un orden, primero

especies más simples, luego más complicadas. Pero no necesita proceso, Dios no construye, hace. La similitud de especies entre sí no quiere decir que una sale de la otra. Eso es el sentido de aquella viñeta, bien señalada, "la evolución prueba la evolución". El hecho de que compartimos la mitad de genomas con una rata, no quiere decir que procedemos de una rata. Aunque la rata, según Ayala y Collins, nos precede en el árbol genealógico.

Si creo que Dios hizo al hombre en un acto creador, directamente, y tengo razones para ello, ¿qué problemas tengo en creer lo otro, respecto al mundo entero? Si tuviera razones para creer lo otro, me lo replantearía, diría que no lo he entendido bien, pero no es el caso.

Felipe: Efectivamente Milenko, respecto a los 6 días la Pontificia Comisión Bíblica dio cierta libertad. Copio a continuación el decreto de la PCB que se refiere a ese punto:

(Denz. 2128) Duda VIII. Si en la denominación y distinción de los seis días de que se habla en el capítulo I del Génesis se puede tomar la voz Yôm (día) ora en sentido propio, como un día natural, ora en sentido impropio, como un espacio indeterminado de tiempo, y si es lícito discutir libremente sobre esta cuestión entre los exegetas.
Resp.: Afirmativamente.

Milenko: IV) La evolución en el currículo
En España, solamente pongo unas pocas reseñas:

Estos principios generales dirigen la selección de los objetivos, contenidos y criterios de evaluación que en definitiva permitan alcanzar tres fines: ampliar el conocimiento científico y técnico sobre diferentes temas conociendo sus interacciones con la sociedad y el medio ambiente; reflexionar sobre la naturaleza de la Ciencia y sus métodos de trabajo para intentar explicar de una forma racional la realidad material; y desarrollar una serie de actitudes positivas científicas entre las que estarían la curiosidad, la tolerancia, el antidogmatismo científico, la argumentación, etc., y todo ello a través del desarrollo de contenidos seleccionados en algunos temas de repercusión global relacionados, por ejemplo, con la ingeniería genética, los nuevos materiales, las fuentes de energía, el cambio climático, los recursos naturales, las tecnologías de la información, la comunicación y el ocio, la salud, la evolución, etc.

BLOQUE 2. Nuestro lugar en el Universo.

- El origen del Universo: explicación en diferentes culturas. Teorías sobre su origen y evolución. La génesis de los elementos: polvo de estrellas. Exploración del sistema solar: Situación actual.

- La formación de la Tierra y la diferenciación en capas. Lylle y los principios de la geología. Wegener y la deriva de los continentes. La tectónica global: pruebas y consecuencias de la misma.

- El origen de la vida: De la síntesis prebiótica a los primeros organismos: principales hipótesis.

- Del fijismo al evolucionismo. Principales teorías evolucionistas. La selección natural darwiniana y su explicación genética actual.
- Nuestro lugar en la escala biológica. De los homínidos fósiles al Homo sapiens. Los cambios genéticos condicionantes de la especificidad humana.

Filosofía y ciudadanía
BLOQUE 4. El ser humano: persona y sociedad.
– La dimensión biológica: evolución y hominización.

Por lo demás, la palabra evolución está omnipresente en las demás asignaturas, por ejemplo lengua o historia. Tal martilleo es como un inmenso lavado de cerebro que hace que cuando uno diga algo en contra está tomado por loco. La evolución es un hecho, esa es la mantra que se repite como si fueran de Hara Krisna.
Ahora en Indiana
(http://www.journalgazette.net/article/20120103/EDIT07/301039998/1021/EDIT) están intentando incluir la enseñanza de creacionismo, pero el lobby evolucionista es muy fuerte. Remiten a la jurisprudencia de 87 según la cual esa enseñanza es inconstitucional.
gringo, escucha lo que dice Maciej sobre la genética. Y como se dice en Valtorta, si pudieran obtener un mono de hombre, lo harían. Las ganas no le faltan y lo estaban haciendo en los laboratorios del mal. Les faltan nada más que el 2% de los genes, pero no puede ser.

En Gran Bretaña, tenemos algo similar. Según publica RT el 16 de enero de 2012, se trata de una verdadera "cruzada" atea que irrumpe en las escuelas del Reino Unido:

"El ministerio de Educación británico dejará de financiar las escuelas donde se estudia el creacionismo, es decir el 'diseño inteligente' de la naturaleza o alternativa religiosa a la teoría de la evolución de Charles Darwin.

Según denunció el pasado domingo el diario 'The Guardian', el nuevo acuerdo de financiación otorga al titular de Educación británico la facultad de dejar de financiar las escuelas independientes que enseñan teorías "contrarias a las pruebas o explicaciones científicas y/o históricas establecidas"... O dicho con otras palabras: que defienden la creación del mundo por Dios.

Durante los últimos años una encarnizada campaña contra el creacionismo fue emprendida por la Asociación Humanitaria Británica (British Humanist Association) y su presidente, el profesor Richard Dawkins- reconocido teórico de la evolución, catedrático en la Universidad de Oxford, así como por el famoso presentador televisivo Sir David Attenborough.

La nueva norma educativa se referirá sólo a las así llamadas "escuelas independientes", donde la asistencia a las clases y las selección de asignaturas son facultativas. Estas escuelas se financian con impuestos de los contribuyentes, pero no están bajo el control de las autoridades locales. Cada persona o grupo de personas tiene derecho a organizarlas y sólo deberá certificarlo en el ministerio de Educación.

Varios grupos "creacionistas" de marcado carácter religioso de distintos condados han anunciado planes para organizar centros educativos que plantean una alternativa "bíblica" a la teoría de Darwin. Las primeras escuelas independientes empezaron a funcionar en el Reino Unido en 2011."

JuanC: Aquí os presento un documento pdf con 202 evidencias (resumidas) para defender una Tierra joven:
http://www.ehu.es/juancarlos.gorostizaga/Evidencias202TJ.pdf
Gringo puede leer especialmente las numeradas del 27 al 32, para que vea pruebas de formación rápida del carbón, lo cual le pueden resultar muy instructivas. Además antes de plantearnos alguna de sus cuestiones puede buscar entre ellas la respuesta (lo cual nos ahorraría

tiempo a nosotros ;-) Están muy resumidas pero para ulteriores detalles de cualquiera de ellas se puede acudir a creación.com

Milenko: V) DI, sus aciertos y pretensiones equivocadas

Creo que desde algún dicasterio le habrán dicho a los de DI que no es una teoría científica. Tienen razón, pero hay que puntualizar un poco. Es el caso cuando se comporta como una filosofía que saca sus conclusiones recurriendo a los datos científicos. Lo que callan desde la misma instancia, porque si no el Vaticano ardería, es que la evolución no es una ciencia tampoco. Como dice genetista Maciej, y "cobró" por ello, la teoría de evolución es una filosofía.

¿Cuál es el mérito del DI? Mostrar los innumerables fallos de la teoría evolucionista y la imposibilidad de su viabilidad. Eso es perfectamente científico.

¿Cuál es el absurdo? Una vez indicado que las especies no pueden proceder una de otra, recurren al Diseñador para decir que fue Él que hizo que las aves salgan de reptiles, hombre de mono. Pero, si Dios blindó a las especies con su estabilidad genética permitiendo la adaptación de la microevolución, pero no dejando que de unas especies se salte a la otra, ¿cómo es que Dios rompe ese orden establecido por él para sacar una especie de la otra? O sea, por un lado no se puede porque Dios hizo que no se pueda, pero por otro Dios utiliza esa misma imposibilidad para servirse de ella. Absurdo.

"Y vio Dios que todo era bueno", no lo crea con defectos, lo crea bueno, y cuando quiere otra especie buena, la hace.

Otro fallo del DI es que intenta abarcar a todos, de facto, tiene a "deistas" entre sus filas, aunque los pensadores cristianos entre ellos apuntan a un Dios cristiano. Entonces, ¿dónde aparcan la realidad del pecado original?

Jordi: Génesis 1-11 y Apocalipsis están interrelacionados, más todas los versículos del Antiguo y Nuevo Testamento que hacen referencia ambos.

En Génesis 1-11 está todo el acta de acusación de Dios que se castigará profundamente y reparará hasta la excelencia en Apocalipsis.

- La Caída de Adán y Eva y el árbol del bien y el mal: "...el día en que coman de él, se les abrirán los ojos y serán como dioses, conocedores del bien y del mal...Y como viese la mujer que el árbol era bueno para comer, apetecible a la vista y excelente para lograr sabiduría, tomó del fruto...se les abrieron los ojos, y se dieron cuenta de que estaban desnudos; y...se hicieron unos vestidos...el hombre y su mujer se ocultaron de la vista del Señor Dios..."La mujer que me diste por compañera me dio del árbol y comí."..."La serpiente me sedujo...y comí."

- El Protoevangelio: "Enemistad pondré entre ti y la mujer, y entre tu linaje y su linaje: él te pisará la cabeza mientras acechas tú su calcañar."

- El apartamiento del árbol de la vida: "...no alargue su mano y tome también del árbol de la vida y comiendo de él viva para siempre."

- La caída de Caín: ..."¿Por qué andas irritado, y por qué se ha abatido tu rostro?...¿No es cierto que si obras bien podrás alzarlo? Mas, si no obras bien, a la puerta está el pecado acechando como fiera que te codicia, y a quien tienes que dominar."...se lanzó Caín contra su hermano Abel y lo mató..."¿Dónde está tu hermano Abel? Contestó: "No sé. ¿Soy yo acaso el guardián de mi hermano?"

- La caída de Lamek en la ley de hierro: "Yo maté a un hombre por una herida que me hizo y a un muchacho por un cardenal que recibí. Caín será vengado siete veces, mas Lámek lo será setenta y siete."

- El primer arrebatamiento en vida: "Enoc anduvo con Dios y desapareció porque Dios se lo llevó."

- La caída de los hijos de Dios (Génesis 6): "...vieron los hijos de Dios que las hijas de los hombres les venían bien, y tomaron por mujeres a las que preferían de entre todas ellas...Viendo el Señor que la maldad del hombre cundía en la tierra, y que todos los pensamientos que ideaba su corazón eran puro mal de continuo...dijo el Señor: "Voy a exterminar de la Tierra al hombre que he creado..."

- La maldición de Cam: "Cuando despertó Noé de su embriaguez y supo lo que había hecho con él su hijo menor dijo: "¡Maldito sea Canaán! ¡Siervo de siervos sea para sus hermanos!"

- La confusión de Babel: "Vamos a edificarnos una ciudad y una torre con la cúspide en los cielos, y hagámonos famosos, por si nos desperdigamos por toda la faz de la tierra."

Génesis está conectado con el Apocalipsis de Juan, el cual está relacionado con Deuteronomio, Ezequiel, Daniel, Isaías, Lucas, Mateo y Marcos (casi 8.000 versículos).

Por ejemplo, la séptima carta a la iglesia de Laodicea, se pueden ver los temas de la caída de Adán y Eva y Caín (riqueza, ceguera, desnudez, puerta, recobrar la presencia de Dios)

Tú andas diciendo: "Soy rico, estoy lleno de bienes y no me falta nada". Y no sabes que eres desdichado, digno de compasión, pobre, ciego y desnudo. Te aconsejo: cómprame oro purificado en el fuego para enriquecerte, vestidos blancos para revestirte y cubrir tu vergonzosa desnudez, y un colirio para curar tus ojos y recobrar la vista. Yo corrijo y reprendo a los que amo. ¡Reanima tu fervor y arrepiéntete! Yo estoy junto a la puerta y llamo: si alguien oye mi voz y me abre, entraré en su casa y cenaremos juntos. Al vencedor lo haré sentar conmigo en mi trono, así como yo he vencido y me he sentado con mi Padre en su trono"

...Un solo rebaño y un solo pastor, un cielo nuevo y una tierra nueva, una tierra cubierta por la sabiduría del Espíritu... un regreso al Edén del Génesis.

Milenko: Darwin, en su primera edición de Origen de las Especies: "no veo ninguna dificultad que la selección natural pudiera dotar a una raza de osos con hábitos cada vez más acuáticos, con bocas cada vez más grandes, hasta llegar a una criatura tan monstruosa como una ballena".
¿Cómo calificar esta estupidez?

Ricardo de Argentina: Yo no sé como calificarla Milenko, pero estoy sospechando que una forma de terminar con el darwinismo podría ser inducir a los darwinistas a que lean "El Origen de las Especies"...

Milenko: VI) Los católicos y la Creación

Ya Israel, desde sus orígenes, confesaba al Crador del hombre y del universo ex nihilo. Lo entendía perfectamente, lo recordaba cada sábado al reunirse para alabar a Dios. La fe en Creación le hizo proceder así a la madre de los siete hermanos macabeos, frente al intento helenizador, paganizante, de los gentiles griegos. Aristóteles era grande, pero la Palabra de Dios no se negocia:
"Hijo mío, ten piedad de mi, que te he llevado en mi seno nueve meses, te he amamantado tres años, te he alimentado y te he educado hasta ahora. Te pido, hijo mío, que mires al cielo y a la tierra y lo que hay en

ella; que sepas que Dios hizo todo esto de la nada y del mismo modo fue creado el hombre. No temas a este verdugo; muéstrate digno de tus hermanos y acepta la muerte, para que yo te recobre con ellos en el día de la misericordia."
El Señor, la Virgen, San José, los Apóstoles rezaban como todos los hebreos:
Sal 91 "…Tus acciones, Señor, son mi alegría,
y mi júbilo, las obras de tus manos.
¡Qué magníficas son tus obras, Señor,
qué profundos tus designios!
El ignorantes no los entiende
Ni el necio se da cuenta…"

Sal 8 "… Cuando contemplo el cielo, obra de tus dedos,
La luna y las estrellas que has creado,
¿qué es el hombre para que te acuerdes de él,
el ser humano para darle poder?..."

San Pablo a Fénix, Hch 24, 14: "Te confieso, sin embargo, que, siguiendo el camino que ellos llaman secta, sirvo al Dios de nuestros antepasados, creyendo en todo lo que está escrito en la ley y en los profetas,…"

Y así Cristo, Apóstoles, Padres, no se mueve ni un ápice la fe en la creación ex nihilo. La Tradición no se mueve un ápice, Pero claro, ahora está Darwin para que profundicemos en la Escritura, ¡ya!, ¿cómo no se me había ocurrido antes?
Cristo les pudo haber dicho otra cosa, si tal fuese cierta, pero mantiene la fe en la Creación. Una firme convicción que recogen los Padres de la Iglesia. Unanimidad absoluta en la fe en la creación de Adán y Eva. Creación directa. En sí los términos "creación" y "evolución" no son incompatibles, Dios pudo hacer la creación gradual recurriendo a la evolución. Pero en la Escritura no se afirma así, ni en el Magisterio. Así ha sido el sentir común de los católicos de a pie hasta bien entrado siglo XIX. Luego, con Marx, Darwin y el modernismo cambió el panorama. El freno empezó, entre otros, con el Evolution Protest Movment, a mediados del siglo pasado, hasta ahora cuando la teoría de evolución está hecha un fósil.
"Cielo y Tierra pasarán, pero mis palabras no pasarán."

    Milenko: Has escuchado alguna vez a un inglés que vive años en España, decir cosas como estas:
"El viernes pasado yo hablo con mi hermano, me ha decidido que el

martes venirá a España."
Se entiende, ¿verdad? ¿Y qué le falta principalmente a la frase? Le falta la precisión.
Dios no habla como un "guiri". Cfr. Dei Verbum: aunque escrita por medio de los hombres, en la Escritura Dios dijo todo lo que quiso y solamente lo que quiso. Ora que habla en símbolos, ora que habla literalmente, Dios hizo que se diga así.
Y Dios hizo al hombre, hizo la luz, hizo todo lo viviente, no solamente lo creó. Formó al hombre del fango de la tierra. Así lo entendieron los israelitas, así lo entendieron los cristianos hasta los comienzos del siglo XX. Santa Juana de Arco acepto la muerte diciendo "Dios debe ser primero servido", "Yo adoro a Dios mi Creador". La macabea moderna.
En las primeras cuatro cinco décadas del siglo XX se creía en la evolución si cabe más que ahora. La gentuza científica (o sea, la gentuza entre los científicos, que también son hombres y sometidos a la ley moral) incurrió a todo tipo de engaños: El hombre de Piltdown desenmascarado del todo ya en 1950, aunque primer artículo en contra fue por el 1915; los dibujos embrionarios de Haeckel – Behe, en Dogmatic Darwinism, 1998, señala: "Hace unos años sostuve un debate con un biólogo evolucionista donde hice notar, indignado, que los dibujos de Haeckel, que la comunidad científica sabe perfectamente que son un fraude, siguen en libros de texto universitarios persuadiendo a los estudiantes de la verdad de la evolución. Mi oponente siguió sin inmutarse,…"; fraude de Pithecanthropus, hombre de Java; hombre de Pekín, llamados así unos huesos de monos encontrados en una cantera de picapedreros, que se mezclaron con los huesos de los humanos enterrados. Los chinos comían el cerebro de monos; y así una tras otra.

Milenko: VII ¿Qué es más difícil, crear un átomo de la nada o el Universo entero?

"¿Qué es más difícil, decir tus pecados te son perdonados, o levántate y anda?". Para demostrar que es Dios, Jesús hace la demostración de su dominio sobre lo espiritual y material.
Para nosotros, en cuanto a la pregunta de arriba, es igual de imposible hacer una cosa que otra. Para nosotros son válidos los principios de termodinámica: la materia y la energía no se crean o destruyen, sino cambian de forma.
Para Dios es lo mismo crear un átomo o el Universo. Él no se cansa por la cantidad, nosotros notamos si llevamos un bolso de 10 o 20 kg, pero Dios no está condicionado a lo creado.
¿O crees que Dios evolucionó el átomo haciendo primero las partículas

de Planc, los quarcs, los protones, neutrones, electrones,…? No, sino lo crea. O sea, para puntualizar, lo hace al querer, según el lenguaje bíblico. ¿O creerás, tú cristiano, que el átomo ha evolucionado? Para Dios no hay diferencia en cantidad.

Milenko: VII Cientificismo

Cien años después de la muerte de Darwin, un periodista de Nesweek, en el artículo Enigmas of Evolution, escribe alucinaciones similares a las de Darwin con respecto al oso y la ballena, esta vez inspirado en los trabajos de Gould y Eldredge:

"Se ve a miembros de la misma especie competir dentro de una gama de valores establecida cuando la especie se originó; su contienda por la vida y la muerte adquiere menos significado, ya que produce muy pocos cambios con valor evolutivo. En lugar de eso, por mecanismos no todavía entendidos, nuevas especies parecen escindirse de las existentes. Si están aventajadas, con el tiempo pueden suplantar a sus antepasados, aunque es también posible que las dos especies coexistan durante largo tiempo, hasta que, como suele ocurrir, un cambio repentino de ambiente suprima una de ellas o las dos. La regla se aplica tanto al Homo sapiens como a otras especies."

Me atreveré a resumir lo dicho: un mecanismo entendible, pero que no funciona (o sea, selección natural) genera a otro que funciona, pero, ¡me cahis!, no se entiende (el equilibrio puntuado). No obstante, aunque no se lo entienda, no pasa nada si se transforma en "principio", que, a su vez, vale para el Homo sapiens.

Las conclusiones las dejo para ustedes.

Milenko: VIII Génesis según las respuestas acomodadas al "espíritu de los tiempos"

A esto hemos llegado por el complejo ante los que no creen. De lo publicado en un CD-ROM (nada menos que la Biblia) por la Editorial San Pablo, en seis idiomas, 1999:

"La especie humana se presenta como una última rama del árbol de la vida, y nunca se debe olvidar que la cadena de sus antepasados se remonta a la primera materia viva de la que salieron todas las especies. Pero todos sabemos que los monos, o simios, son los animales más parecidos a nosotros."

(Hace poco el "Árbol de la vida", fue recordado por Brad Pitt.)

La sección siguiente se titula "Cuando el hombre esperaba el espíritu":

"Entre los años doscientos mil y cien mil antes de nosotros empezó una nueva evolución (…). Al enderezarse totalmente el hombre, los miembro anteriores dejan de ser motores y la mano puede formarse. El desplazamiento del punto de articulación de la cabeza sobre la columna vertebral favorece el enrollamiento del cerebro. La postura vertical cambia totalmente la manera de relacionarse entre individuos y, en especial, las relaciones sexuales: juegos de la cara, intercambio de emociones y caricias. La unió sexual cara a cara permitirá que surja el amor. El desplazamiento de los senos del vientre al pecho, consecutivo a la postura erecta, transforma la relación de la madre al niño durante el período de la lactancia, haciendo que el despertar de su espíritu se haga a partir de la mirada y las sonrisa de la madre."

Cada uno que saque las conclusiones, yo no tengo fuerzas.

    Milenko: X, lo que sí sé es por qué tenemos el alma. Todos los hombres. Para amar a Dios eternamente, ser amados y poder amar. También para que con el alma y el cuerpo una vez finalizado este mundo y el Juicio Final podamos vivir con Dios. También los católicos que admiten la evolución deben creer eso, y eso es harto imposible para los que no tienen fe. ¡Que nuestros cuerpos resuciten en el último día! Eso sí que es fuerte, como todo lo demás. Lo que no entiendo es porque a tantos católicos les resulta extraño que Dios crea al hombre del fango, y luego no puedan creer que recobrarán sus cuerpos verdaderos, aunque sean gloriosos, siglos después de morir.
Ese es el sentido de la vida.
Todas las preguntas las tendremos respondidas una vez muertos, pero la cuestión es si entonces nos servirá algo saber la respuesta.
Yo creo que creer en la omnipotencia de Dios que hace las obras según su Palabra y según lo narrado en la Biblia, y según los Padres de la Iglesia, ayuda a mantener viva la fe.
Si para eso ha servido esta entrada aunque sea para unas cuantas personas, todo esfuerzo lo tengo en nada. Sobre todo porque se basa en la verdad revelada.
Pero nos quedan todavía cosas por decir.
    Milenko: Cristianos.
Pregunta: ¿en qué documento magisterial se afirma que el hombre ha

descendido del mono o sus parecidos?
Respuesta: en ninguno.

    Milenko: Evolución, tan ciencia como alquimia lo es.
De la misma forma que los alquímicos, no entiendo los principios químicos y no sabiendo que la materia está formada por átomos y moléculas, creyendo que los dos principales elementos son el mercurio y el azufre, creían obtener, sin éxito durantes siglos, otros metales, el oro en concreto; así la evolución pretende dar la explicación de otras especies a partir de las menos simples.
El oro nunca se obtuvo de mercurio y azufre, porque no puede ser. De la misma forma no se pueden obtener especies más complejas de las más simples, tal y como el átomo de carbono no procede de otros de hidrógeno, helio o nitrógeno o del que sea.
Evolución, un fraude para los ingenuos, un refugio para la obstinación atea.

¿Son infinitos el espacio, el tiempo, la materia?

Sobre el concepto de "infinito" existen muchas confusiones y muchas asunciones dadas a priori sin examinar seriamente si algo "infinito" siquiera pueda existir en la realidad creada, o más concretamente, su aplicación en el mundo real.

En matemáticas, sin ir más lejos, incluso en matemáticas como una ciencia teórica y axiomática, el concepto de infinito aparece solamente como un axioma: en la teoría de conjuntos, por ejemplo, la existencia de conjuntos infinitos es equivalente a la existencia del conjunto de números naturales. En otras palabras, cuando nosotros manejamos el concepto de infinito, en realidad no sabemos a qué nos estamos refiriendo. De allí que en matemáticas se prefiere un concepto de "infinito" desde una perspectiva constructivista, consistente en la posibilidad de aumentar una determinada cantidad indefinidamente, tanto como se quiera, o mejor, tanto como la necesidad lo requiera.

Pero, en la realidad, ¿existe el infinito? ¿El tiempo es infinito? La razón choca con sus límites al enfrentarse a estas cuestiones. San Agustín decía que antes de tiempo, no existía tiempo. Los ateos normalmente, y muchas otras personas sin meditar lo suficiente sobre esta cuestión, se apresuran a pensar que el tiempo es infinito, sin más. Pero no existe una base lógica para pensar en tiempo como una línea recta que no acaba, ni tampoco tenga inicio. Si no existe el principio, ¿de dónde procede lo que existe? De allí Santo Tomás concluye que no puede existir una materia preexistente a la creación. Ella misma es contingente, no puede ser lo contingente causa de si mismo.

Por la fe sabemos lo que la razón encuentra totalmente válido: el tiempo tiene su inicio, y su fin. Nuestro mundo, el universo entero, empezó en un momento, y en otro momento dejará de existir. Y también el tiempo. Entonces, ¿en "qué", en "dónde", en qué "intervalo" está el tiempo? Nosotros, siguiendo la idea de San Agustín, decimos: en Dios, en la eternidad de Dios. El tiempo "está en" la eternidad.

Tal vez esto sea lo más fácil de entender y aceptar. Pero de aquí, por analogía, llegamos a otra cuestión no menos importante: ¿en "qué" y en qué "límites", "dónde" está el espacio y la materia? Lo infinito daba muchos problemas de cálculo a Einstein, de forma que para el espacio consideraba la construcción de "espacio curvo", con el cual evitaba y disimulaba la imposibilidad de una distancia infinita. Y para la materia "infinita", debido a lo imposible de abordar el asunto de gravedad infinita, era obligado a considerarla finita. Nosotros pensamos que ni el espacio ni la materia son infinitos, es más, pensamos que lo infinito es velado e inaccesible para lo contingente. Únicamente *en* Dios, por medio de un don libre suyo, como una donación personal suya que no depende de lo creado ni en forma alguna se confunde con Él, podemos tener el acceso a la vida *sin fin*. Igualmente que el tiempo, pensamos que el espacio y para la materia, sin confundir de manera alguna con un pensamiento panteísta, están *en* Dios.

Tal vez ese es el sentido del pensamiento de Santo Tomás, convencido geocentrista, expresado en esta afirmación: "La Tierra está en relación a los cielos como el centro del círculo hacia su circunferencia. Pero como un centro puede tener muchas circunferencias, de esa forma aunque no hay más que una Tierra, puede haber muchos cielos" (*Summa Theologica*, "El Tratado sobre el Trabajo de los Seis Días", Q. 68, Art. 4). Con "muchos cielos", Santo Tomás se refiere a los tres modos en los que la Escritura usa la palabra "cielos", es decir, la atmósfera terrestre, el cielo de las estrellas y el tercer cielo como el dominio de Dios sobre el firmamento.

En definitiva, creemos que la idea del universo geocéntrico, referida a una realidad que es *tal*, precisamente por describir acertadamente la realidad del mundo creado, facilita la comprensión del mundo tal y cómo es, y a partir de allí, la apertura hacia lo que lo trasciende, que es su Creador.

Conclusión

"La principal fuente de los conflictos actuales entre las esferas de la religión y la ciencia yace en este concepto de Dios personal."[191]

"... leyendo las obras filosóficas de David Hume y Ernst Mach... Es muy posible que sin estos estudios filosóficos nunca hubiese llegado a la teoría de relatividad especial."[192]

¡Señor, Dios nuestro,
qué admirable es tu nombre en toda la tierra!
Tu majestad se alza por encima de los cielos,
De los labios de los niños de pecho,
levantas una fortaleza frente a tus adversarios,
para hacer callar al enemigos y al rebelde.

Al ver el cielo, la obra de tus dedos,
la luna y las estrellas que has creado,
¿qué es el hombre para que te acuerdes de él,
el ser humano para que de él te cuides?
Lo hiciste inferior a los ángeles,
coronándole de gloria y de esplendor;
le diste el dominio sobre las obras de tus manos,
todo lo pusiste bajo sus pies. (Salmo 8; 2-7)

Ningún experimento científico ha demostrado jamás que la Tierra se mueve. Otros tantos experimentos confirman que la Tierra está en reposo en el centro del universo. Una verdad tan simple y evidente es chocante para toda persona educada en la veracidad del heliocentrismo. Sin embargo, así es, sin más. Pero las consecuencias de esta verdad son enormes. Para la exégesis bíblica en primer lugar, pero también para la ciencia y la filosofía.

---

[191] Albert Einstein, *Ideas and Opinions*, 1954, 1984, p. 47.

[192] Carta de Albert Einstein a Carl Seelig, citado en *Albert Einstein—A Documentary Bibliography*, p. 67, citado en la obra de Max Jammer, *Einstein and Religion*, pp. 40-41 (Las dos citas referidas por Sungenis en Galileo Was Wrong).

Daniel Estulin en su libro sobre El Club Bilderberg invita al espíritu libre del hombre actual a rebelarse contra la imposición conspiratoria de unos poderes en la sombra, invocando el juicio de la Iglesia Católica en contra de Galileo como un intento de sofoco del espíritu libre del hombre, un espíritu que jamás debe rendirse.

Puede ser que hoy en día haya muchas conspiraciones, pero Estulin se equivocó de ejemplo. No sabemos si el silenciamiento de esta verdad tan evidente que es el geocentrismo obedece a alguna conspiración o no. Sí nos parece que existe todo un pavor de abrir la mente y querer conocer la verdad que, nunca mejor dicho, salta a la vista.

Saber que la Tierra ocupa un lugar singular y privilegiado en el universo no deja indiferente a nadie. En ese caso, lo primero que se piensa es que si la Tierra está en el centro, es porque Alguien la ha dejado allí, no puede ser fruto de la casualidad. Salta a la vista que Alguien la ha dejado allí, porque ama al hombre por encima de todo. Y porque todo lo hizo para el hombre, hasta que, finalmente, hizo algo mucho mayor: dio su vida por él. Posiblemente – y qué tragedia -, esa sea la razón de por qué tanto empeño en enmascarar esta evidencia. La mezquindad no puede soportar tanto amor. "Mejor" es por ello, mirar a otro lado. ¡Qué conclusión tan triste!

Erich Fromm escribió su obra famosa *El miedo a la libertad*. Pensamos que hay un miedo mucho mayor, opresor e injusto. Es el *miedo a Dios*. Para no tenerlo, muchas veces, creemos las más de las veces, hay que vencer el miedo a la verdad. El miedo a actuar en consecuencia con ella. Es, en definitiva, a lo que invitamos a los lectores. A buscarla, a encontrarla, a defenderla.